万水 ANSYS 技术丛书

ANSYS APDL 参数化有限元分析技术及其应用实例（第二版）

李占营　阚　川　等编著

中国水利水电出版社
www.waterpub.com.cn
·北京·

内 容 提 要

本书主要分两大部分介绍和学习参数化设计语言 APDL，1～15 章主要介绍 APDL 语言的基本要素，16～19 章重点介绍 APDL 的典型应用技术。基本要素包括支持 APDL 的菜单操作、变量、数组与表参数及其用法、数据文件的读写、数据库信息的访问、数学表达式、使用函数编辑器和加载器、矢量与矩阵运算、APDL Math、内部函数、流程控制、宏与宏库、定制用户图形界面，这些是 APDL 编程语言的组成部分，能很好地将 ANSYS 的命令按照一定顺序组织起来，并利用参数实现数据的交换和传递，实现有限元分析过程的参数化和批处理。APDL 的应用除包括参数化建模、加载、求解、后处理等基本技术外，还包括专用分析系统开发、界面系统开发、Workbench 中 APDL 的使用和自 14.0 以来 APDL 命令的开发演变历程。

本书主要适合于已掌握 ANSYS 经典界面基本操作和 Workbench 工作环境的初级用户和部分中高级用户，是一本学习 APDL 的技术资料，是灵活掌握 ANSYS 专题分析技术的辅助资料，也是 Workbench 用户使用 APDL 语言的一本工具书。通过对本书的学习，读者会进一步提高有限元分析的分析手段和综合应用能力，进一步提高 ANSYS 软件的使用深度。

图书在版编目（CIP）数据

ANSYS APDL参数化有限元分析技术及其应用实例 / 李占营，阚川等编著. -- 2版. -- 北京 : 中国水利水电出版社，2017.9
（万水ANSYS技术丛书）
ISBN 978-7-5170-5762-8

Ⅰ. ①A… Ⅱ. ①李… ②阚… Ⅲ. ①有限元分析一应用软件 Ⅳ. ①O241.82-39

中国版本图书馆CIP数据核字(2017)第197920号

策划编辑：杨元泓　　责任编辑：张玉玲　　封面设计：李　佳

书　名	万水 ANSYS 技术丛书 ANSYS APDL 参数化有限元分析技术及其应用实例（第二版） ANSYS APDL CANSHUHUA YOUXIANYUAN FENXI JISHU JIQI YINGYONG SHILI
作　者	李占营　阚　川　等编著
出版发行	中国水利水电出版社 （北京市海淀区玉渊潭南路 1 号 D 座　100038） 网址：www.waterpub.com.cn E-mail：mchannel@263.net（万水） sales@waterpub.com.cn 电话：（010）68367658（营销中心）、82562819（万水）
经　售	全国各地新华书店和相关出版物销售网点
排　版	北京万水电子信息有限公司
印　刷	三河市铭浩彩色印装有限公司
规　格	184mm×260mm　16 开本　16.25 印张　372 千字
版　次	2013 年 3 月第 1 版　2013 年 3 月第 1 次印刷 2017 年 9 月第 2 版　2017 年 9 月第 1 次印刷
印　数	0001—4000 册
定　价	49.00 元

第二版前言

由 2013 年本书第一版的出版到现在，ANSYS 软件经历了几个版本的发布，最新版本已经到 18.0。在这几个版本的开发过程中，ANSYS APDL 技术有了较大的变化，有适应企业研发的新功能发布，有更加成熟稳定的功能改善，也有一些被新技术所替代的技术进入历史遗留功能。因此，在 ANSYS 18.0 发布之际，作者对全书进行了再一次的修改、完善和更新。

新增一章“APDL 命令的演变”。这一章主要内容是 ANSYS Mechanical 从 14.0 到 18.0 版本，APDL 命令的演变。通过对本章内容的熟悉，用户可以了解到：ANSYS 在相关学科的最新开发进展，以及原有技术的逐渐成熟；已经淘汰的停止开发的软件技术，及对应的新技术。

考虑到 ANSYS 设计探索及优化工具 DesignXplorer 的功能已经完全覆盖了 ANSYS APDL 的优化功能，而且 18.0 之后的 ANSYS 新版本将不再提供 APDL 优化功能。所以删除了原书中 APDL 优化技术相关内容，即原书第 18 章“基于 APDL 的有限元优化技术及其应用”和附录 B“优化设计命令”。

在新版本出版之际，感谢北京航空航天大学能源与动力工程学院阚川、张涛、吴勇军、崔伟、吴静、廖祜明、韩乐、侯文松、顾毅、刘华伟、王文在本书编写过程中的辛勤工作。

由于时间仓促，加之本书内容新、书中涉及面广及作者水平有限，书中不足甚至错误之处在所难免，恳请广大读者批评指正。

编　者

2017 年 7 月

第一版前言

历史上，人物和事件的组合催生新的技术进步并影响历史的发展这类现象屡见不鲜。20 世纪中期的数值仿真领域就处在这一时期。那时，数值仿真已经开始走向了工程设计与研发的前端。从那时起，采用计算机辅助工程（CAE）技术来解决工程问题日趋重要。

对于一个复杂产品的设计，环境、结构、热、流场、电磁等多种因素共同影响了其性能。而早期 CAE 技术只能对其某一方向进行仿真分析建模，例如有限元模型、计算流体力学模型、计算电磁学模型等，这是在计算成本与收益之间做一个权衡的结果。然而，在过去的十年中，随着计算机性能的提升，CAE 技术发生了革命性的变化。具体地讲，各个学科都有了成熟的产品来解决相关领域的问题，例如计算固体力学方面有 ANSYS Mechanical、MSC Nastran、Abaqus 等；计算流体力学方面有 CFX、Fluent 等；计算电磁学方面有 Ansoft 等。

随着自主研发能力的增强，国内外企业、科研院所对设计分析人员的要求已经从具备单一学科设计分析能力转变到具备多学科综合设计分析能力。这对设计分析人员提出了更高的要求，需要学习更多的学科知识、更多的软件工具。CAE 企业 ANSYS 公司意识到市场的需求，从 2002 年起逐渐兼并了 Fluent、CFX、Icepak 和 Ansoft 等仿真工具，致力于多物理场仿真分析工具的开拓。ANSYS Workbench 即是 ANSYS 公司在 2002 年为了整合自身产品并最终实现多物理场耦合而提出的框架体系，目前在国内外客户中已经广泛使用。它的典型特点是：

- 多物理场耦合

多物理场耦合为 ANSYS 产品的最大特色，充分体现了 CAE 领域的发展趋势。它具备结构、热、流体、电磁单场求解器和多场耦合求解器。在 ANSYS Workbench 框架下，用户可以方便地实现流－固、流－固－热、电－热等耦合场分析。Workbench 解决了不同软件之间仿真载荷及数据传递的问题。

- 统一前后处理

Workbench 具有强大的 CAD 软件接口、易用的网格划分工具和后处理功能，工程设计人员利用 Workbench 可以只学习一套模型处理、网格划分工具，输出不同的求解器网格格式，进行相应的仿真分析。

- 多学科参数优化

通过 Workbench 体系能够将项目中的几何、材料、载荷和计算结果等进行参数化，然后利用 ANSYS Design Xplorer 模块进行试验设计（DOE）、目标驱动优化设计（Goal- Driven Optimization）、最小/最大搜索（Min/Max Search）、六西格玛分析（Six Sigma Analysis）等多学科参数优化设计。

APDL（参数化设计语言）作为 ANSYS Mechanical 的高级分析技术之一，在这一发展过程中也起到了重要的作用，是 ANSYS 中高级用户不可缺少的重要技术。具体来说，APDL 技术将在以下几个方面起着重要的作用：

- 随着 ANSYS Workbench 应用环境的广泛使用，而 Workbench 并不能直接实现 Mechanical 求解器的所有建模、高级求解和后处理功能，因此，APDL 在 Workbench 环境下如何灵活运用成为 ANSYS 结构分析中高级用户的进一步需求。
- 大量输入参数、不同数据源的大型项目，尤其是大量使用梁、管、质点单元的模型，仍然适合于 APDL 技术进行参数化建模和项目管理。
- 非 ANSYS Workbench 网格划分工具作为 Mechanical 的前处理工具时，需要使用 APDL 对模型进行载荷工况管理、求解器设置和后处理。
- 研究人员、高级有限元分析人员认为修改结构矩阵而将 Mechanical 作为一个求解器来使用的情况下，即运用 APDL Math 新技术时，需要使用 APDL 技术。

综上，本书将献给以上四方面的 ANSYS 用户。本书主要分两大部分介绍和学习参数化设计语言 APDL，1～15 章主要介绍 APDL 语言的基本要素，16～19 章重点介绍 APDL 的典型应用技术。其中，APDL 的基本要素包括支持 APDL 的菜单操作、变量、数组与表参数及其用法、数据文件的读写、数据库信息的访问、数学表达式、使用函数编辑器和加载器、矢量与矩阵运算、APDL Math、内部函数、流程控制、宏与宏库，以及定制用户图形界面。这些技术要素是 APDL 编程语言的组成部分，他们可以很好地将 ANSYS 的命令按照一定顺序组织起来，并利用参数实现数据的交换和传递，实现有限元分析过程的参数化和批处理。特别地，APDL Math 是 13.0 版本以来 Mechanical APDL 模块中的重要新功能发布，也是 ANSYS 走向开放的重要一步。APDL Math 扩展了 APDL 脚本环境，用于调用 ANSYS 软件强大的矩阵运算功能和求解器。APDL 的应用除包括参数化的建模、加载、求解、后处理等基本技术外，还包括专用分析系统的开发、界面系统开发、基于 APDL 的优化设计技术，以及 Workbench 中 APDL 的使用。其中 Workbench 中 APDL 的使用对于 Workbench 用户提高分析深度及水平，提升分析效率有着重要的作用。本书对这些技术要素逐一进行介绍，并提供大量典型实例，帮助读者真正掌握和理解这些技术并能举一反三。

由于时间仓促，加之本书内容新、书中涉及面广及作者水平有限，书中不足甚至错误之处在所难免，恳请广大读者批评指正。

作　者

2013 年 2 月

目 录

1

APDL 参数化语言概论

APDL 是 ANSYS Parametric Design Language 的缩写，即 ANSYS 参数化设计语言，它是一种类似 FORTRAN 的解释性语言，提供一般程序语言的功能，如参数、宏、标量、向量及矩阵运算、分支、循环、重复以及访问 ANSYS 有限元数据库等，另外还提供简单界面定制功能，实现参数交互输入、消息机制、界面驱动和运行应用程序等。

利用 APDL 的程序语言与宏技术组织管理 ANSYS 的有限元分析命令，就可以实现参数化建模、施加参数化载荷与求解以及参数化后处理结果的显示，从而实现参数化有限元分析的全过程，同时这也是 ANSYS 批处理分析的最高技术。在参数化的分析过程中可以简单地修改其中的参数达到反复分析各种尺寸、不同载荷大小的多种设计方案或者序列性产品，极大地提高分析效率，减少分析成本。同时，以 APDL 为基础用户可以开发专用有限元分析程序，或者编写经常重复使用的功能小程序，如特殊载荷施加宏、按规范进行强度或刚度校核宏等。

另外，APDL 也是 ANSYS 设计优化的基础，只有创建了参数化的分析流程才能对其中的设计参数执行优化改进，达到最优化设计目标。

ANSYS 12.0 之后的版本中，ANSYS 结构有限元求解器有两套前后处理体系：一个是传统 ANSYS 界面，称为 Mechanical APDL；一个是 Workbench 界面，称为 ANSYS Mechanical。二者使用同一求解器，但是前后处理技术不同。与传统的 Mechanical APDL 界面相比，Workbench 界面的特点是：与三维 CAD 软件（如 UG NX、PROE 等）的几何接口解读能力更强，能够将 CAD 软件中的参数直接读取到 Workbench 中；专门针对于仿真分析几何模型处理的功能，包括细节特征清理、薄壁结构抽中面等；Mechanical 界面载荷施加使用工程化的语言对几何对象进行载荷施加，降低了软件的使用门槛；后处理图形显示效果更加优越。由于这些优势，越来越多的工程师开始使用 ANSYS Workbench 界面。但是，有一些情况下，Workbench 中求解设置、载荷施加和后处理仍然有部分功能不能直接实现，而需要借助 APDL 命令的使用。因此，APDL 知识仍然是中高级分析人员的必要技能。

总之，APDL 扩展了传统有限元分析范围之外的能力，提供了建立标准化零件库、序列化分析、设计修改、设计优化以及更高级的数据分析处理能力，包括灵敏度研究等，同时也提供了 Workbench 用户分析的深度和广度。

2 参数与参数菜单系统

2.1　参数概念与类型

参数是指 APDL 中的变量与数组。变量参数有两种类型：数值型和字符型；数组参数有三种类型：数值型、字符型和表，其中表是一种特殊的数值型数组，允许自动进行线性插值。

在 APDL 中任何参数都不需要单独声明参数的类型。数值型参数，无论整型还是实型都按照双精度数进行存储，被使用但未赋值的参数程序将其默认为一个接近 0 的极小值（大约为 2^{-100}）。字符型参数存储字符串，赋值方法是将字符串括在一对单引号中（字符串最大长度不超过 8 个字符）。

与其他编程语言完全类似，参数可以作为任何命令的值域或在交互界面的输入框中替代各种具体的数值和字符串。当前面的参数值发生改变时，重新执行带参数的操作或者命令就会执行新参数值的处理。例如，将 1 赋给参数 kpx，将 10 赋给参数 kpy，将-5 赋给参数 kpz，然后执行命令 k,1,kpx,kpy,kpz，相当于定义坐标为(1,10,-5)的关键点 1，定义关键点 1 的完整命令流如下：

```
kpx=1
kpy=10
kpz=-5
/prep7
k,1,kpx,kpy,kpz
```

如果修改上述命令流中的 kpx,kpy,kpz 的赋值大小，后边定义的关键点 1 的位置则相应改变，这就是参数化定义模型的思想。

2.2　参数的命名规则

参数名称必须遵循以下规则：

（1）必须以字母开头，长度不超过 32 个字符。

（2）只能包含字母、数值和下划线。

（3）一般不能以下划线开头，以下划线开头的参数为系统隐含参数（在 ANSYS 系统中不显示，只是编写代码的人员自己知道），只能用于 GUI 和宏中。

（4）以下划线（_）结尾命名的参数可以用*STATUS命令成组列表显示，也可以成组利用*DEL进行删除。

（5）不能使用宏专用的局部参数名：ARG1～ARG9 和 AR10～AR99。

（6）不能使用*ABBR 命令定义的缩写。

（7）不能使用 ANSYS 标识字（Label）。

- 自由度标识字：TEMP、UX、PRES 等。
- 通用标识字：ALL、PICK、STAT 等。
- 用户定义标识字：如用 ETABLE 命令定义的。
- 数组类型标识字：如 CHAR、ARRAY、TABLE 等。
- ANSYS 的函数名称：SQRT、ABS、SIN 等。
- ANSYS 的命令名称：K、LSTR、N 等。
- 已经定义的组件与部件名称（Component and Assembly）。

下面举例说明一些有效和无效的参数名称。

有效参数名称：

Radius1

Length

Width

Radius_of_Hole

无效参数名称：

ABC12345678901234567890123456789O（长度超过 32 个字符）

S@B（含非法字符“@”）

UX（系统的自由度标识字）

12add3（以数值开头）

2.3　参数化操作环境介绍

在正式学习参数的用法之前，先要熟悉 ANSYS 中与参数相关的菜单系统，如图 2-1 所示为参数化操作菜单，如图 2-2 至图 2-4 所示为参数化操作菜单的下级子菜单。对照各级菜单路径，该参数化操作菜单所包含子菜单的意义与功能如下：

Utility Menu>Parameters>

- Scalar Parameters…：定义/删除/编辑变量。
- Get Scalar Data…：*GET 提取数据库数据并赋值给变量。
- Array Parameters：定义/删除/编辑数组或表（如图 2-2 所示）。

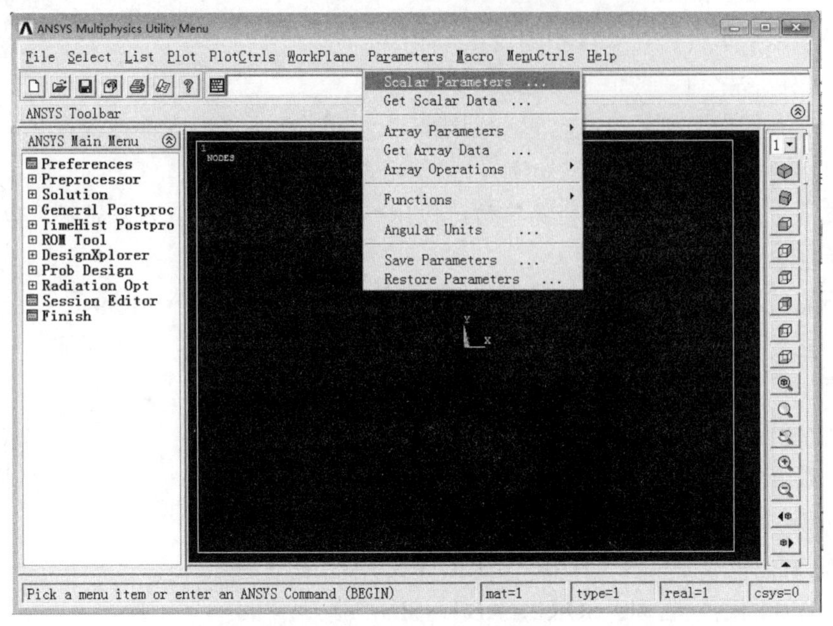

图 2-1　参数化操作菜单

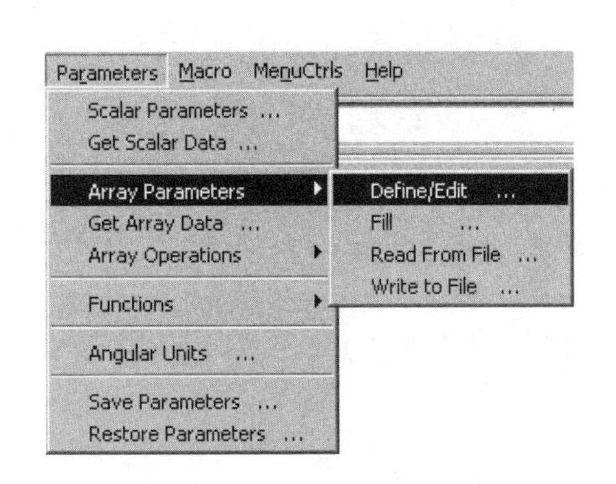

图 2-2　定义/编辑/填充/读入/写出数组与表菜单

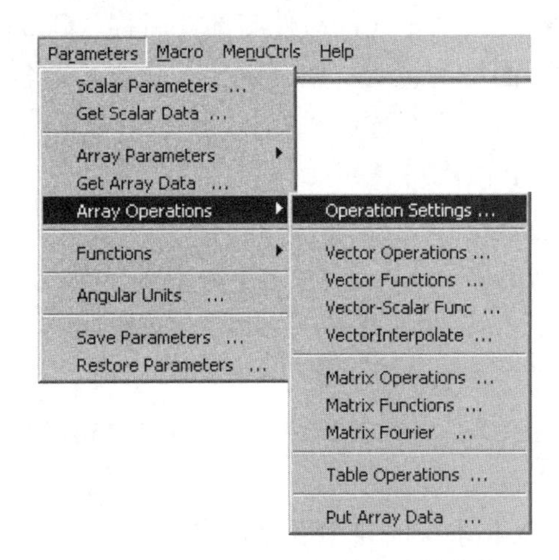

图 2-3　数组（矢量/矩阵）运算菜单

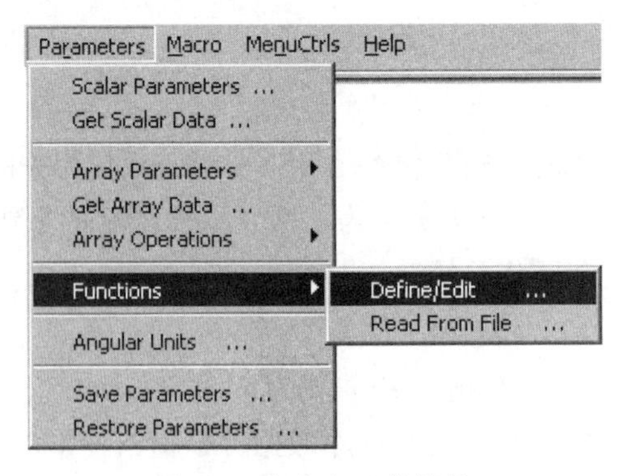

图 2-4　自定义函数菜单

- Define/Edit…：定义/删除/编辑数组。
- Fill…：*VFILL 填充数组。
- Read From File…：读数据文件到数组。
- Write to File…：写数组到数据文件。

- Get Array Data…：*VGET 提取数据库数据并赋值给数组或表。
- Array Operations：数组运算（如图 2-3 所示）。
  - Operation Settings…：操作设置。
  - Vector Operations…：矢量运算。
  - Vector Functions…：矢量函数。
  - Vector-Scalar Func…：矢量－变量函数。
  - Vector Interploate…：矢量插值。
  - Matrix Operations …：矩阵运算。
  - Matrix Functions…：矩阵函数。
  - Matrix Fourier…：矩阵傅里叶运算。
  - Table Operations…：表运算。
  - Put Array Data…：输出数组数据到结果数据库。
- Functions：编辑与读写自定义函数（如图 2-4 所示）。
  - Define/Edit…：定义/编辑函数（函数编辑器）。
  - Read From File…：从函数文件中读取函数（函数加载器）。
- Angular Units…：内部三角函数的角度单位。
- Save Parameters…：存储参数。
- Restore Parameters…：恢复参数。

3

变量参数及其用法

3.1 变量的定义与赋值

变量定义与赋值有以下 6 种途径：

（1）利用命令*SET 进行定义与赋值。

（2）利用赋值号“=”进行定义与赋值。

（3）利用菜单路径 Utility Menu>Parameters>Scalar Parameters 或命令输入窗口进行定义与赋值。

（4）在启动时利用驱动命令进行定义与赋值。

（5）利用*GET 及其等效函数提取 ANSYS 数据库数据进行定义与赋值（参见 7.1 节中的相关介绍）。

（6）利用命令*ASK 进行定义与赋值。

3.1.1 利用命令*SET 进行变量定义与赋值

命令*SET 定义和赋值参数的格式如下：

*SET, Par, VALUE, VAL2, VAL3, VAL4, VAL5, VAL6, VAL7, VAL8, VAL9, VAL10

其中，Par 是参数名；VALUE 是参数的赋值，可以是数值或字符串；VAL2～VAL10 也是参数的赋值，可以是数值或字符串。

利用该命令定义和赋值参数的实例如下：

*SET,Width,12（Width 赋值为 12）

*SET,EX_Mat1,2.1E11（EX_Mat1 赋值为 2.1E11）

*SET,Length,Width（Length 赋值为 Width，即 Length 等于 12）

*SET,File_name,'Good'（File_name 赋值为'Good'）

*SET,A(1),1,2,3,4（数组元素赋值 A(1)=1，A(2)=2，A(3)=3，A(4)=4）

3.1.2 利用赋值号“=”进行变量定义与赋值

“=”可以直接用来定义和赋值变量，它作为一种速记符实际上是通过内部调用命令*SET

实现参数定义与赋值，其标准格式如下：

Name=Value

其中，Name 是参数名；Value 是赋给参数的数值或字符，字符值必须放在一对单引号中，长度不超过 8 个字符。

对应 3.1.1 节中的实例，下面是利用“=”方式定义的方法：

```
Width=12
EX_Mat1=2.1E11
Width=12
Length =Width
File_name='Good'
A(1)=1
A(2)=2
A(3)=3
A(4)=4
```

3.1.3 利用变量定义菜单或命令输入窗口进行变量定义与赋值

在 ANSYS 命令输入窗口中可以直接按照命令*SET 或“=”格式定义并赋值变量，如图 3-1 所示就是定义 Width=12 的方法（注意，所有的命令都可以在该命令输入窗口中执行）。

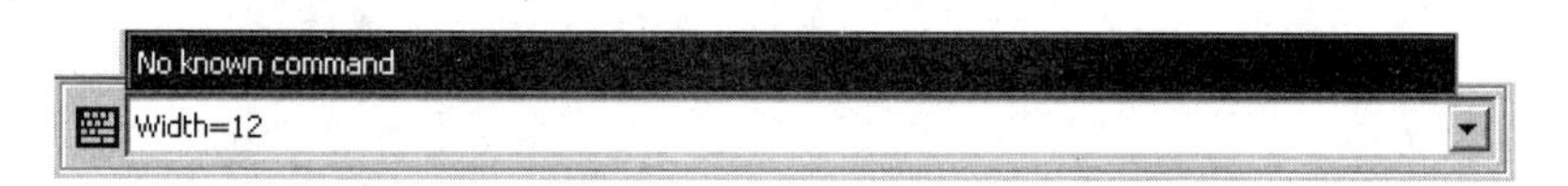

图 3-1 在命令输入窗口中定义并赋值变量

另外一种是利用菜单路径 Utility Menu>Parameters>Scalar Parameters 进行定义与赋值变量的方法。选择该菜单路径，弹出如图 3-2 所示的定义/赋值/删除变量对话框，在对话框中的 Selection 文本输入框中利用“=”格式输入变量定义与赋值表达式，然后单击 Accept 按钮，定义成功的变量将显示在 Items 的列表框中（这里显示的变量包括其他所有方法定义的变量）。

Scalar Parameters
Items
EX_MAT1 = 2.100000000E+11
FILE_NAME = 'Good
LONGTH = 12
WIDTH = 12
WITH = 12
Selection
Accept Delete Close Help

图 3-2 定义/赋值/删除变量对话框

3.1.4 在启动时利用驱动命令进行变量定义与赋值

在交互图形界面启动 ANSYS 时，弹出如图 3-3 所示的启动设置界面，图中粗线方框中就是启动变量输入文本框，按照格式“-Para1 Value1 -Para2 Value2 ...”在其中进行变量定义与赋值，图 3-3 中定义了两个变量，即 Width=12 和 Radius=4。

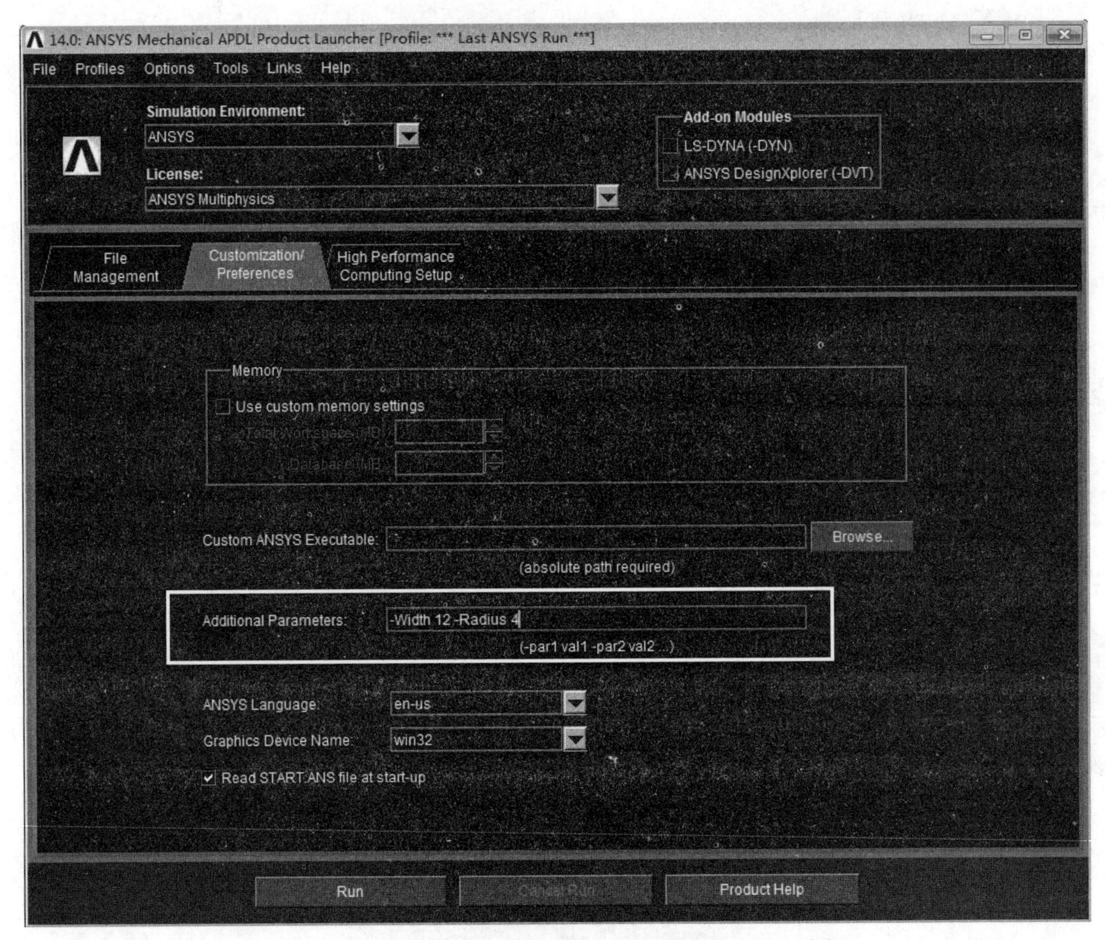

图 3-3 启动设置界面（粗线方框中为启动变量输入文本框）

如果采用命令驱动 ANSYS 时，在 ANSYS 的运行命令之后按照格式“-Para1 Value1 -Para2 Value2 ...”进行变量定义与赋值。对应图 3-3 所示的命令方式如下：

```
ansys140 -Width 12 -Radius 4
```

如果启动时需要定义大批变量参数，更加方便的方法是在 start140.ans（正常安装情况下位于...\ANSYS Inc\v140\ansys\apdl 目录中）文件中利用*SET 或“=”进行变量或者数组参数定义；或者定义一个参数文件，然后利用/INPUT 命令或菜单路径 Utility Menu>File> Read Input from 读入该文件，定义并赋值大批量参数。

3.2 删除变量

删除变量有以下 3 种基本方法：

（1）菜单删除：选择菜单 Utility Menu>Parameters>Scalar Parameters，弹出如图 3-2 所示的对话框，选中 Items 变量列表中的变量，然后单击 Delete 按钮。

（2）*SET 命令赋空值删除，对于字符参数则赋值为''（空字符串）。

例如，要删除 Width 变量，执行命令：

```
*SET,Width,
```

（3）"="命令赋空值删除，对于字符参数则赋值为''。

例如，要删除 Width 变量和 File_name 字符变量，执行命令：

```
Width=
File_name=''
```

注意 给变量赋 0 并不会删除该变量，而是等于 0。同理，给字符变量赋单引号中为空格也不会删除该变量。

3.3 数值型变量值的替换

一般首先定义一序列的数值型变量，然后用他们替代命令或者交互界面输入域中的具体数值，程序会自动用变量的数值进行替代并执行命令。如果使用的变量并没有提前定义并赋值，程序会自动赋给它一个接近 0 的值（2^{-100}），并且不会发出任何警告信息。除/TITLE、/STITLE、*ABBR 和/TLABEL 命令之外的大多数情况下，如果变量在命令中使用之后被重新定义或赋值，前面使用该变量的命令不会自动更新。

参见下面的实例：

```
X=3
Y=4
C=SQRT(X*X+Y*Y)      !平方和的平方根
X=8                  !对变量 X 重新赋值并不会改变 C 的运算结果
```

3.4 字符参数的用法

在 ANSYS 中字符主要有文件名及其扩展名、命令名称及其字符值域、分析标题、宏文件名等，在一般情况下都是直接使用规定的名称字符串，有时需要利用字符参数替代这些具体的名称、扩展名、标题或子标题、字符值域等，在程序运行中用字符参数的赋值进行替代。字符参数的定义与赋值必须用一对单引号（'）将赋值字符串括起来。例如，下面是存储 ANSYS 数据库的程序，每次运行时只需改变文件名变量的赋值就可以实现存储任何名称的数据库文件：

```
File_Name='My_First_DB'     !定义并赋值文件名变量 File_Name
SAVE, File_Name,DB          !SAVE 命令中引用文件名变量并发生替代
```

3.4.1 字符参数的常见用法

（1）替代命令中的字符值域，如上述 SAVE 命令的实例。

（2）在利用*USE 命令或选择菜单 Utility Menu>Macro>Execute Data Block 调用宏时替代宏名的字符参数。实例如下：

```
Macro_Name='Solve_Case1'        !Macro_Name 字符变量记录宏文件名
*USE, Macro_Name                !*USE 调用 Macro_Name 变量指定的宏
```

（3）替代*ASK 命令中的提示字符串。实例如下：

```
String_Query='Please Enter With'  !String_Query 字符变量记录提示信息
*ASK, Par, Query, DVAL            !*ASK 弹出对话框显示 String_Query
                                  !定义的信息字符串并输入变量赋值
```

（4）*CFWRITE 命令是将命令行写出到*CFOPEN 命令打开的文件中，可用于写一个分配给该文件的字符参数。实例如下：

```
*CFWRITE,File_name='abc'
```

（5）替代*CFOPEN、*VREAD、PARSAV 与 PARRES、/OUTPUT 等命令以及它们对应的菜单中的文件名与扩展名。

（6）用于*IF 和*ELSEIF 命令的 VAL1 和 VAL2 值域，用于比较字符串是否相同或不同，所以 Oper 值域只能使用 EQ（等于）和 NE（不等于）。实例如下：

```
A='True'
B='False'
*IF,A,EQ,B,THEN                 !如果 A 与 B 相同，那么……
```

（7）用于*MSG 命令的 VAL1～VAL8 值域，字符串描述符%C 用于在格式行中指明字符数据。

（8）*VREAD 命令或菜单 Utility Menu>Parameters>Array Parameters>Read from File 用于从某个文件中读取字符参数并生成一个字符数组参数。在*VREAD 命令后的格式行中采用 FORTRAN 的字符描述符 A 定义字符串格式。

（9）*VWRITE 命令或菜单 Utility Menu>Parameters>Array Parameters>Write to File 用于以某种格式化的顺序把字符参数数据写到一个文件中。在*VREAD 命令后的格式行中采用 FORTRAN 的字符描述符 A 定义字符串格式。

3.4.2 强制字符参数执行替换

把字符参数名括在两个百分号%中可以实现强制替换，主要目的是实现在字符串中插入变化的子字符串。强制替换只能使用在下列场合：

- 在/TITLE 命令的标题字符串中。
- 在/STITLE 命令的子标题字符串中，与/TITLE 命令一样。

- 在/TLABEL 命令的注释字符串中。
- 在/SYP 命令的 ARG1～ARG8 值域中，将命令传递到操作系统。
- 在*ABBR 命令的缩写值域中，实现定义缩写。
- 在命令的文件名或扩展名值域中，如/FILNAM、RESUME、/INPUT、/OUTPUT 和 FILE 等。
- 在命令的任何 32 位字符域中，如目录路径。
- 在任何命令名值域中替代命令名，也可以在值域 1 中作为一个“未知命令”的宏名。

实例 1：替换文件名。

```
St1='My_'
St2='Model'
/FILNAM,%St1%%St2%
```

实例 2：替换命令名。

```
Command='Save'
% Command %,Model_Bridge,DB
```

3.4.3 抑制发生字符参数替换

有时需要防止不期望的字符变量替代操作发生，可以将字符参数名括在一对单引号（'）中来防止字符参数被替换，即表示单引号中的字符串不是字符型变量而是一个字符串。特别是由数组组成的字符串是经常需要抑制替换操作发生的。

实例 1：

```
Width=12
Name='Width'            !Name 是一个字符变量，等于字符串“Width”
Name=Width              !Name 是一个数值变量，等于 12
```

实例 2：

```
A='Case'
B='4'                   !B 为字符变量，下面的命令才能实现强制替换
/TITLE,This Analysis is %A% %B%
```

3.4.4 使用字符参数的限制

（1）在*SET、*GET、*DIM 和*STATUS 命令中，Par 参数对应的字符参数是不能被替换的。

（2）不能应用交互式编辑方式或*VEDIT 命令编辑字符数组参数。

（3）矢量运算命令如*VOPER、*VSCFUN、*VFUN、*VFILL、*VGET 和*VITRP 等不能处理字符数组参数。

（4）对字符参数执行运算时*VMASK 和*VLEN 命令只能在*VWRITE 和*VREAD 命令中使用。

（5）字符参数不能进行加、减、乘等运算。

3.5 数字或字符参数的动态替换

上面讲到数值型参数与字符参数的替换问题，他们都有一个共同的特点是必须首先定义参数，然后才能用在各种命令中替换各种名称与值域等，如果在命令之后修改参数值程序不会更新以前引用他们的命令的执行结果。对于允许进行动态替换的场合，任何时候更新参数的值，无论先后顺序凡引用他们的命令都会自动采用新的参数值更新执行结果。能够实现动态替换的命令有：/TITLE、/STITLE、*ABBR、/AN3D 和/TLABEL 等。

动态替换的实例：

```
Str_Title='Model 1'
/TITLE,This is % Str_Title %
/REPLOT     !图形窗口右下角显示"This is Model 1"
Str_Title='Model 2'
/REPLOT     !图形窗口右下角显示"This is Model 2"
```

3.6 列表显示变量参数

对于已定义的变量参数，可以利用多种途径检查定义的所有或者某个参数及其赋值状态，这就是列表显示变量参数的功能。列表显示变量主要有以下 3 种途径：

（1）利用*STATUS 命令进行列表显示已定义的所有参数，即变量、数组和表。

（2）利用菜单列表显示已定义的所有参数，菜单路径如下：

Utility Menu>List>Other>Parameters

Utility Menu>List>Status>Parameters>All Parameters

（3）利用菜单列表显示指定的参数，可以独立列表显示变量，也可以列表显示数组参数的部分元素。菜单路径如下：

Utility Menu>List>Other>Named Parameter

Utility Menu>List>Status> Parameters>Named Parameters

实例 1：利用*STATUS 命令进行列表显示已定义的所有参数（以下划线_开头或结尾的参数不能由*STATUS 命令列表显示出来），如图 3-4 所示是前面章节定义参数的显示结果。

实例 2：接实例 1 利用菜单列表显示指定的参数，选择菜单 Utility Menu>List>Status>Parameters>Named Parameters 弹出对话框，选中 Par 列表中的参数 Width（必须已经定义过），单击 OK 按钮，立即弹出列表窗口，显示如图 3-5 所示变量 Width 的信息。

上述实例 2 也可以利用*STATUS 命令进行实现，这时需要指定列表显示的参数名，如果是数组参数还需要指定数组元素范围。*STATUS 命令单独列表显示 Width 变量的命令如下：

```
*STATUS,Width
```

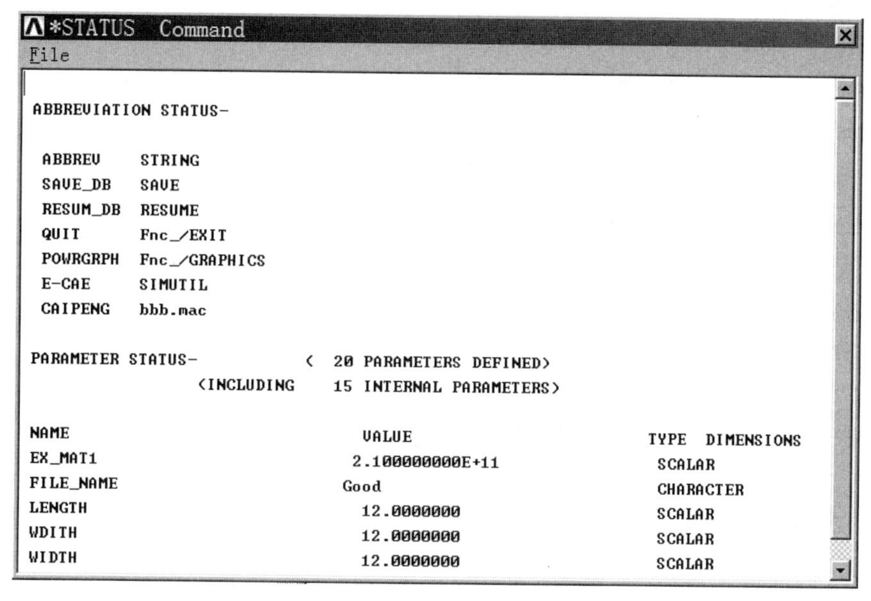

图 3-4 利用*STATUS 命令列表显示参数定义状态

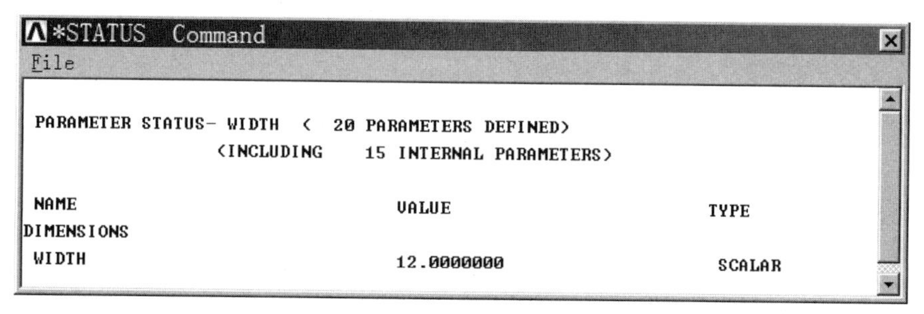

图 3-5 显示单个变量 Width 的信息

3.7 存储与恢复变量

变量参数可以存储到指定的文件中，也可以从指定的变量存储文件中恢复变量参数，恢复变量时将以覆盖的方式替代当前 ANSYS 内存中存在的同名变量。参数文件是 ASCII 文件，主要由一序列*SET 命令定义变量语句组成，其文件名与扩展名可以是任意的。存储与恢复变量经常用于实现在两个分析任务或宏之间进行参数传递，或者在重新启动 ANSYS 时重新定义参数时使用。

存储变量到指定文件中使用 PARSAV 命令或者选择菜单 Utility Menu>Parameters>Save Parameters。PARSAV 命令存储变量的格式如下：

PARSAV,Lab,文件名,扩展名

其中，命令的 Lab 项中设置为 SCALAR 表示只存储变量，不存储数组或表参数；如果设置成 ALL 表示存储所有参数，包括数组和表。

与存储变量相反，从一个文件中恢复已存储的参数使用 PARRES 命令或者选择菜单 Utility Menu>Parameters>Restore Parameters。PARRES 命令恢复变量的格式如下：

PARRES, Lab,文件名,扩展名

其中，命令的 Lab 项中设置为 NEW 表示恢复的参数将覆盖程序内存中的变量；设置为 CHANGE 表示恢复的参数将以合并方式增加到程序内存中。

参数文件 ParaFile.PARA 格式实例：

```
/NOPR
*SET,EX_MAT1,210000000000.0
*SET,FILE_NAME,'Good'
*SET,LENGTH,13.00000000000
*SET,WIDTH,13.00000000000
```

利用 PARSAV 与 PARRES 存储与恢复该实例文件的命令如下：

```
PARSAV, SCALAR, ParaFile, PARA
PARRES, NEW, ParaFile, PARA
```

4

数组参数及其用法

4.1 数组参数类型与概念

前面讲述了变量参数，它只能存储一个参数值，而数组参数是按多个行、列与面的结构存储多个参数值，包含多个元素。ANSYS 的数组按照维数可以分为以下 3 类：

（1）一维数组：只有一列数据，相当于一个列矢量，可以直接用于矢量运算。

（2）二维数组：二维阵列数据结构，由行与列组成，每一列相当于一个矢量，即二维数组可以看成由多个一维数组即列矢量构成。

（3）三维数组：三维阵列数据结构，由行、列和面组成，每个面相当于一个二维数组。

如图 4-1 所示是二维数组概念的图示，它有 m 行长和 n 列宽，即是一个维数为 m×n 的二维数组。每行由行下标 i 确定，i 从 1 到 m 之间变化。每列由列下标 j 确定，j 从 1 到 n 之间变化。对于确定的行与列下标就可以确定一个数组元素，其下标的通用形式是(i,j)。

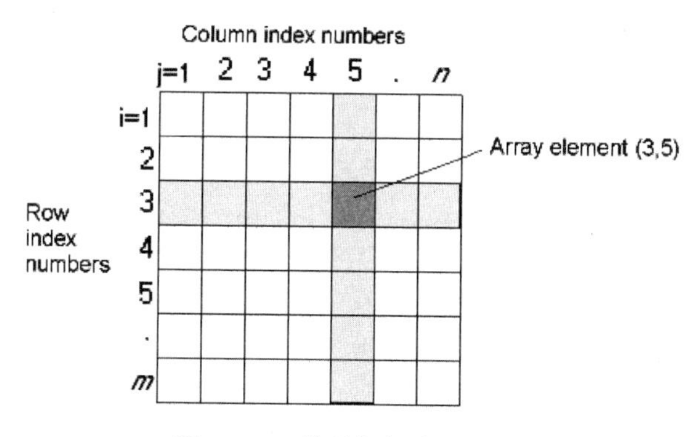

图 4-1 二维数组概念的图示

如图 4-2 所示是三维数组概念的图示，它有 m 行长、n 列宽和 3 个面，即是一个维数为 m×n×3 的三维数组。可以这样理解，图 4-2 所示的三维数组是由 3 个图 4-1 所示的二维数组扩展而成的。推广之后的三维数组概念可以表达为，三维数组有 m 行长、n 列宽和 p 个面，面的下标为 k，变化范围从 1 到 p。每个三维数组元素由下标(i,j,k)确定。

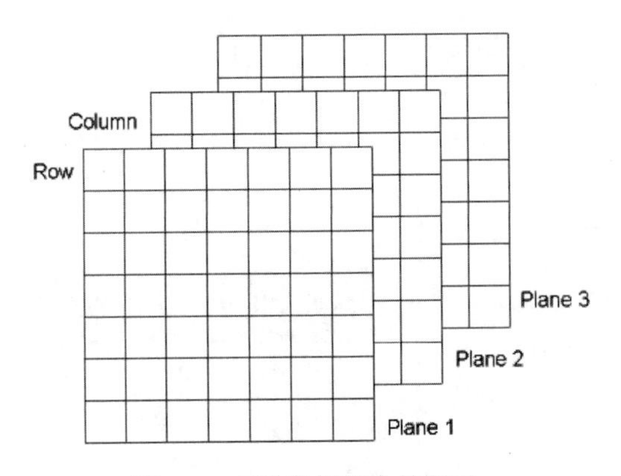

图 4-2　三维数组概念的图示

ANSYS 允许定义 3 种数组类型，如下：

（1）ARRAY 数值型数组。

ARRAY 数值型数组是默认的数组类型，用于存储整型或实型数据，行、列和面的下标是从 1 开始的连续整数。

（2）CHAR 字符型数组。

CHAR 字符型数组是用于存储字符串的数组，行、列和面的下标是从 1 开始的连续整数。

（3）TABLE 表。

TABLE 表用于存储整数或实数，是一种特殊的数值型数组，可以实现在数组元素之间的线性插值算法。可以给每一行、列和面定义数组下标，并且下标为实数（而不是连续的整数），可以根据下标实现数据插值算法。

另外，还有 STRING 字符串数组，即利用*DIM,,STRING 可以将字符串输入到数组中，其列和面的下标从 1 开始，行号由字符在字符串中的位置确定。

这 3 种类型的数组都不能超过（$2^{31}-1$）/8 字节长度。对于双精度数组而言，每个数据项不能超过 8 个字节长度，所以数值大小不能超过（$2^{31}-1$）/8。

4.2　定义数组参数

定义数组参数有两种途径，即利用*DIM 命令定义，或者利用菜单 Utility Menu>Parameters>Array Parameters>Define/Edit 以交互方式进行定义。定义数组之后，如果是 ARRAY 和 TABLE 类型的数组元素将被初始化为 0（除 TABLE 类型的 0 行和 0 列之外，它们被初始化为“极小值”），如果是 CHAR 类型的数组元素则被初始化为一个空值。

利用*DIM 命令定义数组的格式如下：

```
*DIM, Par, Type, IMAX, JMAX, KMAX, Var1, Var2, Var3
```

其中，Par 是数组名；Type 是数组类型，标识字有 ARRAY（默认）、CHAR、TABLE 和

STRING；IMAX、JMAX、KMAX 分别是数组下标（I、J、K）的最大值；Var1、Var2、Var3 是 Type = TABLE 时对应行、列和面的变量名。

利用*DIM 命令定义数组实例如下：

```
*DIM,A,,4                  !定义一维 ARRAY 数组，维数为 4[×1×1]
*DIM,B,ARRAY,12,12         !定义二维 ARRAY 数组，维数为 12×12[×1]
*DIM,C,,4,3,3              !定义三维 ARRAY 数组，维数为 4×3×3
*DIM,Force,TABLE,5         !定义 TABLE 表，维数为 5[×1×1]
*DIM,Str_Name,CHAR,5       !定义 CHAR 字符数组，维数为 5[×1×1]
```

利用菜单交互方式进行数组定义，选择菜单路径 Utility Menu>Parameters>Array Parameters>Define/Edit 弹出如图 4-3 所示的定义数组参数对话框，单击 Add 按钮接着弹出如图 4-4 所示的增加新数组参数对话框，参照*DIM 命令定义数组的格式说明进行新数组参数定义，最后单击 OK/Apply 按钮确认定义数组。

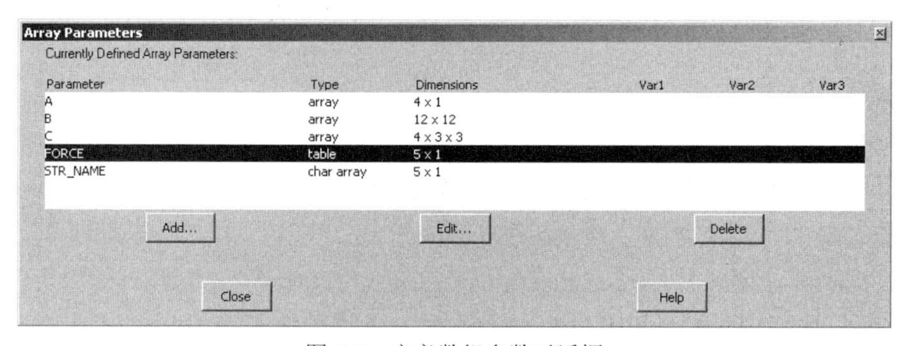

图 4-3　定义数组参数对话框

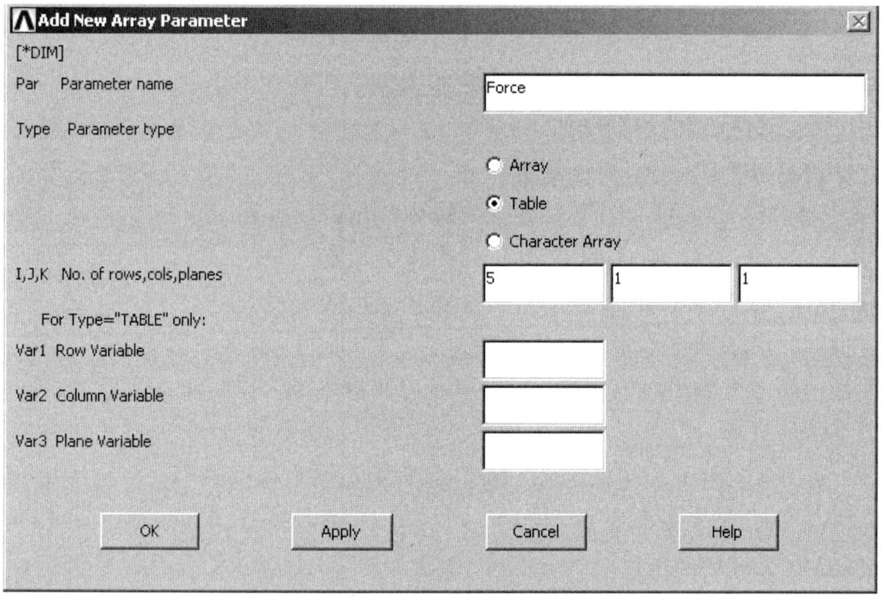

图 4-4　增加新数组参数对话框

4.3 赋值数组参数

给数组元素赋值有以下几种基本方法：

（1）利用*SET 命令或“=”给单个或多个数组元素赋值，与 Scalar 变量相同。

（2）利用*VEDIT 命令或按其等价菜单方式编辑数组。

（3）利用*VFILL 命令或者其等价菜单方式填充数组向量。

（4）利用*VREAD 命令用数据文件赋值 ARRAY 数组（具体参见 6.2 节介绍）。

（5）利用*TREAD 命令用数据文件赋值 TABLE 表（具体参见 6.3 节介绍）。

4.3.1 利用命令*SET 或赋值号“=”给单个或多个数组元素赋值

利用命令*SET 或赋值号“=”可以同时给单个或多个数组元素赋值，赋值对象为第一个数组元素名，赋值数据是一个列矢量，赋值结果是按列下标递增顺序从第一个赋值数组元素依次赋值。注意，一次最多只能给 10 个连续的数组元素赋值，当只给一个元素赋值时与变量赋值完全一致。

$$A=\begin{bmatrix}1\\2\\3\\4\\5\\6\\7\\8\\9\\10\\11\\12\end{bmatrix}$$

图 4-5　数组 A(12,1,1)

实例 1：如图 4-5 所示，首先定义一个维数为 12×1 的数组参数 A，然后利用“=”进行赋值，命令如下：

```
*DIM,A,,12,1,1
A(1)=1,2,3,4,5,6,7,8,9,10
A(11)=11,12
```

实例 1 说明：第一次赋值是从第 1 个元素开始连续给前 10 个元素赋值，并且一次最多赋值 10 个元素；第二次赋值是从第 11 个元素开始连续给最后 2 个元素赋值。

实例 2：如图 4-6 所示，首先定义二维数组为 4×3 的数组参数 B，然后利用“=”进行赋值，命令如下：

```
*DIM,B,,4,3,1
B(1,1)=11,21,31,41      !定义第一列的 4 个元素
B(1,2)= 12,22,32,42     !定义第二列的 4 个元素
B(1,3)= 13,23,33,43     !定义第三列的 4 个元素
```

$$B=\begin{bmatrix}11&12&13\\21&22&23\\31&32&33\\41&42&43\end{bmatrix}$$

图 4-6　数组 B(4,3,1)

实例 2 说明：对于二维数组，赋值顺序是首先按列进行赋值，在一列中则是遵循一维数组赋值规律。由此，还可以推广到三维数组，首先按面定义元素，并遵循二维数组赋值规律。

实例 3：如图 4-7 所示，首先定义一维数组为 4×1 的字符型参数 C，然后利用“=”进行赋值，命令如下：

```
*DIM,C,CHAR,4,1,1
C(1)= 'Case1','Case2','Case3','Case4'    !*按列顺序赋值
```

$$C=\begin{bmatrix}\text{Case1}\\\text{Case2}\\\text{Case3}\\\text{Case4}\end{bmatrix}$$

图 4-7　字符数组 C(4,1,1)

实例 3 说明：字符数组赋值基本与数值型数组参数赋值方法一致。

4.3.2 利用命令*VEDIT 或按其等价菜单方式编辑数组

利用命令*VEDIT 或者等价菜单 Utility Menu>Parameters>Array Parameters>Define/Edit 以交互方式编辑数组元素，这两种途径只能编辑 ARRAY 或 TABLE 类型的数组，不能编辑 CHAR 类型的数组。如图 4-8 所示的编辑数组元素的赋值对话框提供了强大的功能：

（1）提供按面即二维表格结构形式的数组元素编辑界面。

（2）提供大型数组编辑的导向控制：导向方向控制、数组面的选择、数组元素显示范围。

（3）初始化某一行或列（仅对 ARRAY 有效）。

（4）对行或列数据进行删除、拷贝和插入操作（仅对 ARRAY 有效）。

实例：假如需要编辑图 4-6 所示的数组 B(4,3,1)，选择菜单 Utility Menu>Parameters>Array Parameters>Define/Edit 弹出定义数组参数对话框，单击 Add 按钮弹出增加新数组对话框，Par 输入 B，Type 选择 Array，I、J、K 依次设置为 4、3、1，然后单击 OK 按钮定义数组 B(4,3,1)；接着，选中 Currently Defined Array Parameters 列表中的数组参数 B，单击 Edit 按钮弹出如图 4-8 所示的编辑数组参数 B 的对话框，并按图示在各元素位置填写元素的赋值，最后选择对话框菜单 File>Apply/Quit 结束编辑操作并返回定义数组参数对话框。

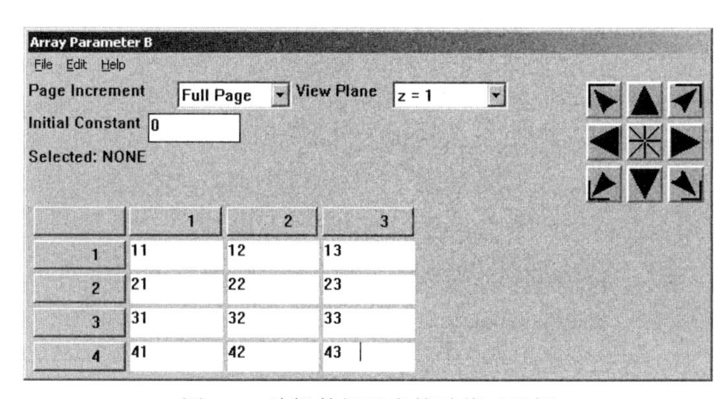

图 4-8　编辑数组元素的赋值对话框

4.3.3 利用命令*VFILL 或者其等价菜单方式填充数组向量

使用命令*VFILL 或等价菜单 Utility Menu>Parameters>Array Parameters> Fill 来填充 ARRAY 或 TABLE 类型数组参数的一个列矢量，填充的数据必须服从某种分布规律或者是一系列的随机数。*VFILL 命令的使用格式如下：

*VFILL,ParR,Func,CON1,CON2,CON3,CON4,CON5,CON6,CON7,CON8,CON9,CON10

其中，ParR 是参数列矢量名，对于二维或三维数组代表其中的某列矢量；Func 是填充数据服从的函数规律，包括以下几种：

（1）DATA 选项：将指定的 CON1～CON10 数值填充到列矢量中。

（2）RAMP 选项：按 CON1+((n−1)*CON2)规律进行填充列矢量。

（3）RAND 选项：以基于均匀分布的随机数填充列矢量，即 RAND(CON1,CON2)，其中 CON1 代表随机数下限（默认为 0.0），CON2 代表随机数上限（默认为 1.0）。

（4）GDIS 选项：以基于高斯分布的随机数填充列矢量，即 GDIS(CON1,CON2)，其中 CON1 代表均值（默认为 0.0），CON2 代表标准方差（默认为 1.0）。

（5）TRIA 选项：以基于三角分布的随机数填充列矢量，即 TRIA(CON1,CON2,CON3)，其中 CON1 代表随机数下限（默认为 0.0），CON3 代表峰值位置，CON2 代表随机数上限。

（6）BETA 选项：以基于 BETA 分布的随机数填充列矢量，即 BETA(CON1,CON2,CON3, CON4)，其中 CON1 代表随机数下限（默认为 0.0），CON2 代表随机数上限，CON3 与 CON4 代表 alpha 与 beta 参数值且必须为正数（默认为 1.0）。

（7）GAMM 选项：以基于 GAMMA 分布的随机数填充列矢量，即 GAMM(CON1,CON2, CON3)，其中 CON1 代表随机数下限（默认为 0.0），CON2 与 CON3 代表 alpha 与 beta 参数值且必须为正数（默认为 1.0）。

CON1～CON10 代表需要指定的数值。

实例：定义一个维数为 12×2 的数组 AB(12,2)，其第一列元素以服从均值为 0，标准方差为 100 的正态分布的随机数进行填充，第二列元素以服从 RAMP 的函数规律且下限为 20，上限为 200 的随机数进行填充，执行该过程的命令如下：

```
*DIM,AB,ARRAY,12,2              !定义维数为 12×2 的数值型数组
*VFILL,AB(1,1),GDIS,0,100,      !填充数组的第一列矢量
*VFILL,AB(1,2),RAMP,20,200,     !填充数组的第二列矢量
*STATUS,AB,1,12,1,2,1,,         !列表显示二维数组 AB(12,2)的所有元素
```

最后列表显示 AB(12,2)所有元素的结果如图 4-9 所示，注意每次填充的结果是由当次计算所决定的。

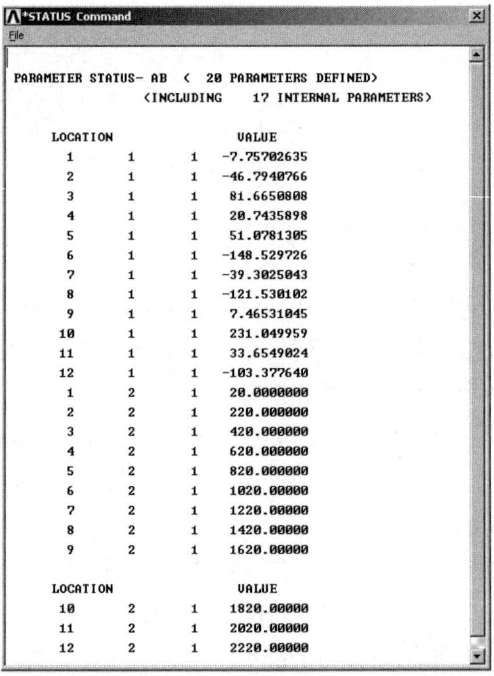

```
*STATUS Command
File

PARAMETER STATUS- AB  (  20 PARAMETERS DEFINED)
                  (INCLUDING    17 INTERNAL PARAMETERS)

     LOCATION                VALUE
       1       1       1   -7.75702635
       2       1       1   -46.7940766
       3       1       1    81.6650808
       4       1       1    20.7435898
       5       1       1    51.0781305
       6       1       1   -148.529726
       7       1       1   -39.3025043
       8       1       1   -121.530102
       9       1       1    7.46531045
      10       1       1    231.049959
      11       1       1    33.6549024
      12       1       1   -103.377640
       1       2       1    20.0000000
       2       2       1    220.000000
       3       2       1    420.000000
       4       2       1    620.000000
       5       2       1    820.000000
       6       2       1    1020.00000
       7       2       1    1220.00000
       8       2       1    1420.00000
       9       2       1    1620.00000

     LOCATION                VALUE
      10       2       1    1820.00000
      11       2       1    2020.00000
      12       2       1    2220.00000
```

图 4-9　列表显示二维数组 AB(12,2)的所有元素

4.4　列表显示数组参数

数组参数也是用*STATUS 命令或者其等价菜单进行显示。列表数组参数的菜单如下：

Utility Menu>List>Other>Parameters

Utility Menu>List>Status>Parameters>All Parameters

Utility Menu>List>Other>Named Parameter

Utility Menu>List>Status> Parameters>Named Parameters

实例：在 4.3 节的实例 1 最后就是利用*STATUS 命令列表显示数组 AB(12,2)的所有元素，显示的方式如图 4-9 所示。为了实现等效的菜单操作，选择 Utility Menu>List> Other>Named Parameter 弹出如图 4-10 所示的对话框，参照图中所示进行设置，就可以得到如图 4-9 所示的结果。

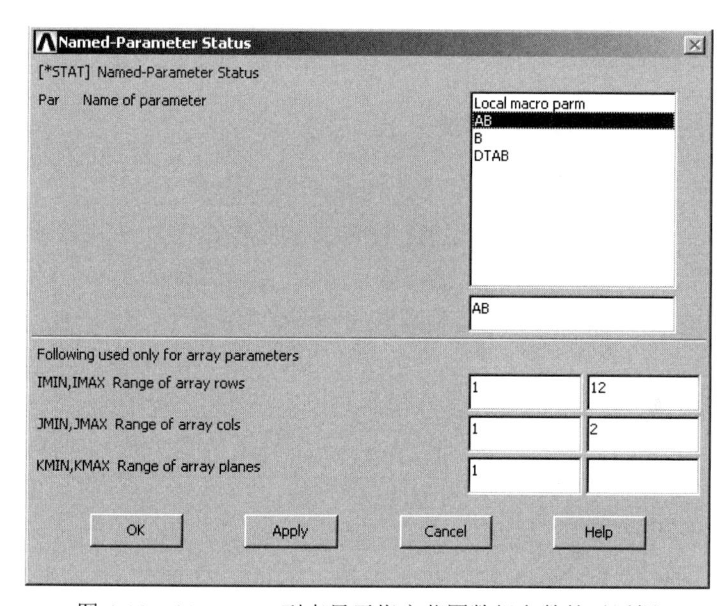

图 4-10　*STATUS 列表显示指定范围数组参数的对话框

4.5　曲线图形显示数组参数列矢量

使用*VPLOT 命令或等价菜单 Utility Menu>Plot>Array Parameters 绘制数值型数组参数的列矢量，由于 ARRAY 类型数组的数据是无序的，故只能用柱状图表示数组参数。*VPLOT 命令的使用格式如下：

*VPLOT, ParX, ParY, Y2, Y3, Y4, Y5, Y6, Y7, Y8

其中，ParX 是 X 轴上的列矢量名；ParY, Y2, Y3, Y4, Y5, Y6, Y7, Y8 是 Y 轴上映射的 8 个列矢量，即可以同时绘制 8 个列矢量曲线。

实例 1：参见图 4-5 所示的一维数组为 12×1 的数组参数 A，可以绘制 A(12)数组的曲线显示图，命令如下：

*VPLOT, ,A(1)

对应命令的等价菜单操作是，选择菜单 Utility Menu>Plot>Array Parameters 弹出如图 4-11 所示的曲线显示数组参数对话框，参照图 4-11 所示进行设置，单击 OK/Apply 按钮，在图形窗口中显示如图 4-12 所示的结果。

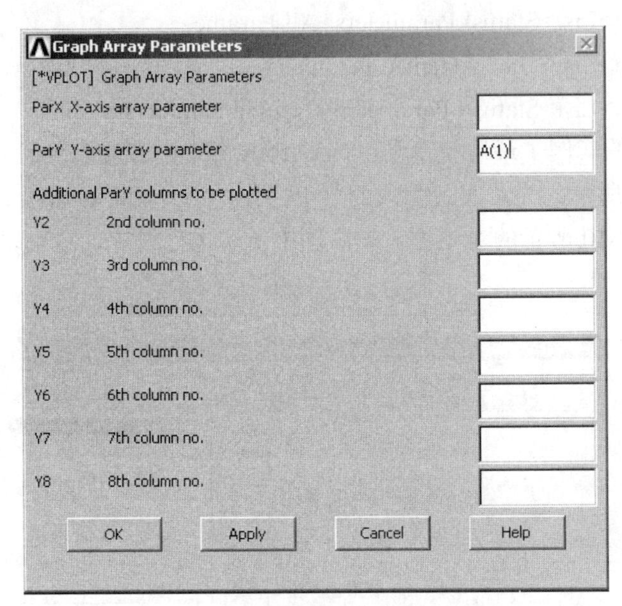

图 4-11　曲线显示数组参数对话框

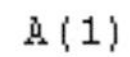

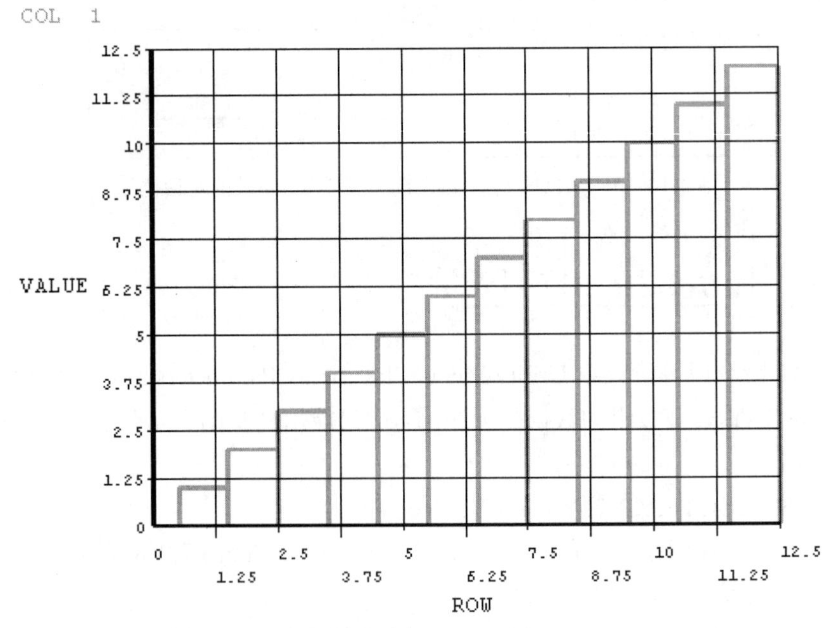

图 4-12　曲线显示数组参数 A(12)

最后，补充说明如何进行人工设置曲线显示标识功能。对于默认条件下绘制的参数曲线，在曲线图中全部采用默认的标识字，如曲线 1 标识字是 COL 1，曲线 2 标识字是 COL 3，其他依次类推。另外，列数指定该曲线包含的相关变量。还可以利用/GCOLUMN 命令给各曲线指定自己需要的标识字，它是一个长度不超过 8 个字符的字符串。

实例 2：在程序开始部分利用/GCOLUMN 命令给各曲线分别指定标识字 string01 和 string02，结果如图 4-13 所示。命令如下：

```
/gcol,1,string01
/gcol,2,string02

*DIM,xxx,ARRAY,10
* DIM,yyy, ARRAY,10,2

xxx( 1,1) =1e6
xxx( 2,1) = 1e6 + 1e5
xxx( 3,1) = 1e6 + 2e5
xxx( 4,1) = 1e6 + 3e5
xxx( 5,1) = 1e6 + 4e5
xxx( 6,1) = 1e6 + 5e5
xxx( 7,1) = 1e6 + 6e5
xxx( 8,1) = 1e6 + 7e5
xxx( 9,1) = 1e6 + 8e5
xxx(10,1) = 1e6 + 9e5

yyy( 1,1) = 1
yyy( 2,1) = 4
yyy( 3,1) = 9
yyy( 4,1) = 16
yyy( 5,1) = 25
yyy( 6,1) = 36
yyy( 7,1) = 49
yyy( 8,1) = 64
yyy( 9,1) = 81
yyy(10,1) = 100

yyy( 1,2) = 1
yyy( 2,2) = 2
yyy( 3,2) = 3
```

yyy(4,2) = 4
yyy(5,2) = 5
yyy(6,2) = 6
yyy(7,2) = 7
yyy(8,2) = 8
yyy(9,2) = 9
yyy(10,2) = 10

*VPLOT,xxx(1,1), yyy(1,1) ,2

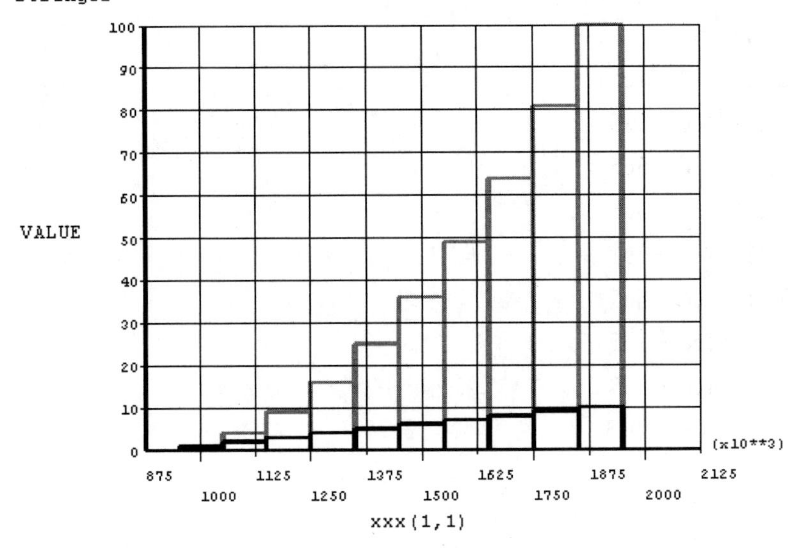

图 4-13　用户指定标识字举例

4.6　删除数组参数

删除数组与删除变量很类似，也可以利用*SET 命令与“=”进行赋空值删除，对于字符参数则赋值为''。删除时只需删除变量名即第一个元素名称；或者选择菜单 Utility Menu>Parameters>Array Parameters>Define/Edit 弹出如图 4-3 所示的定义数组参数对话框，选中 Currently Defined Array Parameters 列表中需要删除的数组参数，然后单击 Delete 按钮进行删除。

实例：如果 A(12,1,1)是一维数值型数组，则删除命令如下：

A(1)=

或者

*SET,A(1),

4.7 存储与恢复数组参数

存储和恢复数组参数的命令及其等价菜单与存储和恢复变量参数的命令及其等价菜单完全一致。为了存储数组参数到参数文件中，PARSAV 命令的 Lab 项必须设置成 ALL，表示存储所有参数，包括数组和表。恢复数组参数则与恢复变量的命令和菜单完全一样。

5

表参数及其用法

5.1 表参数的概念、定义、删除与赋值

TABLE 表类型参数是数值型数组参数，与 ARRAY 数组类似，但包含 0 行 0 列，每个面的下标值放在该面的 0,0 处。表的下标值可以是递增的整数或者实数。表数组赋值是通过行和列的下标值进行的，如果不赋值则程序自动赋一极小值，即 7.888609052E-31。表允许通过线性插值计算表数组中已定义元素之间的任意值。

如图 5-1 和图 5-2 所示分别是表数组存储数据的结构和利用*VEDIT 赋值表的对话框。定义表数组同定义 ARRAY 数组一样也有两种方式：*VEDIT 命令方式及其等价菜单交互方式。下面举例说明这两种方式的定义方法，定义如图 5-2 所示的二维表 E_TABLE(4,5)，如图 5-3 所示利用菜单进行定义、赋值和删除过程。

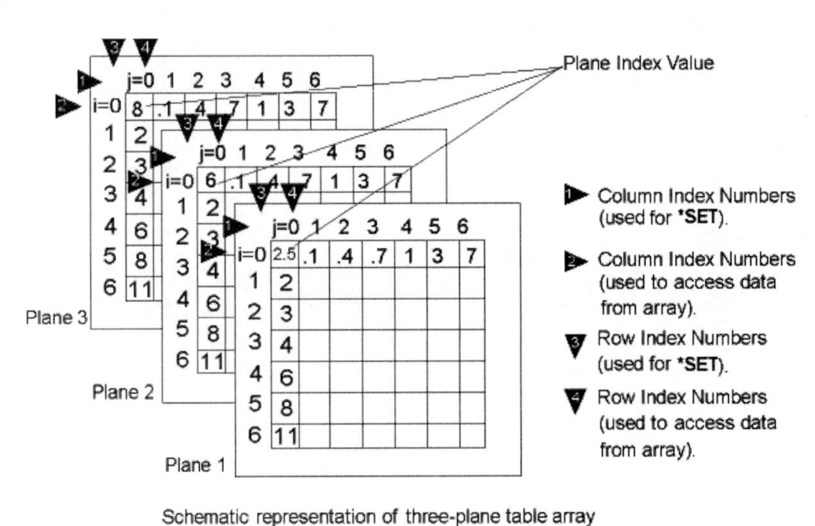

图 5-1　表数组的数据存储结构

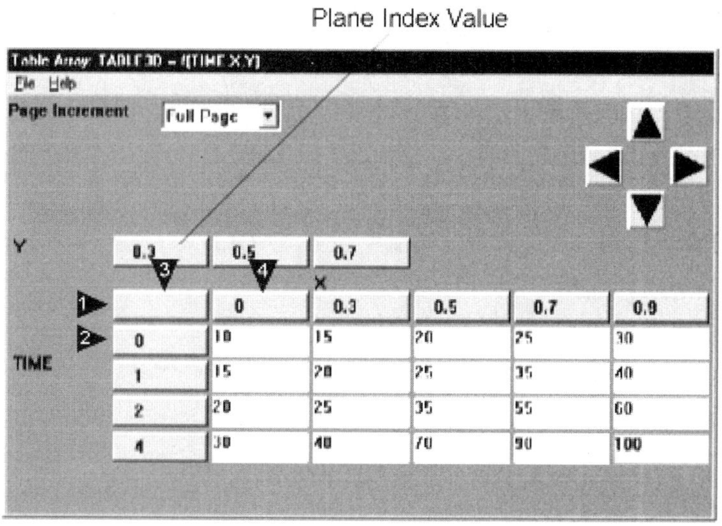

图 5-2 利用*VEDIT 定义表数组

首先，选择菜单 Utility Menu>Parameters>Array Parameters>Define/Edit 弹出定义数组参数对话框，单击 Add 按钮弹出增加新数组对话框，Par 项输入 E_TABLE，Type 项选择 Table，I、J、K 项依次设置为 4、5、1，单击 OK 按钮定义数组 E_TABLE(4,5,1)。

然后，选中 Currently Defined Array Parameters 列表中的数组参数 E_TABLE，单击 Edit 按钮弹出如图 5-2 所示的编辑数组参数 E_TABLE 对话框，按下列方法进行赋值：

（1）每个面的 0,0 元素值为该面的下标值，E_TABLE(4,5,1)是一个二维表，只有一个面所以不需要赋值，如图 5-3 所示。

$$
E\_TABLE = \begin{array}{c|ccccc} & 0 & 0.3 & 0.5 & 0.7 & 0.9 \\ \hline 0 & 10 & 15 & 20 & 25 & 30 \\ 1 & 15 & 20 & 25 & 35 & 40 \\ 2 & 20 & 25 & 35 & 55 & 60 \\ 4 & 30 & 40 & 70 & 90 & 100 \end{array}
$$

图 5-3 表数组 E_TABLE (4,5)

（2）定义面 1 的 0 行的列下标值，如图 5-2 所示中标注▶的 0 行从第二个位置开始的 5 个列下标值(0,0.3,0.5,0.7,0.9)。这些列下标只有在插值时才会使用。

（3）定义面 1 中的 0 列的行下标值，如图 5-2 所示中标注▼的 0 列从第二个位置开始的 4 个行下标值(0,1,2,4)，这些行下标只有在插值时才会使用。

（4）定义表参数的元素值，参照如图 5-2 所示中 1～5 列与 1～4 行位置上进行赋值。

最后，选择对话框菜单 File>Apply/Quit 结束编辑操作并返回定义数组参数对话框，单击 Close 按钮关闭。

如果需要列表显示 E_TABLE 表，选择菜单 Utility Menu>List>Other>Named Parameter 弹出列表参数对话框，在 Par 列表中选择 E_TABLE，IMMIN 和 IMAX 项分别设置为 1 和 5，JMMIN 和 JMAX 项分别设置为 1 和 4，单击 OK 按钮弹出列表窗口显示表的元素值。

如果需要删除已定义的表参数 E_TABLE(4,5,1)，选择菜单 Utility Menu>Parameters> Array

Parameters>Define/Edit 弹出定义数组参数对话框，选中 Currently Defined Array Parameters 列表中的数组参数 E_TABLE，然后单击 Delete 按钮删除。

对应上述过程的等价命令如下：

```
*DIM,E_TABLE,TABLE,4,5,1        !定义表 E_TABLE

E_TABLE(0,1,1)=0                !赋值表 E_TABLE
E_TABLE(0,2,1) =0.3
E_TABLE(0,3,1) = 0.5
E_TABLE(0,4,1) =0.7
E_TABLE(0,5,1) = 0.9

E_TABLE(1,0,1) = 0
E_TABLE(1,1,1) = 10
E_TABLE(1,2,1) = 15
E_TABLE(1,3,1) = 20
E_TABLE(1,4,1) = 25
E_TABLE(1,5,1) = 30

E_TABLE(2,0,1) = 1
E_TABLE(2,1,1) = 15
E_TABLE(2,2,1) = 20
E_TABLE(2,3,1) = 25
E_TABLE(2,4,1) = 35
E_TABLE(2,5,1) = 40

E_TABLE(3,0,1) = 2
E_TABLE(3,1,1) = 20
E_TABLE(3,2,1) = 25
E_TABLE(3,3,1) = 35
E_TABLE(3,4,1) = 55
E_TABLE(3,5,1) = 60

E_TABLE(4,0,1) = 4
E_TABLE(4,1,1) = 30
E_TABLE(4,2,1) = 40
E_TABLE(4,3,1) = 70
E_TABLE(4,4,1) = 90
```

```
E_TABLE(4,5,1) = 100

*STATUS,E_TABLE,1,4,1,5,1          !列表显示表 E_TABLE
E_TABLE(1,1)=                      !删除表 E_TABLE
```

5.2 曲线图形显示表参数列矢量

与 ARRAY 类型数组一样，TABLE 类型数组也可以利用*VPLOT 命令及其等价菜单进行曲线图形显示，二者的差别是 TABLE 类型数组的数据是有序的，采用曲线进行表示。实例参见 5.3 表插值及表载荷应用实例的实例 2。

5.3 表插值及表载荷应用实例

表参数的最大特点就是提供按行、列和面的下标进行线性插值的功能，可以用于定义随时间变化的边界条件或者载荷、响应谱曲线、压力曲线、材料—温度曲线、磁性材料的 B-H 曲线等。下面举例说明该线性插值功能的用法：

实例 1：如图 5-4 所示，定义并赋值一维表 A 与二维表 PQ。ANSYS 程序能计算一维表 A 在 A(1)和 A(2)之间的任意值：

A(1.5)等于 20.0（12.0 和 28.0 的中值）

A(1.75)等于 24.0

A(1.9)等于 26.4

同理，对于二维表 PQ，ANSYS 程序可以在行与列之间进行插值：

PQ(1.5,1)等于-3.4（2.8 和 -9.6 的中值）

PQ(1,1.5)等于 3.5（2.8 和 4.2 的中值）

PQ(3.5,1.3)等于 14.88

$$A=\begin{array}{c} \\ 1.0 \\ 2.0 \\ 3.0 \end{array}\begin{array}{c} 1.0 \\ \left[\begin{array}{c} 12.0 \\ 28.0 \\ 146.4 \end{array}\right] \end{array} \qquad PQ=\begin{array}{c} \\ 1.0 \\ 2.0 \\ 3.0 \\ 4.0 \end{array}\begin{array}{c} \begin{array}{cc} 1.0 & 2.0 \end{array} \\ \left[\begin{array}{cc} 2.8 & 4.2 \\ -9.6 & -12.3 \\ 42.0 & 9.7 \\ -4.5 & 2.0 \end{array}\right] \end{array}$$

图 5-4　表数组 A 与 PQ

实例 2：如图 5-5 所示的单自由度弹簧—质量系统，弹簧拉压刚度为 2000N/m，质量大小为 200kg，质点受随时间变化的集中力载荷 F(t)，F(t)按如图 5-6 所示规律变化。计算质点的位移瞬态响应曲线。

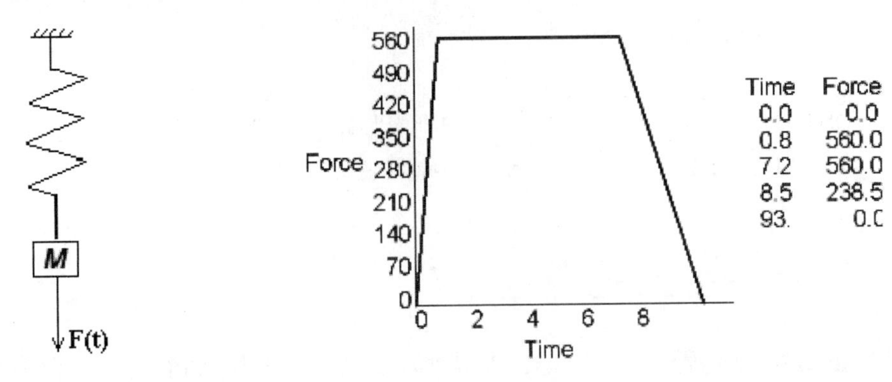

图 5-5　单自由度弹簧－质量系统

图 5-6　随时间变化的力载荷

分析思路：将集中力载荷 F(t)定义为表载荷 FORCE，如图 5-7 所示。在求解器中将表载荷 FORCE 施加到模型中的质量点上，只需通过一个载荷步就可以计算系统受迫振动的全过程。由于瞬态响应需要大量的中间载荷子步结果，那么根据载荷子步的时间程序自动插值计算每个载荷子步对应的集中力载荷的大小，并用于瞬态响应求解。例如，如果子步时间等于 1.0，那么 ANSYS 自动按线性插值计算出 FORCE(1.0)的值为 560.0；如果子步时间等于 10.0，那么 ANSYS 自动按线性插值计算出 FORCE(10.0)的值为 810.4375，其他依此类推，这就给瞬态计算提供了极大的灵活性与方便性，可以自由地改变计算的载荷子步数目即积分时间步长，以便获得真实的响应曲线。

$$FORCE = \begin{array}{c|c} & 0 \\ 1E-6 & 0.0 \\ 0.8 & 560.0 \\ 7.2 & 560.0 \\ 8.5 & 238.5 \\ 9.3 & 0.0 \end{array}$$

图 5-7　表 FORCE

下面分别是利用菜单和命令流方式演示表载荷的使用方法与原理。

1．菜单建模分析过程

第一步：清除内存准备分析。

（1）清除内存：选择菜单 Utility Menu>File>Clear & Start New 弹出对话框，单击 OK 按钮。

（2）更换工作文件名：选择菜单 Utility Menu>File>Change Jobname 弹出对话框，输入 Mass-Spring，单击 OK 按钮。

（3）定义标题：选择菜单 Utility Menu>File>Change Title 弹出对话框，输入文字 Table Load Demo，单击 OK 按钮。

第二步：创建弹簧－质量系统有限元模型。

（1）进入前处理器：选择菜单 Main Menu>Preprocessor。

（2）定义单元类型 1：选择菜单 Main Menu>Preprocessor>Element Type>Add/Edit/ Delete，弹出如图 5-8 所示的定义单元类型对话框。

单击 Add 按钮，接着弹出如图 5-9 所示的 ANSYS 单元库对话框。

选择左侧列表框中的 Structural Mass，再选择右侧列表框中的 3D mass 21 单元，在 Element type reference number 文本框中输入 1，单击 OK 按钮返回定义单元类型对话框，单击 Options 按钮弹出如图 5-10 所示的 MASS21 elememt type options 对话框，将 K3 项设置为 2-D w/o rot iner，单击 OK 按钮返回定义单元类型对话框。

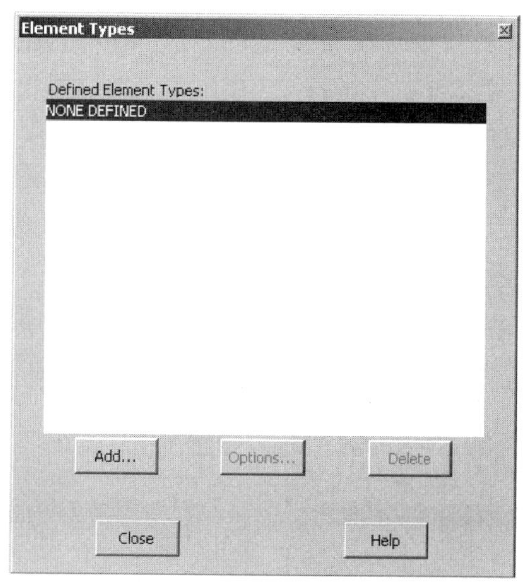

图 5-8 定义单元类型对话框

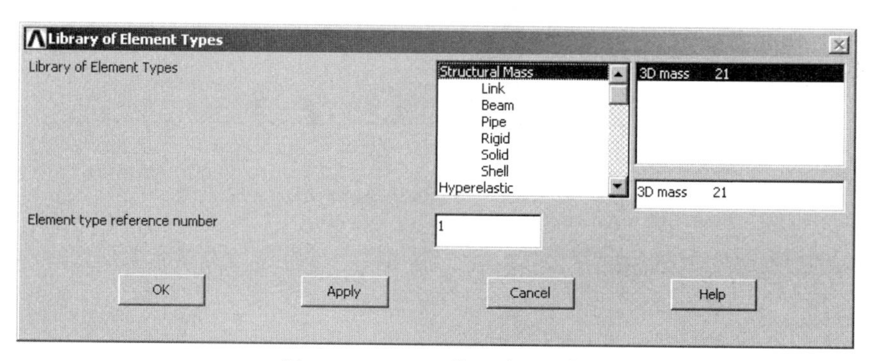

图 5-9 ANSYS 单元库对话框

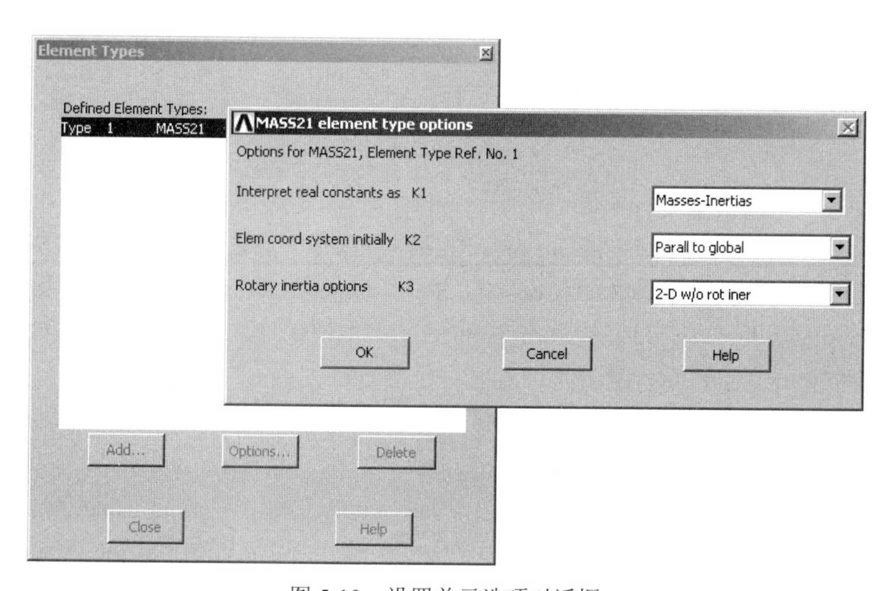

图 5-10 设置单元选项对话框

（3）定义单元类型 2：再次单击定义单元类型对话框中的 Add 按钮，同理选择单元库中 Combination（连接单元）中的 Spring-damper 14 单元定义为 2 号单元类型，并将其 Options 的 K2 项设置为 Longitude UX DOF，最后单击定义单元类型对话框中的 Close 按钮。

（4）定义单元实常数 1：选择菜单 Main Menu>Preprocessor>Real Constants>Add/Edit/Delete 弹出如图 5-11（a）所示的定义实常数对话框，单击 Add 按钮弹出如图 5-11（b）所示的 Element Type for Real Constants 对话框，选择列表框中的 Type 1 MASS21，单击 OK 按钮弹出如图 5-12 所示的 Real Constant Set Number 1,for MASS21 对话框，在 Real Constant Set No. 文本框中输入 1，2-D mass MASS 文本框中输入 200，单击 OK 按钮。

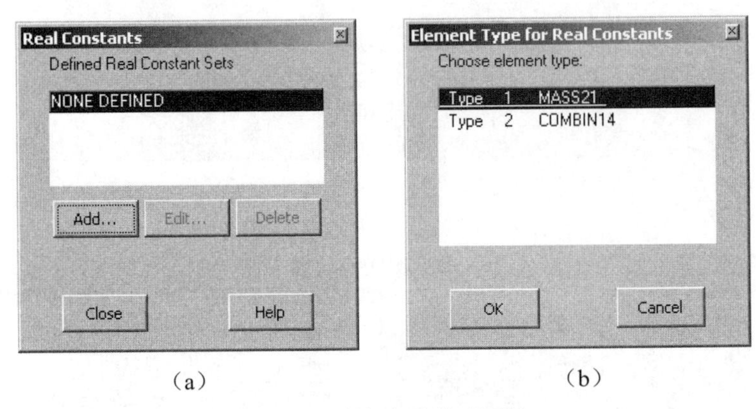

（a） （b）

图 5-11 定义实常数对话框

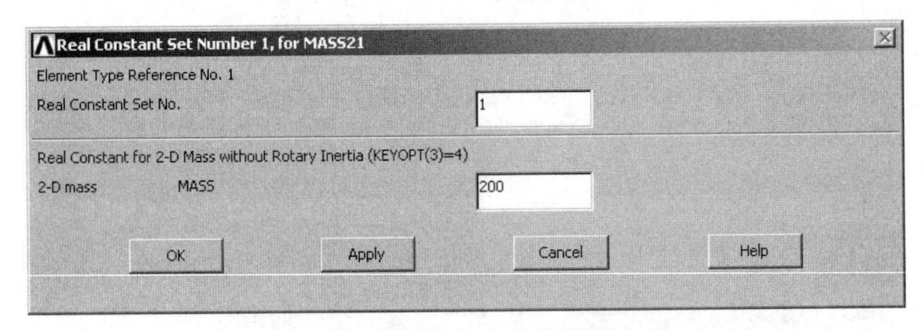

图 5-12 设置单元选项对话框

（5）定义单元实常数 2：同理，单击图 5-11（a）所示对话框中的 Add 按钮弹出图 5-11（b）所示的 Element Type for Real Constants 对话框，选择列表框中的 Type 2 COMBIN14，单击 OK 按钮弹出图 5-13 所示的 Real Constant Set Number 2,for COMBIN14 对话框，在 Real Constant Set No.文本框中输入 2，在 Spring constant 文本框中输入 2000（即弹簧刚度为 2000），单击 OK 按钮返回图 5-11（a）所示的对话框，单击 Close 按钮。

（6）创建节点 1 与 2：选择菜单 Main Menu>Preprocessor>Modeling>Create>Nodes>In Active CS 弹出 Create Nodes in Active Coordinate System 对话框，在 Node number 文本框中输入 1，X,Y,Z Location in active CS 依次输入 0、0、0，单击 Apply 按钮再次弹出 Create Nodes in Active Coordinate System 对话框，在 Node number 文本框中输入 2，X,Y,Z Location in active CS 依次输入 1、0、0，单击 OK 按钮。

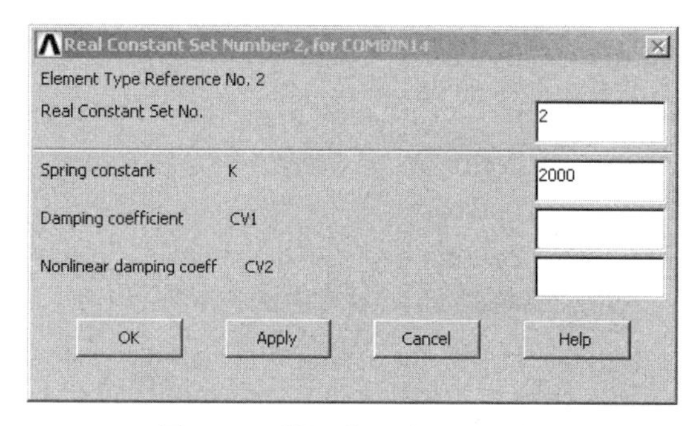

图 5-13　设置单元选项对话框

（7）设置默认单元属性，为创建质量单元做准备：选择菜单 Main Menu>Preprocessor>Modeling>Create>Elements>Elem Attributes 弹出对话框，将 Element type number 项设置为 1，Real constant set number 项设置为 1，单击 OK 按钮。

（8）创建质量单元：选择菜单 Main Menu>Preprocessor>Modeling>Create>Elements> Auto Numbered>Thru Nodes 弹出节点拾取对话框，用鼠标选中节点 2，单击 OK 按钮。

（9）设置默认单元属性，为创建弹簧连接单元做准备：选择菜单 Main Menu>Preprocessor>Modeling>Create>Elements>Elem Attributes 弹出对话框，将 Element type number 项设置为 2，Real constant set number 项设置为 2，单击 OK 按钮。

（10）创建弹簧连接单元：选择菜单 Main Menu>Preprocessor>Modeling>Create>Elements>Auto Numbered>Thru Nodes 弹出节点拾取对话框，用鼠标依次选中节点 1 与 2，单击 OK 按钮。

（11）存储有限元分析模型：单击 ANSYS Toolbar 窗口中的快捷键 SAVE_DB。

（12）退出前处理器：选择菜单 Main Menu>Finish。

第三步：定义载荷－时间表参数。

选择菜单 Utility Menu>Parameters>Array Parameters>Define/Edit 弹出定义 Array Parameter 对话框，单击 Add 按钮弹出如图 5-14 所示的 Add New Array Parameter 对话框。

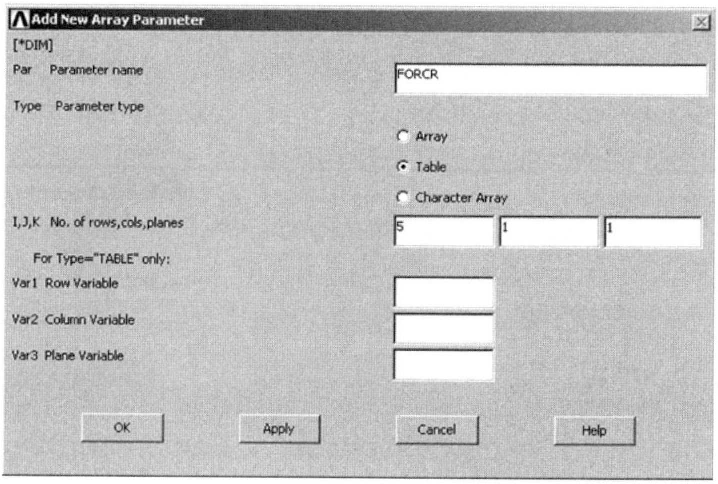

图 5-14　定义 FORCE 表对话框

在 Par 文本框中输入 FORCE，Type 项选择 Table，I、J、K 项输入 5、1、1，单击 OK 按钮返回定义 Array Parameter 对话框，单击 Edit 按钮接着弹出如图 5-15 所示的表 FORCE 赋值对话框，按照图示方式赋值载荷表 FORCE，然后选择对话框菜单 File>Apply/Quit 返回，单击 Close 按钮。

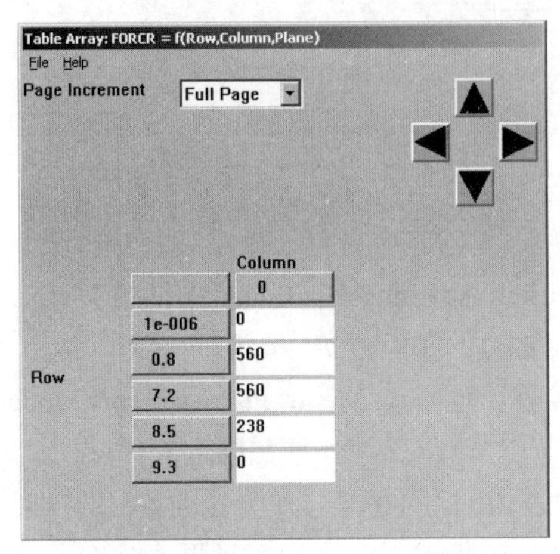

图 5-15　表 FORCR 赋值对话框

第四步：利用表载荷执行连续瞬态动力求解。

（1）进入求解器，选择瞬态分析：选择菜单 Main Menu>Solution>-Analysis Type-New Analysis 弹出对话框，选中 Transient，单击 OK 按钮弹出 Transient Analysis 对话框，选择 Full（完全法），单击 OK 按钮。

（2）固定节点 1 上的所有自由度：选择菜单 Main Menu>Solution>Define Loads>Apply>Structural>Displacement>On Nodes 弹出拾取节点对话框，用鼠标拾取节点 1，单击 OK 按钮弹出施加节点约束对话框，在 DOFs to be constrained 列表中选择 All DOF，单击 OK 按钮。

（3）固定节点 2 上的自由度 UY：选择菜单 Main Menu>Solution>Define Loads>Apply>Structural>Displacement>On Nodes 弹出拾取节点对话框，用鼠标拾取节点 2，单击 OK 按钮弹出施加节点约束对话框，在 DOFs to be constrained 列表中选择 UY，单击 OK 按钮。

（4）在节点 2 上施加表载荷 FORCE：选择菜单 Main Menu>Preprocessor>Loads>Define Loads>Apply>Structural>Force/Moment>On Nodes 弹出拾取节点对话框，用鼠标拾取节点 2，单击 OK 按钮弹出如图 5-16 所示的施加节点集中力对话框。

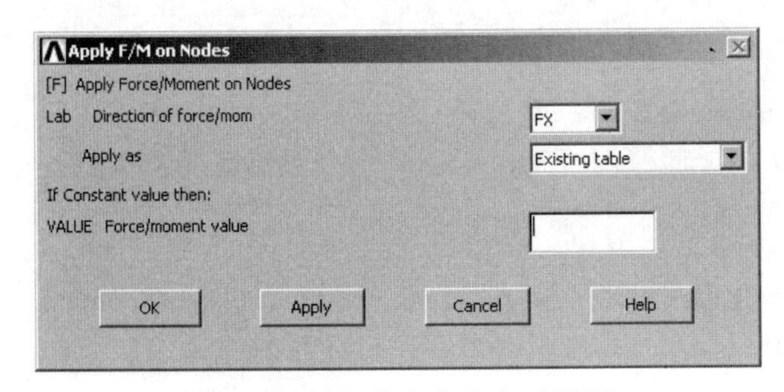

图 5-16　施加节点集中力对话框

将 Lab 项设置为 FX，Apply as 项选择 Existing table，单击 OK 按钮弹出如图 5-17 所示的施加力与变矩对话框。

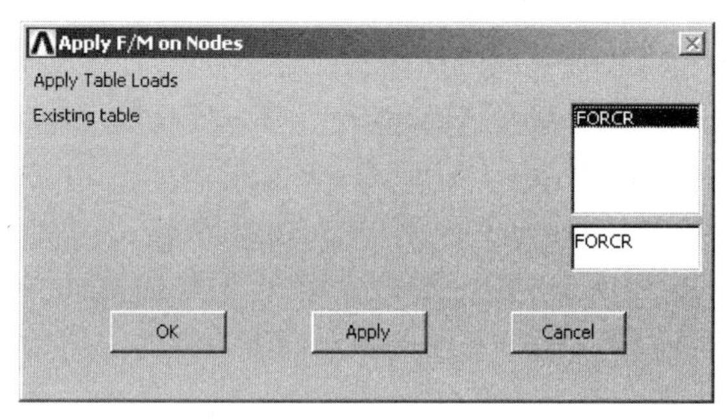

图 5-17　施加力与变矩对话框

选中列表框中的 FORCE，单击 OK 按钮。

（5）载荷步时间控制与输出控制：选择菜单 Main Menu>Preprocessor>Loads>Analysis Type>Sol'n Controls 弹出如图 5-18 所示的Solution Controls 求解控制对话框。

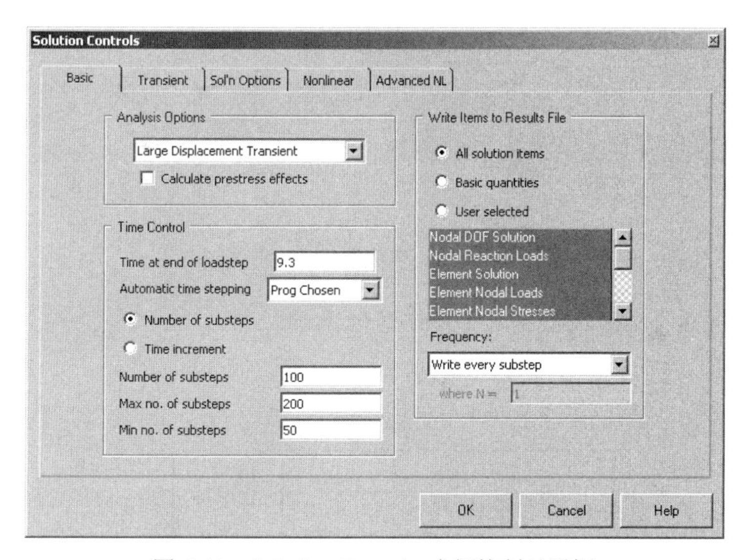

图 5-18　Solution Controls 求解控制对话框

首先单击 Basic 选项卡，设置下列选项：

- 选择 Analysis Options 列表中的 Small Displacement Transient。
- Time at end of loadstep 项输入 7。
- 选择 Number of substeps（控制子步数）。
- Number of substeps 项输入 50。
- Write items to Results File 项选择 All solution items（所有解）。
- Frequency 项选择 Write every substep（将每个载荷子步结果写入结果文件）。
- 其他项均设置为默认状态值。

然后单击 Transient 选项卡，选择 Ramped loading（渐变增加载荷）。

（6）执行求解：选择菜单 Main Menu>Solution>-Solve-Current LS 弹出对话框，单击 OK 按钮执行求解。

（7）退出求解器：选择菜单 Main Menu>Finish。

第五步：在 POST26 中绘制位移响应曲线。

进入 POST26 后处理器：选择菜单 Main Menu>TimeHist Postpro 进入 POST26 后处理器，同时弹出如图 5-19 所示的 Time History Variables 对话框，单击按钮弹出 Add Time-History Variables 对话框，连续双击 Result Item 列表框中的 Nodal Solution>DOF Solution>X-Component of Displacement，单击 OK 按钮定义变量 UX_2，然后单击 Time History Variables 对话框中的按钮，ANSYS 图形窗口显示如图 5-20 所示的质点位移响应曲线。

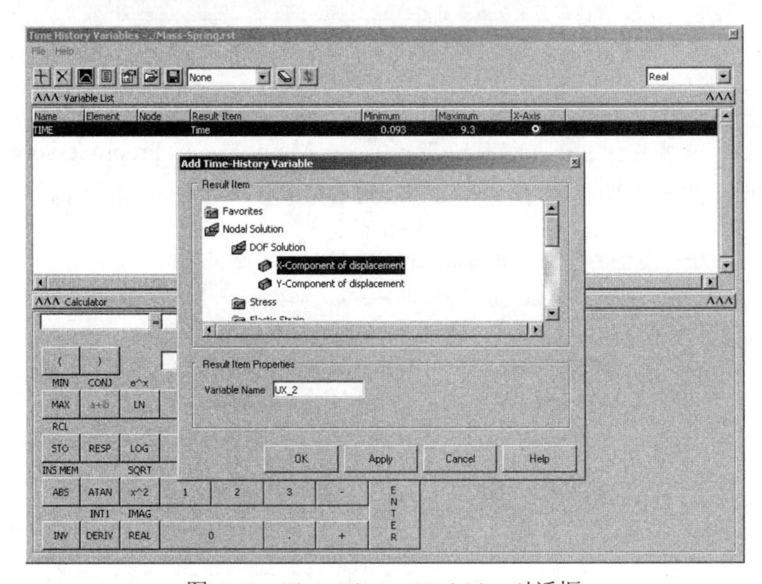

图 5-19 Time History Variables 对话框

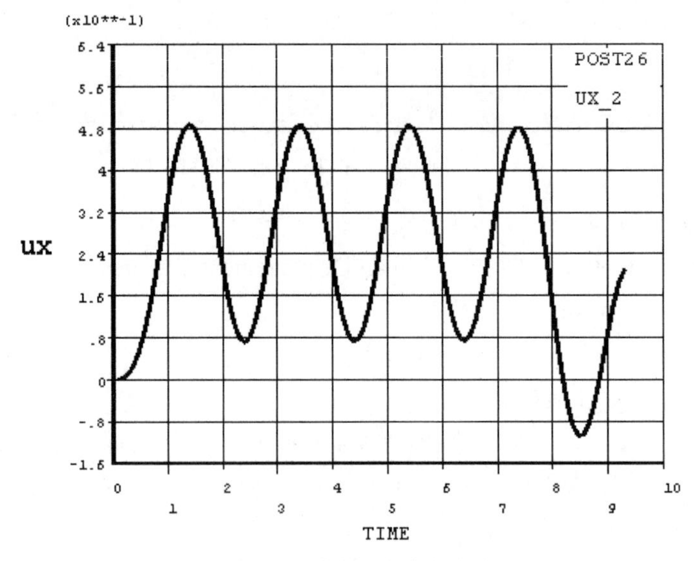

图 5-20 质点位移响应曲线

2. 命令流分析过程

```
!第一步：清除内存准备分析
FINISH
/CLEAR
/FILNAM,Mass-Spring
/TITLE, Table Load Demo

!第二步：创建弹簧－质量系统有限元模型
/PREP7
ET,1,MASS21          !单元类型 1：质量单元
KEYOPT,1,3,4         !设置为二维无转动惯量的质量

ET,2,COMBIN14        !单元类型 2：弹簧－阻尼连接单元
KEYOPT,2,2,1         !设置仅仅具有 UX 自由度

R,1,200,             !实常数 1：质量单元的质量
R,2,2000,            !实常数 2：弹簧－阻尼连接单元的弹簧刚度

N,1,0,0,0            !定义节点
N,2,1,0,0

TYPE,1               !指定默认单元属性
REAL,1
ESYS,0
E,2                  !在节点 2 上创建质量单元

TYPE,2               !指定默认单元属性
REAL,2
ESYS,0
E,1,2                !在节点 1 与 2 之间创建弹簧－阻尼连接单元

SAVE
FINISH

!第三步：定义载荷－时间表参数
*DIM,FORCR,TABLE,5,1,1        !定义表 FORCE
*SET,FORCR(0,1,1) , 0         !赋值表 FORCE
```

```
*SET,FORCR(1,0,1) , 1e-006
*SET,FORCR(2,0,1) , 0.8
*SET,FORCR(2,1,1) , 560
*SET,FORCR(3,0,1) , 7.2
*SET,FORCR(3,1,1) , 560
*SET,FORCR(4,0,1) , 8.5
*SET,FORCR(4,1,1) , 238
*SET,FORCR(5,0,1) , 10.3

!第四步：利用表载荷执行连续瞬态动力求解
/SOL
ANTYPE,4                 !选择瞬态分析类型
TRNOPT,FULL              !选择 FULL 瞬态分析方法

D,1,ALL                  !固定节点 1 上的所有自由度
D,2,UY                   !固定节点 2 上的自由度 UY

F,2,FX, %FORCR%          !在节点 2 上施加表载荷 FORCE

NSUBST,100,200,50        !设置载荷子步数目
OUTRES,ALL,ALL           !输出到结果文件的子步控制
KBC,0                    !载荷按渐变方式增加
TIME,10.3                !设置载荷步时间
SOLVE                    !执行求解
FINISH

!第五步：在 POST26 中绘制位移响应曲线
/POST26
FILE,'Mass-Spring','rst','.'
NUMVAR,200
NSOL,2,2,U,X, UX_2       !定义变量 2 记录节点 2 的位移 UX
XVAR,1                   !定义 X 轴变量
PLVAR,2,                 !绘制变量 2（Y 轴变量）
```

6

参数与数据文件的写出与读入

APDL 提供了一个命令*VWRITE 及其等价菜单 Utility Menu>Parameters>Array Parameters>Write to File 一次最多可将 19 个参数或数组按照 FORTRAN 实数格式写到一个文件中，利用这一功能可以写出用于其他程序、报告等的输出文件，如写出数据文件等。

同时，APDL 提供了一个命令*VREAD 及其等价菜单 Utility Menu>Parameters>Array Parameters>Read from File 从一个 ASCII 数据文件读取数据并存入数组参数中。另外，提供了一个命令*TREAD 及其等价菜单 Utility Menu>Parameters>Array Parameters>Read from File 读取 ASCII 文件中的表数据并存入表数组参数中。

6.1 使用命令*VWRITE 写出数据文件

*VWRITE 命令用于把数组中的数据按照指定格式（表格式）写入数据文件中。*VWRITE 命令一次最多可写出 19 个参数，并写到由*CFOPEN 命令打开的文件中。写出的格式由*VWRITE 命令行下一行的 FORTRAN 77 数据描述符确定（注意该操作不能通过 ANSYS 命令输入窗口进行执行）。数组矢量要指定起始元素位置（如 MYARRAY(1,2,1)），可以用表达式来计算数据文件中每一行的位置。关键字 SEQU 将从 1 开始写一个连续的整数列。*VWRITE 命令的使用格式如下：

*VWRITE, Par1, Par2, Par3, Par4, Par5, Par6, Par7, Par8, Par9, Par10, Par11, Par12, Par13, Par14, Par15, Par16, Par17, Par18, Par19

其中，Par1～Par19 是依次写出的 19 个参数或者常数，某个空值表示忽略，所有都忽略则输出一空行。允许写出的数据包括常数、变量与数组，包括数值型和字符型数据。

在*VWRITE 命令执行之前必须利用*CFOPEN命令打开一个数据文件，并将*CFOPEN和配对*CFCLOS 之间的所有*VWRITE 命令写出的数据都输入到该数据文件中。*CFOPEN命令的使用格式如下：

*CFOPEN, Fname, Ext, --, Loc

其中，Fname 是带路径的文件名（允许至多 250 字符长度），默认路径为工作目录，文件名默认为 Jobname; Ext 是文件的扩展名(至多 8 字符长度)，如果 Fname 为空则扩展名默认为 CMD; --表示该域是不需要使用的值域；Loc 用于确定打开的文件已经存在时，是覆盖已有的文件包含的数据重新写入新数据还是采用追加的方式在数据文件的结尾增加新的数据，空值即缺省时表示采用覆盖方式写数据到文件中，设置成 APPEND 时表示采用追加方式写数据到文件中。

与*CFOPEN 命令成对使用的另一个命令就是*CFCLOS 命令，总是在*CFOPEN 命令与一系列写数据*VWRITE 命令之后，用于关闭用*CFOPEN 命令打开的文件。*CFCLOS命令的使用格式如下：

*CFCLOS

在*VWRITE 命令行之后必须紧跟写出数据的格式说明行，规定*VWRITE 命令所写出的每项数据的格式描述符。注意，格式行前面不需要 FORMAT 格式标识字，直接填写一系列的格式描述符，所有的格式描述符必须用一对圆括号括起来。APDL 采用类似于 FORTRAN 的数据描述符。对任何数值型数据均采用 F 描述符（浮点数），字符型数据采用 A 描述符，还有其他各种描述符均参见 FORMAT 格式的 I/O 格式描述符。注意，FORMAT 格式的整型（I）或直接列表描述符（*）在 APDL 中不能使用。常用格式描述符的说明与用法参见表 6-1。

表 6-1　APDL 数据格式描述符

描述格式	名称	用法说明	举例
Fw.d	单精度实型描述格式	F 是描述符，w 是数据宽度，d 是小数位数	F10.2：表示总长 10 个数字字符，小数点后保留两位数字
Ew.d	指数描述格式	E 是描述符，w 是数据宽度，d 是以指数形式出现的数字部分的小数位数	E13.2：表示输出数字总共占 12 个字符位置，小数点后保留 2 位数字
Dw.d	双精度描述格式	D 是描述符，w 是数据宽度，d 是位数，与 E 描述符描述格式类似，只是数据精度更高，输出位更长	D18.10：表示输出数字总共占 18 个字符位置，小数点后保留 10 位数字
Aw	字符型描述格式	A 是描述符，w 指字符数据宽度，w 最长允许 8 个字符长度	A6：包含 6 个字符的字符串
nX	X 编辑符	X 是描述符，表示产生空格，n 是空格的数目	2X：表示位置后移 2 个字符位置
'	撇号编辑符	撇号编辑符成对使用，用于在格式说明中插入说明字符	'I= '：输出行中显示字符串“I=”
/	斜杠编辑符	结束当前行的输出，转到下一行输出，如果两个连续斜杠//则添加一个空行	

实例：各种格式描述符的用法演示命令流。

```
finish
/clear

Item='Weight:'
```

```
data=234.56
Unit='Kg'

*DIM,AA,ARRAY,4,1,1
AA(1)=10.2,324.5,123.7,908

*DIM,BB,CHAR,3,1,1
BB(1)='I am','a good','man'

*CFOPEN,datafile,dat
*VWRITE
(5X,'*VWRITE Demo')
*VWRITE,
('*****************************************')

*VWRITE,Item,data,Unit
(A8,F10.2,A8)


*VWRITE,
(/'****** ARRAY Parameter Output Demo ******')
*VWRITE,
('Float Format/SEQU Keyword: ')
*VWRITE,SEQU,AA(1)
(F3.0,F10.4)

*VWRITE,AA(1),AA(2),AA(3),AA(4)
(//'Float/X Format: '/F3.1,2X,F4.2,2X,F5.2,2X,F6.2)

*VWRITE,AA(1),AA(2),AA(3),AA(4)
(//'Float Format: '/4F10.4)

*VWRITE,AA(1),AA(2),AA(3),AA(4)
(//'Double Format: '/D13.5,/D15.6,/D18.10,/D10.3)

*VWRITE,
(/'****** CHAR Parameter Output Demo ******')
*VWRITE,BB(1),BB(2),BB(3)
(3A6)

*CFCLOS
```

该命令流将生成如图 6-1 所示内容的数据文件 datafile.dat。

```
     *VWRITE Demo
****************************************
Weight:      234.56Kg

****** ARRAY Parameter Output Demo ******
Float Format/SEQU Keyword:
 1.   10.2000
 2.  324.5000
 3.  123.7000
 4.  908.0000


Float/X Format:
***   ****   *****   908.00


Float Format:
  10.2000 324.5000 123.7000 908.0000


Double Format:
 0.10200D+02
   0.324500D+03
  0.1237000000D+03
 0.908D+03

****** CHAR Parameter Output Demo ******
I am  a goodman
```

图 6-1　*VWRITE 命令格式输出文件实例

6.2　使用命令*VREAD 读取数据文件填充数组

*VREAD 命令及其等价菜单 Utility Menu>Parameters>Array Parameters>Read from File 可以读入数据文件中的数据并用来填充已定义的数组参数。数据文件必须是 ASCII 格式文件，并按指定下标将读入的数据赋给数组参数。读取数据文件时，必须在*VREAD 命令行的下一行指定数据读入格式说明，控制从文件中读取数据信息的格式，数据格式说明必须括在一对圆括号中。关于数据描述符的内容参见表 6-1 中的说明。

注意　不能直接在命令输入窗口中执行*VREAD 命令。

*VREAD 命令的使用格式如下：

*VREAD, ParR, Fname, Ext, --, Label, n1, n2, n3, NSKIP

其中，ParR 是读入数据的赋值对象数组，必须是已经存在的数组参数；Fname 是带路径的文件名（允许至多 250 字符长度），默认路径为工作目录，文件名默认为 Jobname；Ext 是文件的扩展名（至多 8 字符长度）；--表示该域是不需要使用的值域；Label 是取值顺序标识字 IJK,IKJ, JIK, JKI, KIJ,KJI，空值表示 IJK；n1, n2, n3 是当 Label = KIJ，n2 和 n3 默认等于 1 时按照格式(((ParR (i,j,k), k = 1,n1), i = 1, n2), j = 1, n3)读入数据；NSKIP 是读入数据文件时需要跳过的开始行数，表示从下一行开始读入数据文件中的数据，默认值是 0，表示从第一行开始读入数据。

实例：数据文件 data.dat 存储的数据内容如图 6-2 所示，读入该数据文件中的数据并赋值给一个维数为 3×2 的数组 AA。

```
1.5 □□□□□ 7.8 □□12.3
15.6 □□-45.6 □□42.5
```

图 6-2　data.dat 存储的数据内容（□表示空格）

执行下面的命令流，完成上述要求的功能：

```
*DIM,AA,,2,3
*VREAD,AA(1,1),data,dat,,JIK,3,2
(3F6.1)
```

AA 数组的赋值结果为：

$$AA=\begin{bmatrix}1.5 & 7.8 & 12.3\\ 15.6 & -45.6 & 42.5\end{bmatrix}$$

6.3　使用命令*TREAD 读取数据文件并填充 TABLE 类型数组

前面介绍了表参数定义与赋值的交互方法，下面介绍如何利用*TREAD 命令或者等价菜单 Utility Menu>Parameters>Array Parameters>Read from File 读取数据文件中的表数据并赋值给表类型参数。*TREAD 命令的使用格式如下：

*TREAD, Par, Fname, Ext, --, NSKIP

其中，Par 是表参数名；Fname 是带路径的文件名（允许至多 250 字符长度），默认路径为工作目录，文件名默认为 Jobname；Ext 是文件的扩展名（至多 8 字符长度），如果 Fname 为空则扩展名默认为 CMD；--表示该域是不需要使用的值域；NSKIP 是从第一行需跳过的行数，从下一行开始读取数据。

当从外部数据文件中读取数据时，要记住：

（1）数据文件必须是 ASCII 形式，并通过制表符进行分界。

（2）必须提前定义表数组，允许下标值为(0,0)。

（3）读取数据的顺序是按行读取数值，直到数组中每行的所有列都已填充完；然后再一行行地轮流填充它们包含的列。

（4）一定要保证定义的数组有正确的维数。如果错误地定义了一个少于要求列数的数组，ANSYS 将用从数据表读入的第一行剩下的数据开始填充数组的下一行。类似地，如果错误地定义了一个多于要求列数的数组，ANSYS 将用从数据表另一行读入的数值填充数组的所有列，仅当换到下一行时才开始填充下一行。

下面 3 个实例讲解如何生成 1-D、2-D 和 3-D 表数组，同时说明利用*TREAD 命令读取外部数据文件中的数据来生成表数组的方法。

实例 1：一维表数组。

首先用选择的应用程序（如电子制表软件或文本编辑器等）生成 1-D 表，然后把该文件保存为带制表符的文本文件。本例中定义的表名为 Tdata，是包含时间和温度的对应关系数据，如表 6-2 所示是数据文件的内容。

表 6-2　时间温度表

Time	Temp
0	20
1	30
2	70
4	75

在 ANSYS 中，利用菜单 Utility Menu>Parameters>Array Parameters>Define/Edit 或用*DIM 命令定义一个表数组参数 Tt，指定其维数为 4 行 1 列，行标识字为 Time，列标识字为 Temp。注意，生成的数据表为 4 行 1 列（第一列是行的下标值）。然后，按*TREAD 命令或者等价菜单 Utility Menu>Parameters>Array Parameters>Read from File 读取该数据文件，指定跳过一行（Time 和 Temp 所在行），在 ANSYS 中得到 TABLE 数组如图 6-3 所示。

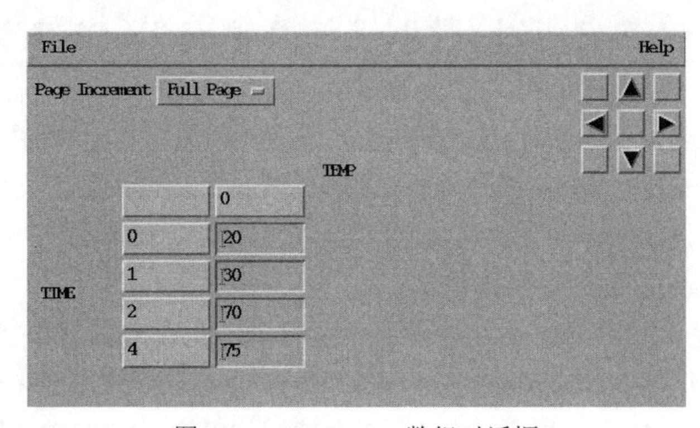

图 6-3　1-D TABLE 数组对话框

如果采用命令方式实现上述过程，则如下所示：

```
*DIM,Tt,table,4,1,1,TIME,TEMP
*TREAD,Tt,tdata,txt,,1
```

实例 2：二维表数组。

首先用电子制表软件或文本编辑器等生成一个 2-D 表 T2data 并存储成一个数据文件，其中包含作为时间函数的温度数据和 X 坐标值，然后把其读入一个名为 Ttx 的表数组参数中。如表 6-3 所示是 ASCII 形式的表数据文件的内容。

表 6-3　温度（时间-X 坐标）表

Time	X-Coordinate				
0	0	.3	.5	.7	.9
0	10	15	20	25	30
1	15	20	25	35	40
2	20	25	35	55	60
4	30	40	70	90	100

在 ANSYS 中，利用菜单 Utility Menu>Parameters>Array Parameters>Define/Edit 或用*DIM 命令定义一个表参数 Ttx，指定其维数为 4 行 5 列，行标识字为 TIME，列标识字为 X-COORD。注意，生成的数据表为 4 行 5 列，另外加上行和列的下标值。同理，用*TREAD 命令或者等价菜单 Utility Menu>Parameters>Array Parameters>Read from File 读取该数据文件，指定跳过一行，在 ANSYS 中得到 TABLE 数组如图 6-4 所示。

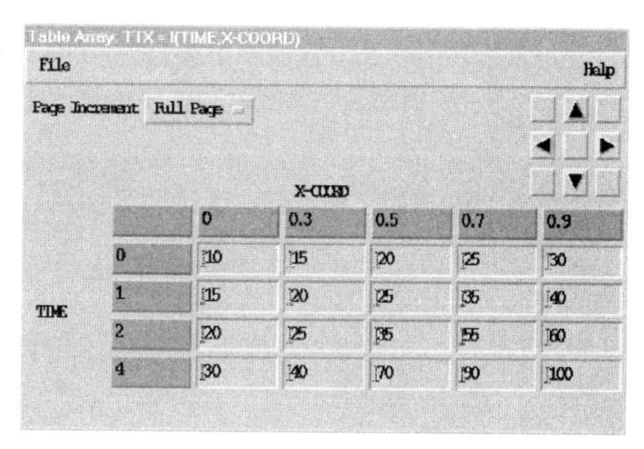

图 6-4　2-D TABLE 数组对话框

如果采用命令方式实现上述过程，则如下所示：

```
*DIM,Ttx,table,4,5,,time,X-COORD
*TREAD,Ttx,t2data,txt,,1
```

实例 3：三维表数组。

首先用电子制表软件或文本编辑器等生成一个 3-D 表 T3data 并存储成一个数据文件，其中包含作为时间函数的温度数据、X 坐标值和 Y 坐标值，然后把其读入一个名为 Ttxy 的表数组参数中。如表 6-4 所示是 ASCII 形式的表数据文件的内容。

表 6-4　温度（时间-X 坐标）表

Time	X-Coordinate				
0	0	.3	.5	.7	.9
0	10	15	20	25	30
1	15	20	25	35	40
2	20	25	35	55	60
4	30	40	70	90	100
1.5	0	.3	.5	.7	.9
0	20	25	30	35	40
1	25	30	35	45	50
2	30	35	45	65	70
4	40	50	80	100	120

上面例子中的值（在(0,0,Z)处）表示各个面。每面的行列下标值都是一样的，只是面的下

标值以及实际的数据值是不相同的。表 6-4 中的阴影部分显示了面与面之间实际的变化值。

在 ANSYS 中，利用菜单 Utility Menu>Parameters>Array Parameters>Define/Edit 或通过*DIM 命令定义一个表数组参数 Ttxy，指定该 3-D 表数组的维数，即行、列和数据面的数目。第一列（TIME）是行的下标值，第一行是列的下标值。指定 Ttxy 的维数为 4 行、5 列和 2 个面，行标识字为 TIME，列标识字为 X-COORD，面标识字为 Y-COORD。注意，生成的数据表为 4 行 5 列 2 面，另外每面还必须加上行和列的下标值。然后，通过*TREAD 命令或者对应等价菜单 Utility Menu>Parameters>Array Parameters>Read from File 读取该数据文件，指定跳过一行。对于第二个数据面（Y=1.5），在 ANSYS 中 TABLE 数组如图 6-5 所示。

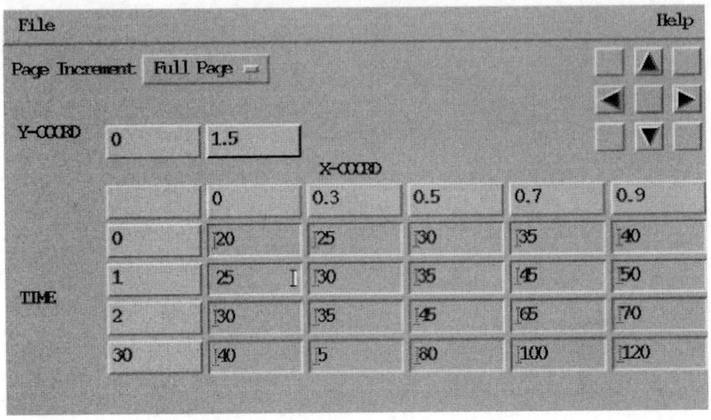

File　Help

Page Increment　Full Page

Y-COORD　0　1.5

X-COORD

TIME	0	0.3	0.5	0.7	0.9
0	20	25	30	35	40
1	25	30	35	45	50
2	30	35	45	65	70
30	40	5	80	100	120

图 6-5　3-D TABLE 数组对话框

如果采用命令方式实现上述过程，则如下所示：

```
*DIM,Ttxy,table,4,5,2,TIME,X-COORD,Y-COORD
*TREAD,Ttxy,t3data,txt,,1
```

7

访问 ANSYS 数据库数据

APDL 是用于实现参数化有限元分析的程序语言，它必须经常访问 ANSYS 数据库中的各种数据，如系统环境数据、目录路径、当前工作名、模型数据、结果数据，以及其他各种数据等。访问的数据提取之后可以赋值给变量或者数组，然后再利用其他数学运算工具进行分析处理，就可以实现许多实际工程目的或者研究目的。

7.1 提取数据库数据并赋值给变量

访问 ANSYS 的各种数据并赋值给变量有 3 种基本方法，如下：

- *GET 提取命令。
- 与*GET 等价的内嵌提取函数。
- /INQUIRE 查询函数。

7.1.1 *GET 提取命令

*GET 命令几乎可以提取 ANSYS 数据库中的任何数据，包括任何对象（点、线、面、节点、单元等）的相关数据信息以及各处理器的设置或状态数据信息等，并赋值给指定名称的 Scalar 变量参数。*GET 命令对应的菜单路径如下：

Utility Menu>Parameters>Get Scalar Data

*GET 命令的使用格式如下：

*GET,Par, Entity, ENTNUM, Item1, IT1NUM, Item2, IT2NUM

其中，Par 是赋值的参数名；Entity 是被提取对象关键字，有效的关键字是 NODE、ELEM、KP、LINE、AREA 和 VOLU 等，在 ANSYS Commands Reference（ANSYS 命令参考手册）中的*GET 部分对其有完整的说明；ENTNUM 是实体的编号（若为 0 指全部实体）；Item1 是某个指定实体的项目名，例如如果 Entity 是 ELEM，那么 Item1 要么是 NUM（选择集中的最大或最小的单元编号），要么是 COUNT（选择集中的单元数目），在 ANSYS Commands Reference

（ANSYS 命令参考手册）中的*GET 部分对每种实体的 Item1 值有完整的说明。

实例 1：*GET 命令提取各种数据的实例。

在使用*GET 命令提取数据时，相当于在一种树型结构中从一般属性分类到具体对象属性搜索定位的过程，如*GET,A,ELEM,5,CENT,X 是提取单元 5 质心位置的 X 坐标值，然后赋给参数 A。下面是一系列*GET 命令的用法实例：

```
*GET,BCD,ELEM,97,ATTR,MAT        !BCD = 单元 97 的材料号
*GET,V37,ELEM,37,VOLU            !V37 = 单元 37 的体积
*GET,EL52,ELEM,52,HGEN           !EL52 = 在单元 52 生成的热值
*GET,OPER,ELEM,102,HCOE,2        !OPER =单元 102 面 2 上的热系数
*GET,TMP,ELEM,16,TBULK,3         !TMP = 单元 16 面 3 上的体积温度
*GET,NMAX,NODE,,NUM,MAX          !NMAX = 最大激活节点数
*GET,HNOD,NODE,12,HGEN           !HNOD = 在节点 12 生成的热值
*GET,COORD,ACTIVE,,CSYS          !COORD = 激活的坐标系值
```

实例 2：计算所有单元体积之和。

假设所有的单元都是体单元，那么求体积之和的命令流如下：

```
ESEL,ALL                         !选择所有的单元
ETABLE,volume,volu               !存储每个单元体积到单元表中
SSUM                             !对单元表的各项执行求和运算
*GET,vtot,SSUM,ITEM,VOLUME       !提取总体积并存储到变量 vtot 中
*STATUS                          !显示参数值
```

实例 3：*GET 命令对应菜单路径方式提取各种数据的实例。

在交互界面中，可以利用菜单路径 Utility Menu>Parameters>Get Scalar Data 提取数据，对于初学者而言该方法更容易掌握，每次使用该菜单后在 Log 文件中记录下对应的菜单操作命令，读者可以很容易读懂该命令行。例如命令*GET,UX_node5,NODE,5,U,X 是提取节点 5 在 X 方向上的变形结果，对应的菜单操作过程如下：

（1）选择菜单 Utility Menu>Parameters>Get Scalar Data 弹出如图 7-1 所示的提取单个数据的对话框，在左侧列表框中选择 Results data，然后在右侧列表框中选择 Nodal results，单击 OK 按钮。

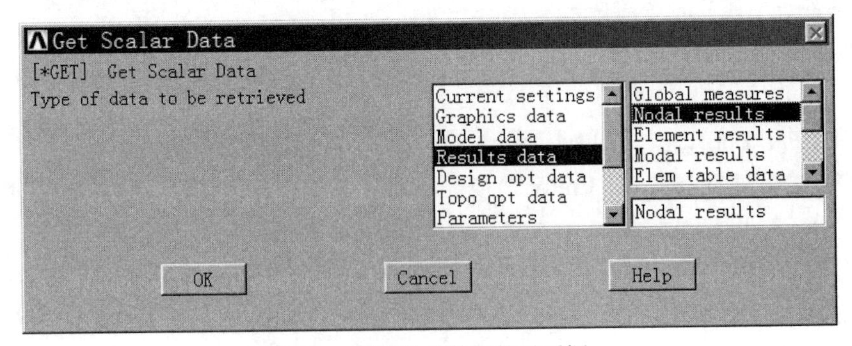

图 7-1 提取单个数据的对话框

（2）弹出如图 7-2 所示的对话框，这就是*GET 提取节点位移 UX 时的设置对话框，设置下列选项：

- Name of parameter to be defined：存储提取数据的变量名，输入 UX_node5。
- Node number N：提取数据的节点编号，输入 5。
- Results data to be retrived：提取的数据项，在左侧列表框中选择 DOF solution，然后在右侧列表框中选择 Translation UX。

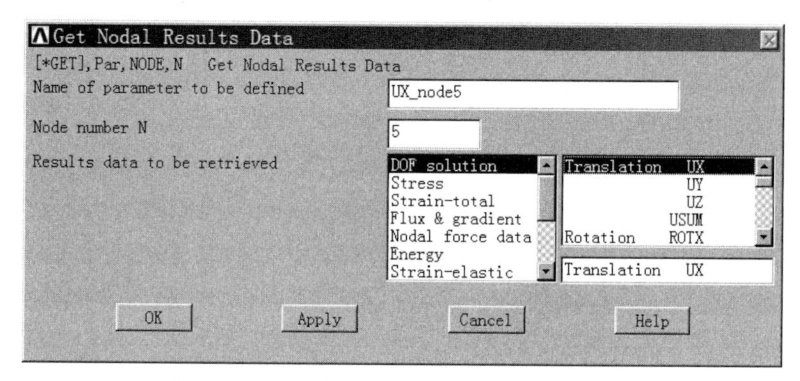

图 7-2 *GET 提取节点位移 UX 设置对话框

（3）单击 OK 按钮。

7.1.2 与*GET 等价的内嵌提取函数

*GET 命令有许多等价的内部函数，可以替代*GET 命令直接提取某些对象或者属性数据，提取的数据值通过函数名直接返回给赋值变量，也可以在命令行中直接引用提取函数作为值域或者用于运算公式中，此时没有必要先把提取的数据赋值给变量参数，然后再引用变量。

实例 1：计算两个节点 X 坐标的平均值。

采用*GET 命令进行处理如下：

（1）用*GET 命令提取节点 1 的 X 坐标值并赋给参数 L1：

```
*GET,L1,NODE,1,LOC,X
```

（2）用*GET 命令提取节点 2 的 X 坐标值并赋给参数 L2：

```
*GET,L2,NODE,2,LOC,X
```

（3）计算中间：

```
MID=(L1+L2)/2
```

如果利用节点坐标的获取函数 NX(N)，函数名直接返回节点 N 的 X 坐标值，于是可以不用中间参数 L1 和 L2 就可以实现求平均值，命令如下：

```
MID=(NX(1)+NX(2))/2
```

实例 2：函数嵌套使用。

（1）提取函数 NELEM(ENUM,NPOS)返回在单元 ENUM 上 NPOS 处的节点编号。

（2）嵌套使用函数 NX(NELEM(ENUM,NPOS))则提取该节点的 X 坐标值。

表 7-1 所示为*GET 的所有等价提取函数。

表 7-1　*GET 的所有等价提取函数

获取函数	提取值
	实体选择与定义状态
NSEL(N)	返回节点 N 的状态（-1=未被选择，0=未定义，1=被选择）
ESEL(E)	返回单元 E 的状态（-1=未被选择，0=未定义，1=被选择）
KSEL(K)	返回关键点 K 的状态（-1=未被选择，0=未定义，1=被选择）
LSEL(L)	返回线 L 的状态（-1=未被选择，0=未定义，1=被选择）
ASEL(A)	返回面 A 的状态（-1=未被选择，0=未定义，1=被选择）
VSEL(V)	返回体 V 的状态（-1=未被选择，0=未定义，1=被选择）
	返回下一个对象的编号
NDNEXT(N)	返回节点编号大于 N 的下一个节点编号
ELNEXT(E)	返回单元编号大于 E 的下一个单元编号
KPNEXT(K)	返回关键点编号大于 K 的下一个关键点编号
LSNEXT(L)	返回线编号大于 L 的下一条线编号
ARNEXT(A)	返回面编号大于 A 的下一个面编号
VLNEXT(V)	返回体编号大于 V 的下一个体编号
	提取指定对象上的位置坐标值
CENTRX(E)	返回单元 E 的质心在总体笛卡儿坐标系中的 X 坐标值
CENTRY(E)	返回单元 E 的质心在总体笛卡儿坐标系中的 Y 坐标值
CENTRZ(E)	返回单元 E 的质心在总体笛卡儿坐标系中的 Z 坐标值
NX(N)	返回节点 N 在当前激活坐标系中的 X 坐标值
NY(N)	返回节点 N 在当前激活坐标系中的 Y 坐标值
NZ(N)	返回节点 N 在当前激活坐标系中的 Z 坐标值
KX(K)	返回关键点 K 在当前激活坐标系中的 X 坐标值
KY(K)	返回关键点 K 在当前激活坐标系中的 Y 坐标值
KZ(K)	返回关键点 K 在当前激活坐标系中的 Z 坐标值
LX(L,LFRAC)	返回线 L 的长度百分数为 LFRAC (0.0～1.0)处的 X 坐标值
LY(L,LFRAC)	返回线 L 的长度百分数为 LFRAC (0.0～1.0)处的 Y 坐标值
LZ(L,LFRAC)	返回线 L 的长度百分数为 LFRAC (0.0～1.0)处的 Z 坐标值
LSX(L,LFRAC)	线在 LFRAC (0.0～1.0)比例位置处的 X 斜率分量
LSY(L,LFRAC)	线在 LFRAC (0.0～1.0)比例位置处的 Y 斜率分量
LSZ(L,LFRAC)	线在 LFRAC (0.0～1.0)比例位置处的 Z 斜率分量
	提取距指定坐标最近的对象
NODE(X,Y,Z)	返回距坐标(X,Y,Z)最近的被选择的节点的编号（在当前激活坐标系中；符合条件的关键点中编号最小者）
KP(X,Y,Z)	返回距坐标(X,Y,Z)最近的被选择的关键点的编号（在当前激活坐标系中；符合条件的关键点中编号最小者）

续表

获取函数	提取值
提取对象间的距离	
DISTND(N1,N2)	返回节点 N1 和节点 N2 之间的距离
DISTKP(K1,K2)	返回关键点 K1 和关键点 K2 之间的距离
DISTEN(E,N)	返回单元 E 的质心和节点 N 之间的距离，质心由单元上选择的节点确定
提取对象间的夹角	
ANGLEN(N1,N2,N3)	返回两条线之间的夹角（由 3 个节点确定，其中 N1 为顶点），单位默认为弧度
ANGLEK(K1,K2,K3)	返回两条线之间的夹角（由 3 个关键点确定，其中 K1 为顶点），单位默认为弧度
提取最近的对象	
NNEAR(N)	返回最接近节点 N 的节点
KNEAR(K)	返回最接近关键点 K 的关键点
ENEARN(N)	返回最接近节点 N 的单元，单元位置由选择的节点确定
提取对象的面积	
AREAND(N1,N2,N3)	返回由节点 N1、N2 和 N3 围成的三角形的面积
AREAKP(K1,K2,K3)	返回由关键点 K1、K2 和 K3 围成的三角形的面积
ARNODE(N)	返回与节点 N 相连的被选择单元在节点 N 上分配的面积。对于二维平面实体，返回与节点 N 相连边界的面积；对于轴对称实体，返回与节点 N 相连边表面的面积；对于三维体实体，返回与节点 N 相连面的面积
提取法向或者方向余弦	
NORMNX(N1,N2,N3)	返回节点 N1、N2 和 N3 确定平面的法线与 X 轴的夹角的余弦值
NORMNY(N1,N2,N3)	返回节点 N1、N2 和 N3 确定平面的法线与 Y 轴的夹角的余弦值
NORMNZ(N1,N2,N3)	返回节点 N1、N2 和 N3 确定平面的法线与 Z 轴的夹角的余弦值
NORMKX(K1,K2,K3)	返回关键点 K1、K2 和 K3 确定平面的法线与 X 轴的夹角的余弦值
NORMKY(K1,K2,K3)	返回关键点 K1、K2 和 K3 确定平面的法线与 Y 轴的夹角的余弦值
NORMKZ(K1,K2,K3)	返回关键点 K1、K2 和 K3 确定平面的法线与 Z 轴的夹角的余弦值
根据关联关系提取对象	
ENEXTN(N,LOC)	返回与节点 N 相连的单元。若有很多单元与节点 N 相连，则由 LOC 定位，列表结束时返回 0
NELEM(E,NPOS)	返回单元 E 中在 NPOS（1～20）位置上的节点号
提取单元的表面	
ELADJ(E,FACE)	返回与单元 E 的某个表面号（FACE）邻近的单元，面号与面载荷关键号相同，仅仅考虑那些有相同维数和形状的单元，若邻近的单元多于一个，返回-1，若无邻近单元，返回 0

续表

获取函数	提取值
NDFACE(E,FACE,LOC)	返回单元 E 的某个表面（FACE）上的 LOC 处的节点，面号与面载荷关键号相同，LOC 指表面上的节点位置（对于 IJLK 表面，LOC=1 指节点 I，2 指节点 J 等）
NMFACE(E)	返回包含选定节点的单元 E 的表面号，面号输出就是面载荷关键号，如果一个面上出现多个载荷关键号（例如线单元和面单元），该面上的最小载荷关键号将被输出
ARFACE(E)	对于二维平面实体和三维体实体，返回包含选定节点的单元 E 的表面面积，对于轴对称单元，返回总表面积（360 度）
提取节点的自由度结果	
UX(N)	返回节点 N 在 X 向的结构位移
UY(N)	返回节点 N 在 Y 向的结构位移
UZ(N)	返回节点 N 在 Z 向的结构位移
ROTX(N)	返回节点 N 绕 X 向的结构转角
ROTY(N)	返回节点 N 绕 Y 向的结构转角
ROTZ(N)	返回节点 N 绕 Z 向的结构转角
TEMP(N)	返回节点 N 上的温度
PRES(N)	返回节点 N 上的压力
VX(N)	返回节点 N 在 X 向的流动速度
VY(N)	返回节点 N 在 Y 向的流动速度
VZ(N)	返回节点 N 在 Z 向的流动速度
ENKE(N)	返回在节点 N 上的湍流动能（FLOTRAN）
ENDS(N)	返回在节点 N 上的湍流能量耗散（FLOTRAN）
VOLT(N)	返回节点 N 处的电压
MAG(N)	返回在节点 N 上的磁标势
AX(N)	返回在节点 N 上的 X 向磁矢势
AY(N)	返回在节点 N 上的 Y 向磁矢势
AZ(N)	返回在节点 N 上的 Z 向磁矢势
返回数据库管理器的信息	
VIRTINQR(1)	返回内核中磁盘页（用于数据交换）的数目
VIRTINQR(4)	返回整数字占用磁盘页大小
VIRTINQR(7)	返回硬盘中允许设置的最大磁盘页数目
VIRTINQR(8)	返回磁盘页中读写操作的次数
VIRTINQR(9)	返回磁盘页中最大记录数目
VIRTINQR(11)	返回最大访问过的磁盘页

续表

获取函数	提取值
返回 ANSYS 过滤关键字的当前值	
KWGET(KEYWORD)	返回 KEYWORD 指定关键字的当前值，参阅 ANSYS 随机帮助系统中 ANSYS UIDL Programmer's Guide 手册的内容
字符串函数：字符串必须当作字符参数，并定义维数（参见*DIM）或者利用单引号括起来（'char'）	
返回数字字符串的双精度值	
VALCHR(a8)	a8 是一个十进制数值的字符串
VALOCT (a8)	a8 是一个八进制数值的字符串
VALHEX(a8)	a8 是一个十六进制数值的字符串
返回一个数值的 8 字符串	
CHRVAL (dp)	dp 是一个双精度数值
CHROCT (dp)	dp 是一个八进制整数值
CHRHEX(dp)	dp 是一个十六进制整数值
字符串管理函数：StrOut 是一个输出字符串（或者字符参数），Str1 和 Str2 是输入字符串。字符串允许的最大长度是 128 个字符（参见*DIM）	
StrOut=STRSUB(Str1,nLoc,nChar)	从 Str1 的第 nLoc 字符开始提取一个长度为 nChar 的子字符串
StrOut = STRCAT(Str1,Str2)	在 Str1 的最后字符后加上 Str2
StrOut = STRFILL(Str1,Str2,nLoc)	在 Str1 的第 nLoc 个字符处加上 Str2
StrOut = STRCOMP(Str1)	删除 Str1 中的所有空位
StrOut = STRLEFT(Str1)	提取 Str1 左侧有效的子串
nLoc = STRPOS(Str1,Str2)	返回 Str2 在 Str1 中的位置
nLoc = STRLENG(Str1)	返回最后一个非空格字符的位置
StrOut = UPCASE(Str1)	将 Str1 转换为大写
文件名操作函数	
Path String = JOIN ('directory', 'filename','extension')	返回完整路径字符串，形式如 directory/filename.ext
Path String = JOIN ('directory', 'filename')	返回完整路径字符串，形式如 directory/filename
SPLIT('PathString', 'DIR')	从路径字符串 pathstring 中返回目录字符串 directory
SPLIT('PathString', 'FILE')	从路径字符串 pathstring 中返回完整文件名字符串 filename（带有扩展名字符串 extension）
SPLIT('PathString', 'NAME')	从路径字符串 pathstring 中返回文件名字符串 filename
SPLIT('PathString', 'EXT')	从路径字符串 pathstring 中返回文件扩展名字符串 file extension

7.1.3　对象信息查询函数

关键点、线、体、节点和单元等对象的信息如节点数、单元数、最大节点号等一般可通过

*GET 命令来获得。对于此类问题，还有一个更为方便的替代方法，即查询函数（Inquiry Function）。查询函数类似于 ANSYS 的*GET 命令，它访问 ANSYS 数据库并返回要查询的数值。ANSYS 每执行一次查询函数便查询一次数据库，并用查询值替代该查询函数。

查询函数的种类和数量很多，通常有两个变量，也有一些查询函数只有一个变量，而有的却有 3 个变量。括号内的数值是用来确定查询函数返回值的项目，一般第一个数是用来标识查询的特定实体（如单元、节点、线、面等）编号，第二个数值是用来确定查询函数返回值的类型（如选择状态、对象数量等）。

下面列举一些常用的查询函数。

1. 关键点信息查询函数

KPINQR(kp,key)：返回关键点的信息。

其中，kp 表示查询的关键点号，当 key=12、13、14 时设置为 0；key 表示 kp 的返回信息标识号：

=1：返回选择状态，函数返回值（返回-1 表示未选择；返回 0 表示未定义；返回 1 表示选择）
=12：返回定义的数目
=13：返回选择的数目
=14：返回定义的最大数目
=-1：返回材料号
=-2：返回单元类型号
=-3：返回实常数号
=-4：返回节点数，如果已分网格
=-7：返回单元数，如果已分网格

2. 线信息查询函数

LSINQR(line,key)：返回线的信息。

其中，line 表示查询的线号，当 key=12、13、14 时设置为 0；key 表示 line 的返回信息标识号：

=1：返回选择状态，函数返回值（返回-1 表示未选择；返回 0 表示未定义；返回 1 表示选择）
=2：返回长度
=12：返回定义的数目
=13：返回选择的数目
=14：返回定义的最大数目
=-1：返回材料号
=-2：返回单元类型号
=-3：返回实常数号
=-4：返回节点数
=-6：返回单元数

3. 面信息查询函数

ARINQR(area,key)：返回面的信息。

其中，area 表示查询的面号，对于 key=12、13、14 可取为 0；key 表示 area 的返回信息标识号：

=1：返回选择状态，函数返回值（返回-1 表示未选择；返回 0 表示未定义；返回 1 表示选择）

=12：返回定义的数目

=13：返回选择的数目

=14：返回定义的最大数目

=-1：返回材料号

=-2：返回单元类型号

=-3：返回实常数号

=-4：返回节点数

=-6：返回单元数

4. 体信息查询函数

VLINQR(vnmi,key)：返回体的信息。

其中，vnmi 表示查询的体号，当 key=12、13、14 时设置为 0；key 表示 vnmi 的返回信息标识号：

=1：返回选择状态，函数返回值（返回-1 表示未选择；返回 0 表示未定义；返回 1 表示选择）

=12：返回定义的数目

=13：返回选择的数目

=14：返回定义的最大数目

=-1：返回材料号

=-2：返回单元类型号

=-3：返回实常数号

=-4：返回节点数

=-6：返回单元数

=-8：返回单元形状

=-9：返回节点单元

=-10：返回单元坐标系号

5. 节点信息查询函数

NDINQR(node,key)：返回节点的信息。

其中，node 表示节点号，当 key=12、13、14 时设置为 0；key 表示 node 的返回信息标识号：

=1：返回选择状态，函数返回值（返回-1 表示未选择；返回 0 表示未定义；返回 1 表示选择）

=12：返回定义的数目

=13：返回选择的数目

=14：返回定义的最大数目

=-2：返回超单元标记

=-3：返回主自由度

=-4：返回激活的自由度

=-5：返回附着的实体模型

6. 单元信息查询函数

ELMIQR(elem,key)：返回单元的信息。

其中，elem 表示单元号，当 key=12、13、14 时设置为 0；key 表示 elem 的返回信息标识号：

=1：返回选择状态，函数返回值（返回-1 表示未选择；返回 0 表示未定义；返回 1 表示选择）

=12：返回定义的数目

=13：返回选择的数目

=14：返回定义的最大数目

=-1：返回材料号

=-2：返回单元类型号

=-3：返回实常数号

=-10：返回单元坐标系号

实例 1：系列查询函数用法。

```
ELMAX =ELMIQR(0,13)     !提取当前所选择的单元数存储到变量 ELMAX
                        !等价于*GET,ELMAX,elem,,count
E_MAT=ELMIQR(10,-1)     !提取单元 10 的材料号并存储到变量 E_MAT
E_REAL=ELMIQR(5,-3)     !提取单元 5 的实常数号并存储到变量 E_REAL
NCount=NDINQR(012,)     !提取定义的节点数目并存储到变量 NCount
```

实例 2：查询函数直接嵌套使用。

```
*DO,I,1, ELMIQR(0,13)
…（循环体）
*ENDDO
```

在该*DO 循环中，循环变量从 1 变到 ELMIQR(0,13)，即从 1 变到最大单元数。

7.1.4 系统信息查询函数/INQUIRE

/INQUIRE 命令用于查询系统信息，并存储到一个参数中。/INQUIRE 命令的使用格式如下：

/INQUIRE, StrArray, FUNC

其中，StrArray 是字符串数组参数名，用于存储返回值。字符串数组参数类似于字符数组，但每个数组元素的长度最多为 128 个字符。如果字符串参数不存在，则创建它。

FUNC 是返回系统信息的类型标识字，有以下几种：

- LOGIN：表示返回 UNIX 系统的注册路径名或者 Windows 的默认路径名。
- DOCU：表示返回 ANSYS docu 目录路径名。
- PROG：表示返回 ANSYS 执行文件目录路径名。
- AUTH：表示返回 license 文件存放目录的路径名。
- USER：表示返回用户在启动 ANSYS 时的工作目录路径名。
- DIRECTORY：表示返回当前的工作目录路径名。
- JOBNAME：表示返回当前工作文件名 Jobname，最大长度为 250 个字符。

另外，/INQUIRE 命令还可以提取环境变量、标题和文件的信息等，其相关用法如下：

（1）返回环境变量参数值并赋值给一个参数。

当 FUNC=ENV 时，该命令的使用格式如下：

```
/INQUIRE,StrArray,ENV,ENVNAME,Substring
```

其中，ENV 是返回环境变量值的标识字；ENVNAME 是环境变量名称；Substring 是提取环境变量的子字符串选项，如果 Substring = 1 则返回第 1 个子字符串（从第 1 个字符到第一个冒号（:）的子字符串）；如果 Substring = 2 则返回第 2 个子字符串，其他依此类推。对于 NT 系统，分隔符是分号（;）。如果提取参数为空或者 0，则返回整个环境变量字符串值。

（2）返回标题（Title）并赋值给一个参数。

当 FUNC = TITLE 时，该命令的使用格式如下：

```
/INQUIRE,StrArray,TITLE,Title_num
```

其中，Title_num 可以是空或者 1～5 的数值，如果取 1 或者空，返回标题；如果设置成 2～5 的数值，则返回对应的子标题（Subtitle）（2 表示第 1 个子标题，其他类推）。

（3）返回文件信息并赋值给一个参数。

/INQUIRE 命令还可以提取指定文件的信息，此时该命令的使用格式如下：

```
/INQUIRE,Parameter,FUNC,Fname, Ext, --
```

其中，Parameter 是参数名，用于存储返回值；FUNC 是文件信息类型标识字，有以下几种：

- EXIST：表示检查文件的存在性，如果文件存在返回 1，否则返回 0。
- DATE：表示返回指定文件的日期，格式为 yyyymmdd.hhmmss。
- SIZE：表示返回指定文件的大小，单位为 MB。
- WRITE： 表示返回文件写属性的状态值，返回 0 表示禁止写，1 表示允许写。
- READ：表示返回文件读属性的状态值，返回 0 表示禁止读，1 表示允许读。
- EXEC：表示返回文件执行属性的状态值（只用于 UNIX 系统），0 表示不是可执行文件，1 表示是可执行文件。
- LINES：表示返回 ASCII 文件包含的行数。

Fname 是带路径名的文件名（包括路径名长度在内最大 250 字符长度）。如果没有指定路径名，将默认为当前的工作目录；Ext 是文件的扩展名（最大 8 字符长度）；--为不需要的值域。

7.1.5 获取_STATUS 和_RETURN 参数值

实体建模函数会产生_RETURN 参数，该参数为函数运行的结果，可以直接利用这些_RETURN 参数值或者存储到变量中。表 7-2 说明了各种 CAD 实体建模函数产生的_RETURN 值。

表 7-2 CAD 建模函数的_RETURN 值

命令	功能	返回_RETURN 值
关键点		
K	定义关键点	关键点号
KL	在线上生成关键点	关键点号
KNODE	在节点处生成关键点	关键点号
KBET	在两个关键点之间生成关键点	关键点号
KCENT	在圆心处生成关键点	关键点号
线		
BSPLIN	生成样条拟合的三次曲线	线号
CIRCLE	生成圆	第一条线的号码
L	在两个关键点之间生成线	线号
L2ANG	生成与已有两条线成一定角度的线	线号
LANG	生成与一条线成一定角度的线	线号
LARC	生成一条圆弧	线号
LAREA	在两个关键点之间生成线	线号
LCOMB	把两条线合并为一条线	线号
LDIV	把一条线分成两条或更多条线	第一个关键点号
LDRAG	通过关键点按一定路径延伸生成的线	第一条线的号码
LFILLT	两条相交线之间生成的倒角线	倒角线号码
LRCS	绕两个关键点定义的轴线旋转点	线号
LROTATE	旋转关键点生成的弧	第一条线的号码
LSPA	在面上的投影线段	线号
LSTR	直线	线号
LTAN	生成一条与已有线共末端点并相切的线	线号
SPLINE	生成一系列多义线	第一条线的号码
面		
A	连接关键点生成面	面号
ACCAT	连接两个或以上面生成面	面号
ADRAG	沿一定路径拖拉线生成面	第一个面的号码
AFILLT	在两个面的相交处生成倒角面	倒角面号码

续表

命令	功能	返回_RETURN 值
面		
AL	由线围成的面	面号
ALLP	所有的封闭链	面号
AOFFST	偏移某给定面生成面	面号
AROTAT	绕轴旋转线生成的面	第一个面的号码
ASKIN	通过引导线蒙皮生成的表面	第一个面的号码
ASUB	拷贝一个面的部分生成面	面号
体		
V	通过关键点生成体	体号
VA	面围成的体	体号
VDRAG	拖拉面生成体	第一个体的号码
VEXT	延伸面生成体	第一个体的号码
VOFFST	从给定面偏移生成体	体号
VROTATE	旋转面生成体	第一个体的号码

另外，无论是在宏中还是在其他任何时候运行 ANSYS 命令都会生成参数_STATUS，显示该命令运行的出错状态：

- 0：表示没有错误。
- 1：表示注意。
- 2：表示警告。
- 3：表示错误。

ANSYS 在运行过程中产生的两个参数_STATUS 和_RETURN 往往用于判断程序运行的结果和状态，例如可以在一个 IF-THEN-ELSE 结构中使用_STATUS 和_RETURN 的值来判断某个 ANSYS 命令或函数产生的结果，从而决定让宏采取适当的处理。

实例：利用命令的返回参数_RETURN 实现面与面之间的减法布尔运算。

命令流如下：

```
FINISH
/CLEAR

/VIEW,,-1,-2,-3
/PREP7
K,1,
K,2,5,0,0
K,3,0,5,0
A,1,2,3
```

```
A1=_RETURN          !A1 记录当前 A 命令的返回参数_RETURN（面号）

K,4,1,1,
K,5,4,2,0
K,6,2,4,0
A,4,5,6
A2=_RETURN          !A2 记录当前 A 命令的返回参数_RETURN（面号）

ASBA,A1,A2          !A1 减去 A2
APLOT               !绘制 A1 减去 A2 之后的面
FINISH
```

7.2 批量提取数据库数据并赋值给数组

前面介绍了*GET 提取数据方法，它每次只能提取一个数据。下面介绍*VGET 命令及其等价菜单 Utility Menu>Parameters>Get Array Data，可以实现一次提取多个数据并存储在一个数组中。

*VGET 命令的使用格式如下：

*VGET, ParR, Entity, ENTNUM, Item1, IT1NUM, Item2, IT2NUM, KLOOP

其中，ParR 是存储提取数据的矢量数组参数名，必须提前利用命令*DIM定义好；Entity 是提取对象类型标识字，可以是 NODE、ELEM、KP、LINE、AREA 和 VOLU 等；ENTNUM 是对象的编号；Item1 是指定对象的某个特定信息项；IT1NUM 是指定 Item1 的编号或者标识字；Item2, IT2NUM 是第二个信息项及其标号或者标识字；KLOOP 是循环开始的值域：

- 0 或 2：表示循环默认按照 ENTNUM 指定编号开始。
- 3：表示循环按照 Item1 开始。
- 4：表示循环按照 IT1NUM 开始，后续项显示在 IT1NUM 中。
- 5：表示循环按照 Item2 开始。
- 6：表示循环按照 IT2NUM 开始，成功项显示在 IT2NUM 中。

从上面的命令格式中可以发现，必须为*VGET 命令生成的数组参数确定起始位置。当 KLOOP 为默认值时，循环将按对象的编号顺序处理对象。例如*VGET,A(1),ELEM,5, CENT,X 命令行是返回单元 5 的质心的 X 坐标值，并存储在数组 A 的第一个值中，然后继续获取单元 6，7，…，直到填满数组。如果 KLOOP 设置为 4，那么同样的命令就会返回质心的 X、Y 和 Z 坐标值。关于*VGET 命令的具体参数设置请参见 ANSYS 帮助系统中的命令参考手册（ANSYS Commands Reference）的相关说明。

实例 1：用命令方式提取所有选中节点的 X、Y 和 Z 坐标值。

```
NSEL,ALL                    !选择所有的节点
```

```
*GET,nnode,NODE,,NUM,MAX            !提取节点的数目并存储到变量 nnode
*DIM,x,,nnode                       !定义数组 x(nnode)，存储 X 坐标
*DIM,y,,nnode                       !定义数组 y(nnode)，存储 Y 坐标
*DIM,z,,nnode                       !定义数组 z(nnode)，存储 Z 坐标

*VGET,x(1),NODE,1,LOC,X             !提取 X 坐标并存储到数组 x(nnode)中
*VGET,y(1),NODE,1,LOC,Y             !提取 Y 坐标并存储到数组 y (nnode)中
*VGET,z(1),NODE,1,LOC,Z             !提取 Z 坐标并存储到数组 z (nnode)中
```

实例 2：用交互方式实现上述提取所有选中节点的 X、Y 和 Z 坐标值。

（1）选择菜单 Utility Menu>Select>Entities 弹出如图 7-3 所示的选择对象对话框，依次设置为 Nodes、By Num/pick 和 From Full，单击 Sele All 按钮。

图 7-3　选择对象对话框

（2）选择菜单 Utility Menu>Parameters>Get Scalar Data 弹出如图 7-4 所示的提取信息数据对话框，首先在左侧列表框中选择 Model data，然后在右侧列表框中选择 For selected set，单击 OK 按钮。

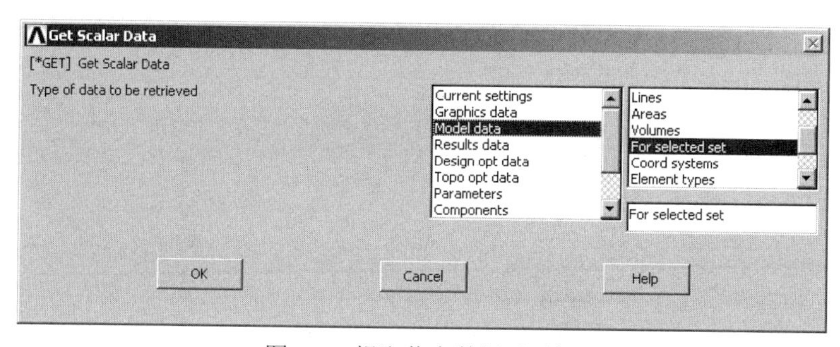

图 7-4　提取信息数据对话框

（3）弹出如图 7-5 所示的*GET 提取模型选择集的信息数据对话框，进行选项设置：

- Name of parameter to be defined：存储提取数据的变量名，输入 nnode。
- Type of data to be retrived：选择提取的数据类型，在左侧列表框中选择 Current node set，在右侧列表框中选择 Highest node num。

单击 OK 按钮。

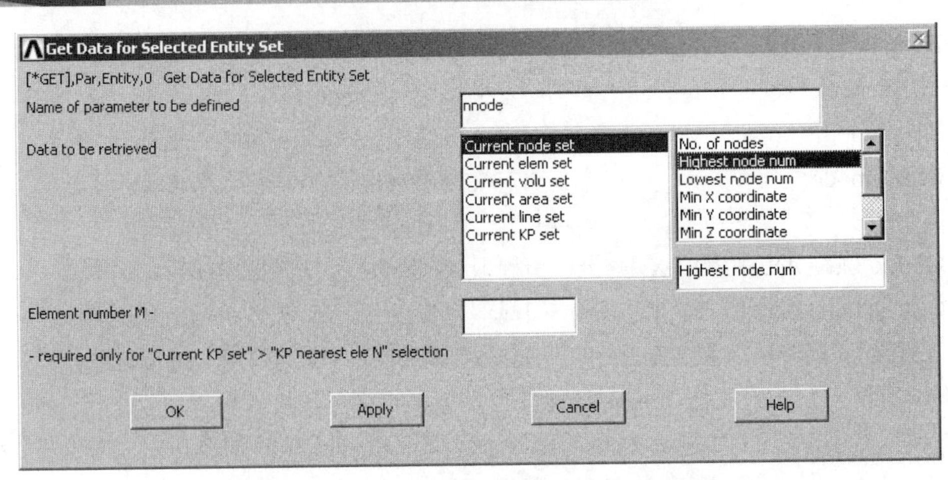

图 7-5 *GET 提取模型选择集的信息数据对话框

（4）定义 3 个数组 x(nnode)、y(nnode)和 z(nnode)：选择菜单 Utility Menu>Parameters> Array Parameters>Define/Edit 弹出如图 7-6 所示下面的定义数组参数对话框，单击 Add 按钮弹出如图 7-6 所示上面的增加新数组参数对话框，在 Par 文本框中输入 x，在 I、J、K 文本框中分别输入 nnode、1、1，单击 Apply 按钮定义数组 x(nnode)，同理定义数组 y(nnode)和 z(nnode)。

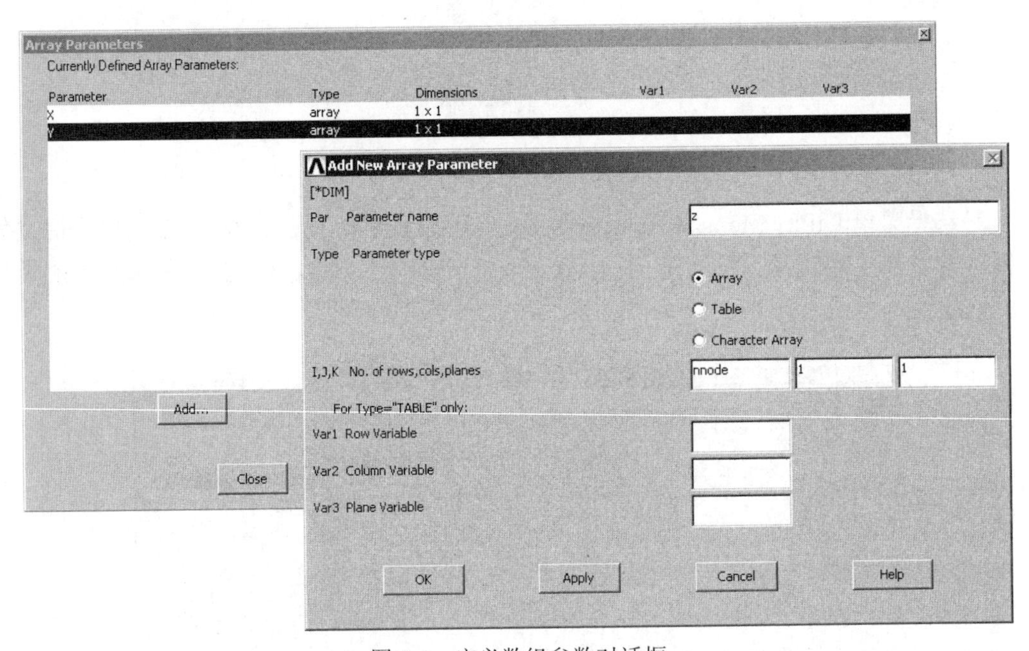

图 7-6 定义数组参数对话框

（5）提取 X 坐标并存储到数组 x(nnode)中：选择菜单 Utility Menu>Parameters>Get Array Data 弹出如图 7-7 所示的提取对话框，在左侧列表框中选择 Model data，在右侧列表框中选择 Nodes，单击 OK 按钮弹出如图 7-8 所示的提取节点 X 坐标值对话框，进行选项设置：

- Name of parameter to be defined：存储提取数据的数组名，输入 x(1)。
- Node Number N：指定提取节点的起始编号，输入 1。

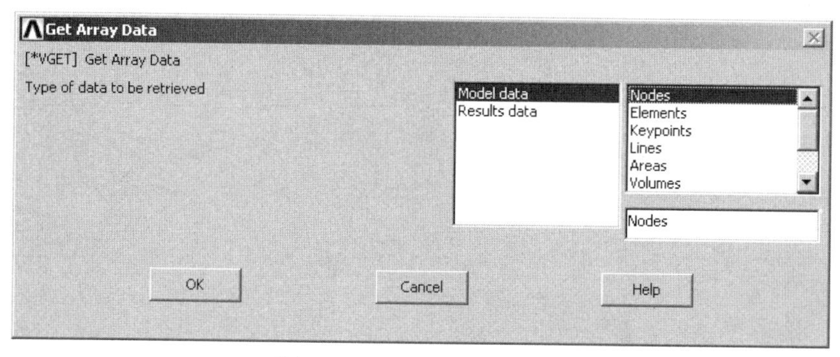

图 7-7　*VGET 提取对话框

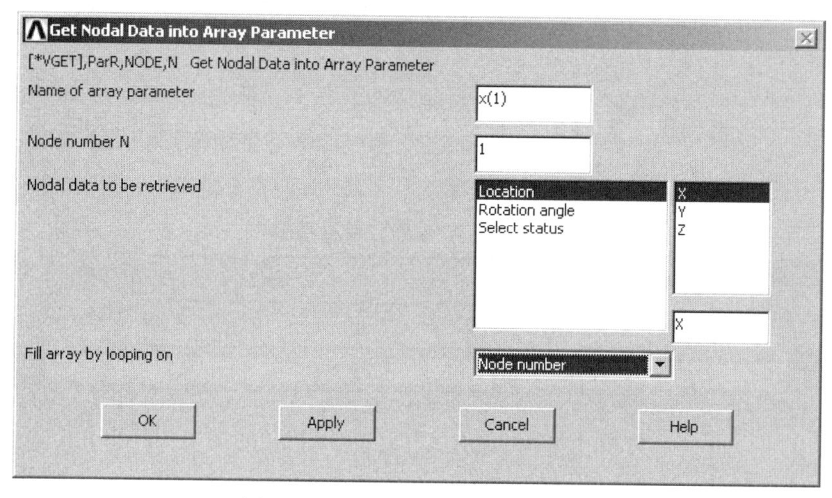

图 7-8　提取节点 X 坐标值对话框

- Nodal data to be retrived：选择提取的节点数据项，在左侧列表框中选择 Location，在右侧列表框中选择 x。
- Fill Array by Looping on：设置循环基准，选择 Node number。

单击 OK 按钮。

（6）重复第 5 步，同理提取 Y 坐标并存储到数组 y (nnode)中，提取 Z 坐标并存储到数组 z (nnode)中。

*VPUT 命令可以使用与*VGET 命令相同的参数，但是作用与之相反。关于*VPUT 命令的具体参数设置请参见 ANSYS 帮助系统中的命令参考手册（ANSYS Commands Reference）的相关说明。

8

数学表达式

APDL 参数化语言提供了编程语言最基本的数学运算类型，包括加、减、乘、除等，运算符号及其说明如表 8-1 所示。

表 8-1　APDL 运算符号及其意义

运算符	操作
+	加
-	减
*	乘
/	除
**	求幂
<	小于
>	大于

结合圆括号的使用，由这些运算符构成的数学表达式在程序计算时必须遵循一定的运算顺序，ANSYS 中规定的运算顺序如下：

（1）圆括号中的运算（最里面最优先）

（2）求幂（从右到左）

（3）乘和除（从左到右）

（4）一元联合（例如+A 或-A）

（5）加和减（从左到右）

（6）逻辑判断（从左到右）

下面是数学表达式的实例：

```
W=-A*B+C
Y=2*X**2+1.5*X+3
Length=SQRT((X1-X2)**2+(Y1-Y2)**2)          !计算面内距离
```

! $Length = \sqrt{(X1-X2)^2 + (Y1-Y2)^2}$

3 个表达式的计算顺序说明如下：

第一个表达式的计算顺序：首先计算 A*B，然后是-A*B，最后是+C；

第二个表达式的计算顺序：首先计算 X**2，然后分别计算 2* X**2 和 1.5*X，最后执行求和+，将三项相加。

第三个表达式的计算顺序：首先分别计算（X1-X2）和（Y1-Y2），然后分别计算$(X1-X2)^2$和$(Y1-Y2)^2$，接着执行$(X1-X2)^2+(Y1-Y2)^2$求和，最后执行开方根运算。

9

使用函数编辑器与加载器

如图 9-1 所示，在 ANSYS 的参数菜单中包含一个 Functions 项，即函数功能项，包含两个子菜单项，其功能和对应的菜单路径如下：

（1）使用函数编辑器：Utility Menu>Parameters>Functions>Define/Edit。

（2）使用函数加载器：Utility Menu>Parameters>Functions>Read from file

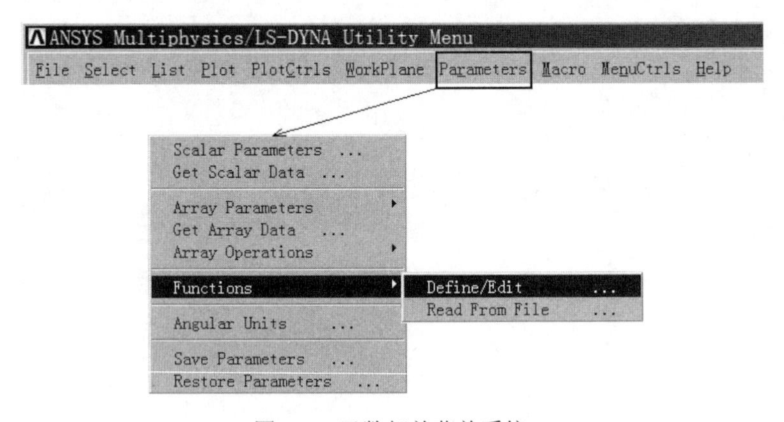

图 9-1　函数相关菜单系统

9.1　使用函数编辑器

在使用函数编辑器之前，首先学习一些专用术语，它们对理解掌握函数编辑器十分重要：

- Function：函数，即一系列的方程联立在一起用于定义一个高级边界条件。
- Primary Variable：基本变量，也是独立变量，在求解过程中需要计算和使用的变量。
- Regime：状态控制，根据状态控制变量的设计空间或运算范围划分为多个部分，每个部分就是一个状态控制区间。状态控制区间是根据状态控制变量的上限和下限进行划分的，并且要求状态控制变量必须是连续变量，每个状态控制区间对应一个独立的方程用于定义函数关系。

- Regime Variable：状态控制变量，系列方程的定义变量，用于函数计算。
- Equation Variable：方程变量，在一个方程中用户采用的未知变量，当加载一个函数时会定义该变量的数值。

函数编辑器用于定义方程和控制条件。使用一组基本变量、方程变量和数学函数去建构方程。可以建构单个方程或者一个函数，其中函数由一系列方程联立组成，每个方程对应于一个特定的状态控制区间，最终用作函数边界条件施加到分析模型中。

函数编辑器工作起来像一个计算器，如图 9-2 至图 9-4 所示，包含有 7 个选项卡：Function（函数定义）、Regime1（状态控制 1）、Regime2（状态控制 2）、Regime3（状态控制 3）、Regime4（状态控制 4）、Regime5（状态控制 5）和 Regime6（状态控制 6）。

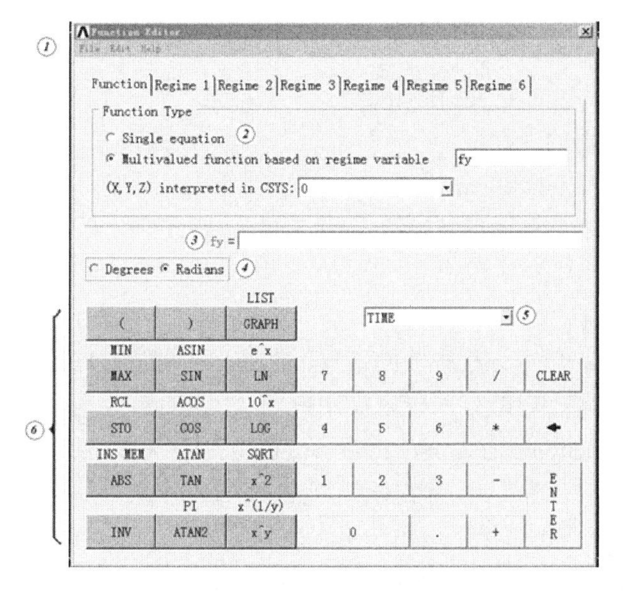

图 9-2　函数编辑器——函数定义/编辑

Function Editor
File　Edit　Help
Function　Regime 1 | Regime 2 | Regime 3 | Regime 4 | Regime 5 | Regime 6
Regime 1 Limits
0.0　<= fy <=　10
Result = sin({X})

图 9-3　函数编辑器——状态控制变量区间 1

Function Editor
File　Edit　Help
Function | Regime 1　Regime 2 | Regime 3 | Regime 4 | Regime 5 | Regime 6
Regime 2 Limits
10 < fy <=　20
Result = cos({X})

图 9-4　函数编辑器——状态控制变量区间 2

各选项卡包含的主要功能区如下：

①编辑器菜单区，主要包含以下菜单项和操作功能：

- 创建新方程或函数（同时清除函数编辑器环境中的所有定义设置）：
  Function Editor>File>New
- 打开方程或函数文件：
  Function Editor>File>Open
- 存储方程或函数文件：
  Function Editor>File>Save
- 添加方程或函数的注释内容：
  Function Editor>File>Comment
- 清除状态控制变量定义：
  Function Editor>Edit>Clear Regime
- 清除函数编辑器的内存：
  Function Editor>Edit>Clear Memory
- 打开函数编辑器的帮助信息：
  Function Editor>Help

②函数类型定义区。

- Single equation：单个方程构成的函数。此时，该方程在 Function 选项卡内进行定义，即在方程定义区③中的方程表达式。
- Multivalued function based on regime variable：基于状态控制变量的多个方程构成的多值域函数。此时，需要指定状态控制变量 Regime Var，原来方程表达式左边的 Result 显示为 Regime Var 名称。这时，由于控制变量存在最多 6 个值域区间，且每个区间上的函数表达式完全不同，所以需要在 Regime1～Regime6 选项卡中分别进行定义。

③方程定义区：定义函数的方程表达式，该表达式可以是 APDL 的任何数学表达式，允许包含 ANSYS 的任何内部函数，也可以利用⑤提供的基本变量和⑥提供的按钮进行定义。

④角度单位区：选择用于三角函数、反三角函数等涉及角度单位的函数所采用的角度单位，即 Degrees 度或者 Radians 弧度。

⑤基本变量区：在定义方程时选择一个基本变量，可选的基本变量如下：

- Time：时间。
- X*：全局笛卡儿坐标系中 X 的位置。
- Y*：全局笛卡儿坐标系中 Y 的位置。
- Z*：全局笛卡儿坐标系中 Z 的位置。
- TEMP*：温度（TEMP 自由度）。
- TFLUID*：FLUID116 引用 SURF151 或 SURF152 时的速度自由度或单元中流速。。
- VELOCITY*：速度或者 FLUID116 单元中的流体速度。
- PRES*：施加的表面压力。
- Tsurf*：SURF151 或 SURF152 单元的单元表面温度。

- DENS：材料密度。
- SPHT：材料比热 c。
- KXX：材料热传导率 kxx。
- KYY：材料热传导率 kyy。
- KZZ：材料热传导率 kzz。
- VISC：材料粘性 μ。
- EMIS：材料辐射率 ε。
- Xr*：基准位置 Xr，仅用于 ALE 算法。
- Yr*：基准位置 Yr，仅用于 ALE 算法。
- Zr*：基准位置 Zr，仅用于 ALE 算法。
- GAP：接触间隙 GAP。
- OMEGS：SURF151或SURF152单元的转速 OMEGS。
- OMEGF：FLUID116单元的转速 OMEGF。
- SLIP：FLUID116单元的滑动系数 SLIP。

标有星号（*）的基本变量也可以用作表边界条件，其余的基本变量只能用作函数边界条件。

⑥按钮区：为定义方程表达式提供各种操作按钮，主要分为以下几类：

- 数字按钮：0～9 按钮。
- 运算符按钮：/（除）、*（乘）、-（减）、+（加）和.（小数点）按钮。
- 括号按钮：)与(按钮。
- 函数按钮：MAX/MIN（极大值/极小值）、SIN/ASIN（正弦/反正弦）、LN/e^x（自然对数/e 指数）、STO/RCL（存储表达式/恢复内存名）、COS/ACOS（余弦/反余弦）、LOG/10^x（常用对数/10 的指数）、ABS/INS MEM（绝对值/插入内存内容）、TAN/ATAN（正切/反正切）、x^2/SQRT（平方/开方）、ATAN2/PI（y/x 的反正切/PI 值）和 x^y/x^(1/y)（x 的 y 次幂/x 的 y 次方根）。这些按钮成对出现，当需要选择另一个函数功能按钮时，单击 INV 按钮。
- 列表或曲线显示函数按钮：Graph/List 按钮，根据指定范围内自变量的一系列取值点和函数值进行拟合生成函数曲线，或者列表显示这些拟合点的变量和函数值。假设在 Function 选项卡中定义表达式 SIN({X})，并选择角度单位为 Degrees，然后单击 Graph 按钮弹出如图 9-5 所示的绘制/列表函数信息控制对话框，设置曲线自变量 X 的取值范围为 0～360 度，并用 12 个等间距点离散函数曲线，即 Number of points=12，此时有两种操作供选择：一是单击 Graph 按钮，ANSYS 图形窗口显示如图 9-6 所示的曲线结果；二是单击 List 按钮，弹出如图 9-7 所示的对话框，列表显示正弦函数在一个周期中的 12 个拟合点的数值对。
- 确认按钮：ENTER 按钮，确认方程定义完成。
- 清除按钮：CLEAR 和←按钮，用于清除③方程定义区定义的表达式。

Plot Information

Equation

Result=sin({X})

Variable Data

X

Range Data

X-Axis Range: 0 to 360

Number Of Points: 12

Graph List Close Help

图 9-5　绘制/列表函数信息控制对话框

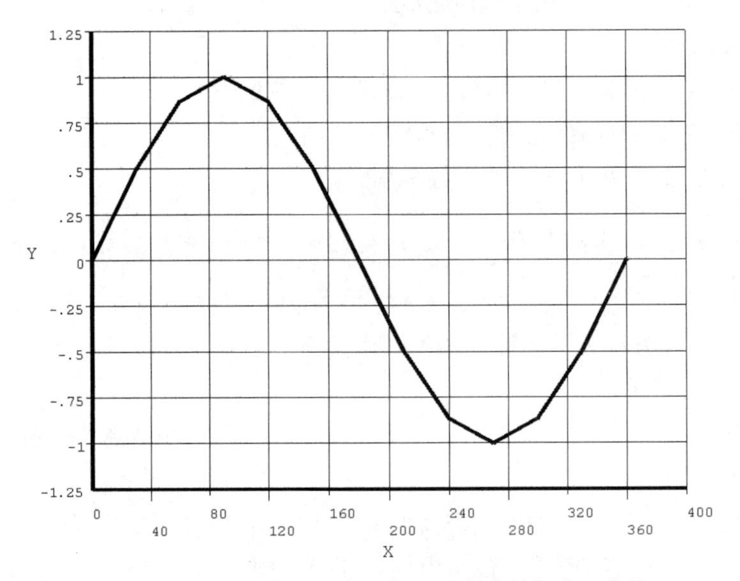

图 9-6　正弦函数的一个周期（12 个点的拟合）曲线

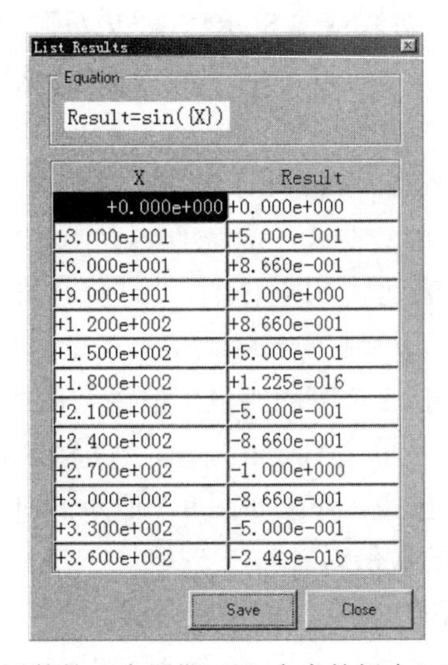

List Results

Equation

Result=sin({X})

X	Result
+0.000e+000	+0.000e+000
+3.000e+001	+5.000e-001
+6.000e+001	+8.660e-001
+9.000e+001	+1.000e+000
+1.200e+002	+8.660e-001
+1.500e+002	+5.000e-001
+1.800e+002	+1.225e-016
+2.100e+002	-5.000e-001
+2.400e+002	-8.660e-001
+2.700e+002	-1.000e+000
+3.000e+002	-8.660e-001
+3.300e+002	-5.000e-001
+3.600e+002	-2.449e-016

Save Close

图 9-7　正弦函数的一个周期（12 个点的拟合）列表显示结果

- 功能切换按钮：INV 按钮，单击该按钮，凡是具有两种功能的按钮自动切换当前使用的功能成另外一种功能。

⑦状态控制定义选项卡：Regime1～6 选项卡。在许多时候，函数值取值区间不一样函数的表达式也不一样，即方程不一样，此时需要定义多个方程，这就是多状态控制选项卡。此时，如图 9-3 和图 9-4 所示，需要定义状态控制（函数）变量的范围，然后定义对应该范围的方程。

有时需要将一个方程或方程的一部分存储起来，以便在以后的函数中如另一状态控制中进行使用，这时可以单击 STO 按钮，按钮区的数字按钮立即切换成 M0～M9 的记忆缓存号按钮，单击其中一个按钮，即可将方程存入它所指向的缓存中。例如，单击 STO 按钮，然后单击 M1 按钮将把方程保存在 1 号缓存中。在后边的工作中要得到这个保存了的方程，先单击 INV 按钮再单击 INS MEM 按钮，接着单击 M1 缓存按钮，缓存中存储的内容将显示在方程表达式文本框中。另外，单击 RCL 按钮，然后将鼠标移到缓存按钮上，这时会显示缓存内容，如果没有则不显示任何信息。

利用函数编辑器定义一个函数的一般步骤如下：

（1）打开函数编辑器，选择菜单路径 Utility Menu>Parameters>Functions>Define/Edit 或者 Main Menu>Solution>-Loads-Apply>-Functions-Define/Edit。

（2）选择函数类型：单个方程还是多值函数。如果选择后者，必须键入函数变量名，即状态控制变量，同时 6 状态选项卡被激活。

（3）选择角度单位：度还是弧度。注意，该选择仅决定方程如何被运算，而不会影响 *AFUN命令的设置。

（4）定义方程：利用基本变量、方程变量和按钮定义单个方程表达式，或者定义最多 6 个不同值域的方程表达式（多值函数）。如果定义的是单个方程函数，直接跳到第 8 步并保存方程；如果定义的是多值函数，则继续第 5 步。

（5）单击 Regime 1 选项卡，首先指定状态控制变量的最大与最小取值区间，然后定义该取值区间中对应的方程表达式。如果需要可以将每个状态控制下的方程存储起来，以便在其他状态控制中重复使用。

（6）同理，单击 Regime 2 选项卡和其他状态控制选项卡，完成定义 Regime 1 选项卡的相同操作。注意，后续的状态控制变量的区间最小值等于前一个区间的最大值，所以自动设置，只需指定当前区间的最大值。

（7）输入一个注释描述函数（可选），选择菜单路径 Function Editor>File>Comments 弹出如图 9-8 所示的添加函数注释信息对话框，输入注释信息，然后单击 OK 按钮。

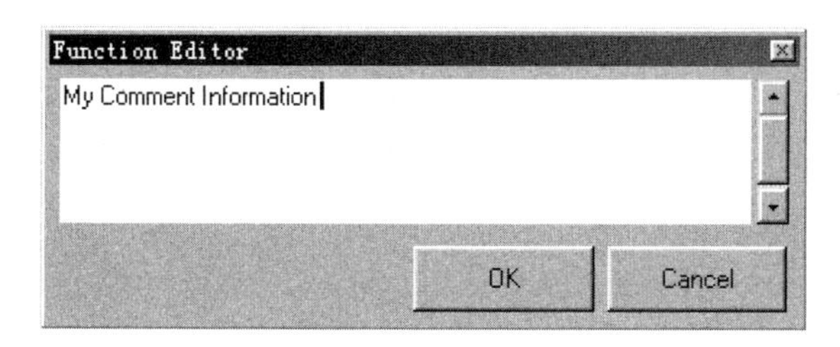

图 9-8 添加函数注释信息对话框

（8）保存函数，选择菜单路径 Editor>Save and type in a name 弹出对话框，输入函数存储文件名，且必须有.func 扩展名，然后单击 OK 按钮。

当函数被定义并保存起来后，即可在一些 ANSYS 分析中被引用，或者是被一些有权使用文件的用户使用。例如，可以创建一个共享函数库并把它放在公共目录下，这样所有用户都可以通过网络访问它。

如果需要使用这些被存储起来的函数，则要将它们加载到 ANSYS 中，并定义一系列的方程变量值，以表参数名的形式给某个分析使用。所有这些工作可以用函数加载器完成。

9.2 使用函数加载器

在分析中，往往需要为方程变量指定值、定义表参数名和使用函数，那么需要把函数加载到系统中来。

函数加载器的使用方法如下：

（1）打开函数加载器，选择菜单路径 Utility Menu>Parameters>Functions>Read from file 弹出如图 9-9 所示的打开函数文件对话框，在系统中找到所需的函数文件，然后单击“打开”按钮。

图 9-9　打开函数文件对话框

（2）弹出如图 9-10 所示的函数加载器对话框，在 Table parameter name 文本框中输入表变量名（如 SIN_data），然后单击 OK 按钮。这样，当将这个函数作为表参数边界条件使用时，就用到了该表名称（%tabname%）。

（3）在对话框的下半部是对应每个状态的函数表达式和状态表。单击函数表，即显示每个指定方程变量的数据输入区，如果需要使用材料 IDs 变量，则还可以看到材料 IDs 数据输入区，在输入区中输入相应值。

在函数加载器的对话框中，常量只支持数字数据，而不支持字符数据与表达式。

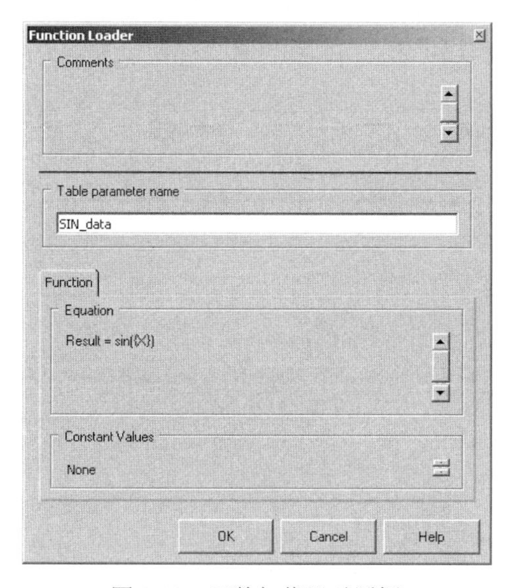

图 9-10　函数加载器对话框

（4）在每个定义的状态中重复以上过程。

（5）单击 Save 按钮，直到为函数中所有状态的所有变量提供赋值，才能将它保存为表格型矩阵参数。

一旦用函数加载器将函数保存为命名表格型矩阵参数，就可以把它当作表格型边界条件使用。关于在分析中使用表格型边界条件的详细情况请参见Applying Loads Using TABLE Type Array Parameters（用表格型矩阵参数加载）。

9.3　使用函数边界条件加载及其应用实例

9.3.1　使用函数边界条件加载

在 ANSYS 工程分析中，可以用函数定义一个模型上施加的复杂边界条件。为此，必须进行两步操作：先利用函数编辑器创建任意方程或函数（多重方程）；再利用函数加载器加载函数，并以函数定义表参数。表参数可以施加到模型上，即表参数边界条件。施加表参数边界条件的过程在 5.3 节的实例 2 表插值及表载荷应用中已有详细介绍。

9.3.2　使用函数边界条件加载应用实例

如图 9-11 所示，平板上流体的对流换热系数将用作函数边界条件。使用相关的薄片热传导系数。平板底部是恒温边界，平板顶部是施加对流边界条件，并且分为两个状态：

状态 1：X（1<X<5）范围对流换热系数由下式给出：

h(x) = 0.332 * (kxx/x) * Re**(1/2) * Pr**(1/3)

状态 2：X（5<X<10）范围对流换热系数由下式给出：

h(x) = 0.566 * (kxx/x) * Re**(1/2) * Pr**(1/3)

其中，雷洛数 Re = (dens*vel*x)/visc，Prandtl 数 Pr = (visc*c)/kxx。

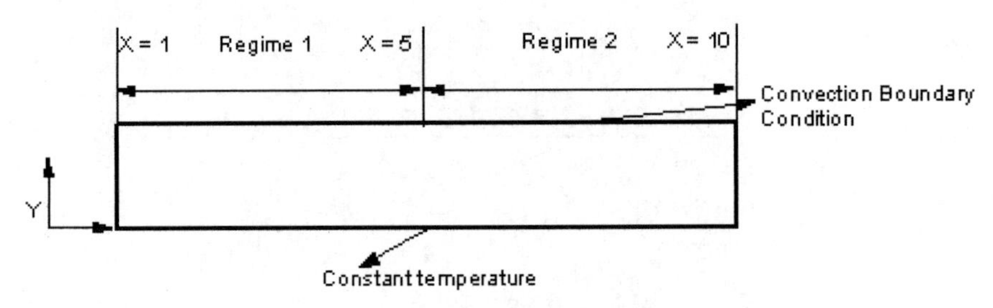

图 9-11　平板上的流体特性

平板上流体特性是：

密度（dens）= 1

热传导率（kxx）= 10

比热（c）= 10

粘度（visc）= 0.01

平板上流体流速（vel）在状态 1 中等于 100，在状态 2 中等于 50，两个状态下流体体积温度都是 100℃。

下面是该分析的过程，其中包含用函数施加边界条件的详细过程。步骤如下：

（1）利用下列命令流定义材料特性，创建矩形并指定PLANE55单元和划分单元网格。

```
finish
/clear
/prep7
rect,1,10,,.5
et,1,55

!定义流体特性
mp,KXX,1.10          !热传导率
mp,DENS,1,1          !密度
mp,C,1,10            !比热
mp,VISC,1,0.01       !粘性

!定义平板特性
mp,kxx,2,10
mp,dens,2,10
mp,c,2,5
mat,2
esize,,25
amesh,all
```

下面把对流边界条件定义为函数，需要分两步进行：先用函数编辑器定义函数，然后用函数加载器把函数作为表参数应用。

（2）定义函数，选择菜单路径 Utility Menu>Parameters>Functions>Define/Edit 弹出如图 9-12 所示的函数编辑器。

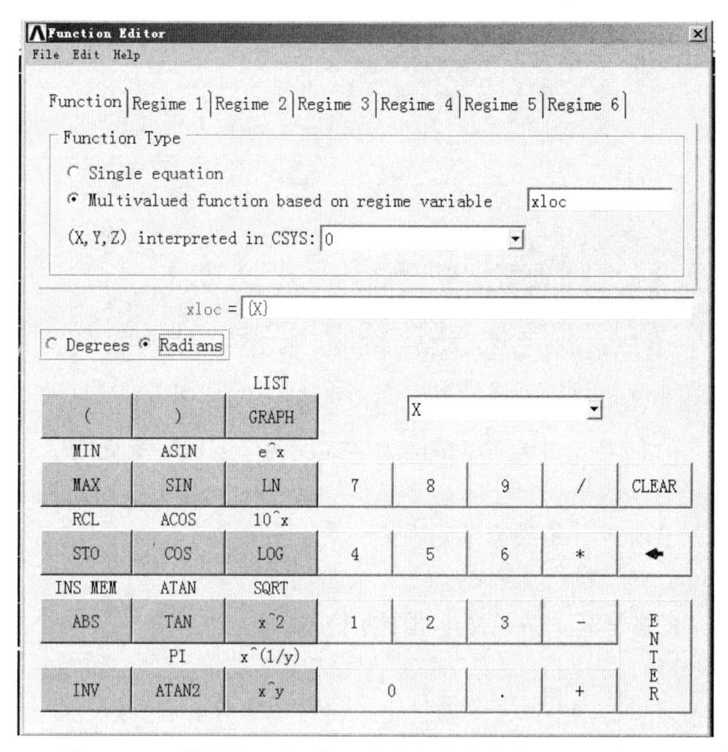

图 9-12　函数编辑器对话框：定义状态控制变量和函数方程

设置如下：

- 选择函数类型：在 Function Type 中选择 Multivalued function based on regime variable（即函数边界条件是多值函数），在其后的文本框中输入状态控制变量名 xloc，这里 xloc 就代表状态变量。
- 定义函数方程：单击 Xloc=后的文本框（即光标停在其中），然后在基本变量下拉列表框中选择 X。

（3）定义雷洛数 Re 表达式并存储到 M0。单击函数编辑器对话框中的 Regime 1 选项卡，执行下列操作：

- 设置 Regime 1 范围上下限：在 Regime 1 Limits 的两个文本框中分别输入 1 和 5。
- 定义雷洛数 Re 的方程表达式：首先将光标移到结果 Result=后的文本框中（即单击该文本框，接着单击(按钮，再在基本变量下拉列表框中选择 DENS，再单击*按钮，再通过键盘连续键入 veloc，再单击*按钮，再在基本变量下拉列表框中选择 X，再单击)按钮，再单击/按钮，再在基本变量下拉列表框中选择 VISC（文本框中带大括号的变量为基本变量，都是通过基本变量列表框指定的），最后设置状态如图 9-13 所示。

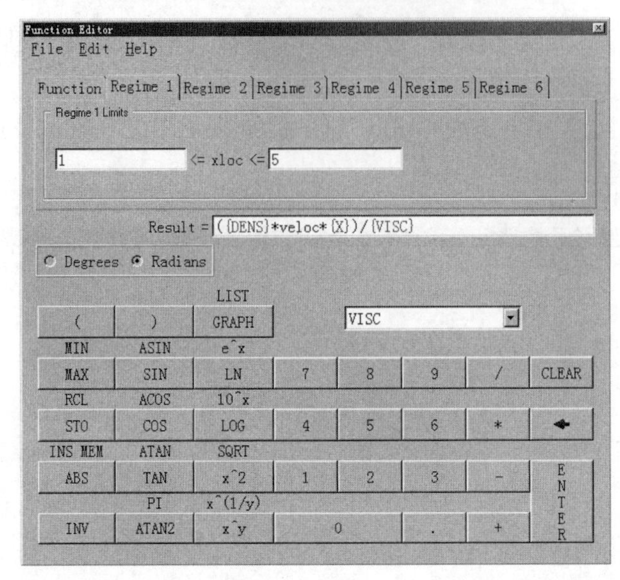

图 9-13　函数编辑器对话框：定义雷洛数 Re 表达式并存储到 M0

- 将方程存入存储器（由于雷洛数的表达式在两个方程中重复使用，因此储存表达式，存储后在函数编辑器中每个状态下都引用），单击 STO 按钮，再单击 M0 按钮，即该方程表达式存入 0 号缓存单元中。

（4）存储 Prandtl 数，执行下列操作：

- 单击 CLEAR 按钮清除结果文本框中的信息。
- 定义 Prandtl 数的方程表达式，重新填写结果 Result=后的文本框，即将光标移到在结果 Result=后的文本框中，单击(按钮，再在基本变量下拉列表框中选择 VISC，再单击*按钮，再在基本变量下拉列表框中选择 SPHT，再单击)按钮，再单击/按钮，再在基本变量下拉列表框中选择 KXX，最后设置状态如图 9-14 所示。

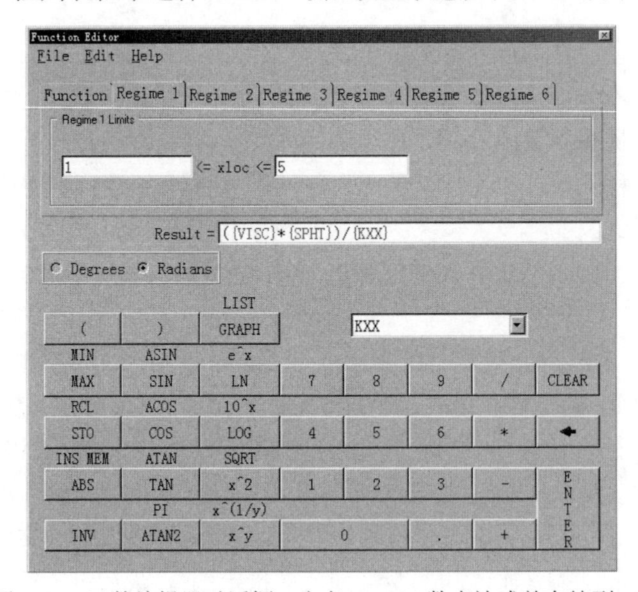

图 9-14　函数编辑器对话框：定义 Prandtl 数表达式并存储到 M1

- 将方程存入存储器，单击 STO 按钮，再单击 M1 按钮，即该方程表达式存入 1 号缓存单元中。

（5）定义 Regime 1 的热传导系数方程，操作如下：

- 单击 CLEAR 按钮清除结果文本框。
- 定义 Regime 1 的热传导系数方程，重新填写结果 Result=后的文本框，即将光标移到在结果 Result=后的文本框中，连续单击按钮键入 0.332，再单击*按钮，再单击(按钮，再在基本变量下拉列表框中选择 KXX，再单击/按钮，再在基本变量下拉列表框中选择 X，再单击）按钮，再单击*按钮，再单击 INV 按钮，再单击 RCL 按钮，再单击 M0 按钮，再单击 x^(1/y)按钮，再单击 2 按钮，将光标移到表达式的尾部，再单击*按钮，再单击 RCL 按钮，再单击 M1 按钮，再单击 x^(1/y)按钮，再单击 3 按钮，最后设置状态如图 9-15 所示。

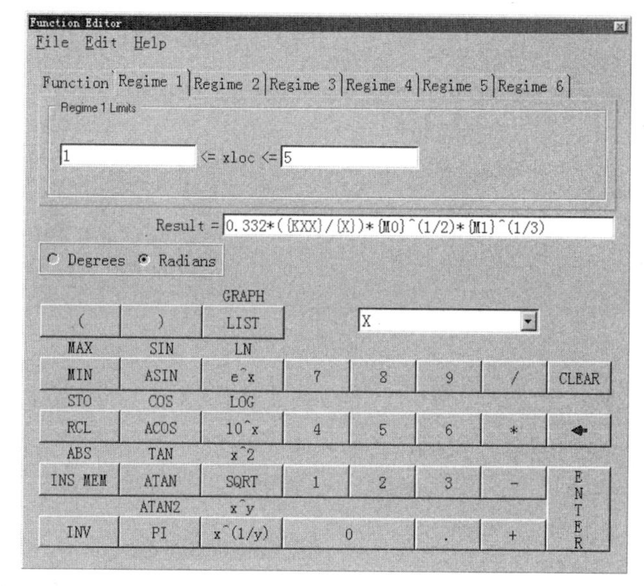

图 9-15　函数编辑器对话框：定义 Regime 1 的热传导系数方程

（6）定义 Regime 2 的热传导系数方程，操作如下：

- 单击进入 Regime 2 选项卡。
- 在 Regime 2 Limit 中输入状态控制变量的上限 10，这样方程就会生效。注意，这个状态控制变量的下限就是 Regime 1 的上限，保证了状态控制变量的连续性。
- 定义 Regime 2 的热传导系数方程，与定义 Regime 1 中的方程一样，定义 Regime 2 的热传导系数方程，最后设置状态如图 9-16 所示。

（7）添加函数的注释：选择对话框菜单 Function Editor>File>Comments 弹出如图 9-17 所示的添加函数注释信息对话框，输入注释信息 heat transfer coefficient equations，然后单击 OK 按钮。

（8）保存方程：选择对话框菜单 Function Editor>File>Save 弹出存储文件对话框，输入文件名 htc.func，然后单击 OK 按钮。

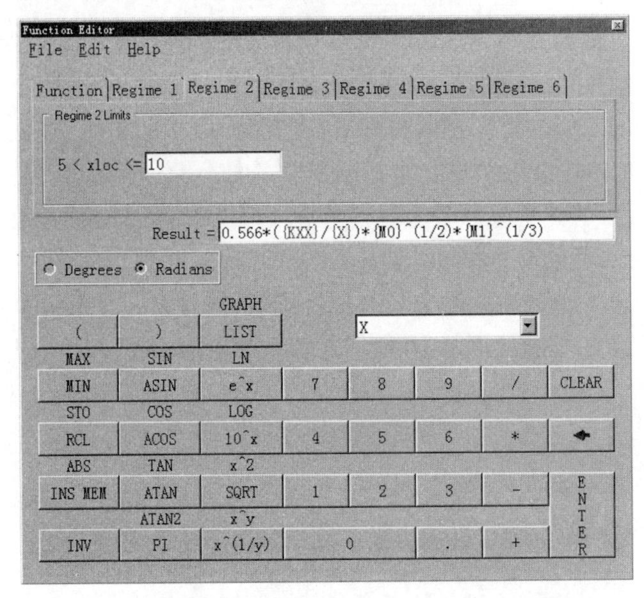

图 9-16　函数编辑器对话框：定义 Regime 2 的热传导系数方程

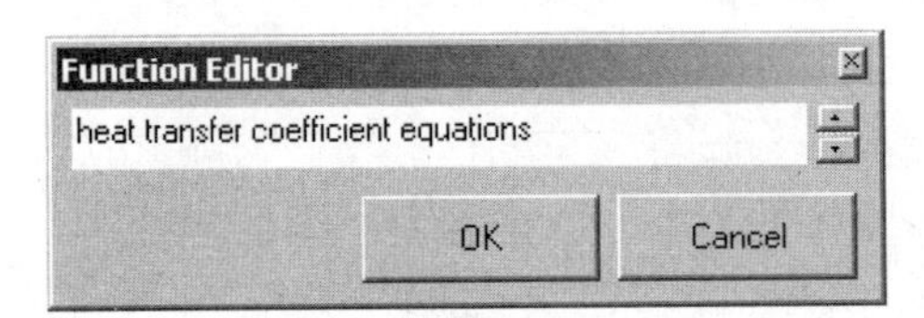

图 9-17　添加函数注释信息对话框

（9）曲线或列表显示定义的函数。为了检查或输出已定义的函数是否正确，可以绘制函数的曲线图，实现边界条件函数的可视化，或者把方程结果序列进行列表显示。单击函数编辑器对话框中的 Regime 1 选项卡，然后单击 GRAPH/LIST 按钮弹出如图 9-18 所示的曲线/列表显示 Regime 1 的热传导系数方程的控制对话框。

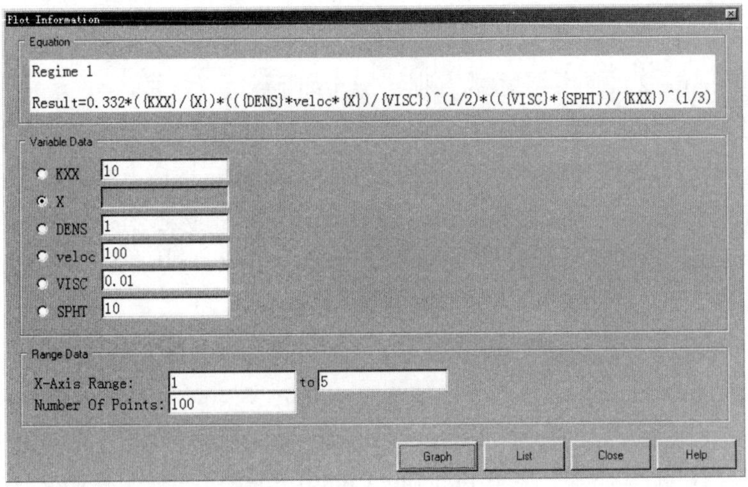

图 9-18　曲线/列表显示 Regime 1 的热传导系数方程的控制对话框

不管是曲线图形显示还是列表显示，先要设置 Variable Data 函数变量参数：

- KXX=10
- X，选中作为 X 轴变量
- DENS=1
- Veloc=100
- VISC=0.01
- SPHT=10

接着设置 Range Data 范围数据：

- X-Axis Range（X 轴范围）：1～5。
- Number Of Points（离散点数目）：100。

然后单击 Graph 按钮弹出如图 9-19 所示的 Regime 1 的热传导系数方程曲线。

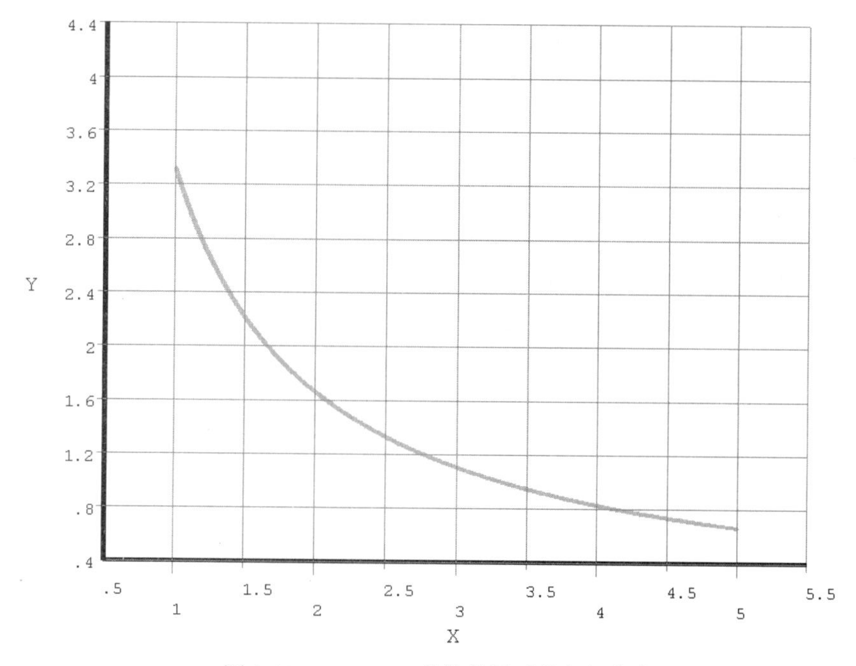

图 9-19 Regime 1 的热传导系数方程曲线

最后，列表显示边界条件函数，即单击 List 按钮弹出如图 9-20 所示的列表显示 Regime 1 的热传导系数方程结果。在该图中，不可以编辑这个表格，但可以复制并传入制表软件中，或者可以单击 save 按钮存储到指定文本文件中，其中包括所有方程数据和相应坐标系。

同理，可以以曲线图形或列表方式显示 Regime 2 的热传导系数方程，如图 9-21 所示为曲线/列表显示 Regime 2 的热传导系数方程的控制对话框，如图 9-22 所示为 Regime 2 的热传导系数方程曲线。

（10）关闭函数编辑对话框：选择对话框菜单 Function Editor>File>Close。

（11）加载函数并为方程变量指定值：选择菜单路径 UtilityMenu>Parameters>Functions>Read from File 弹出打开函数对话框，在系统中找到 htc.func 函数文件，然后单击“打开”按钮。

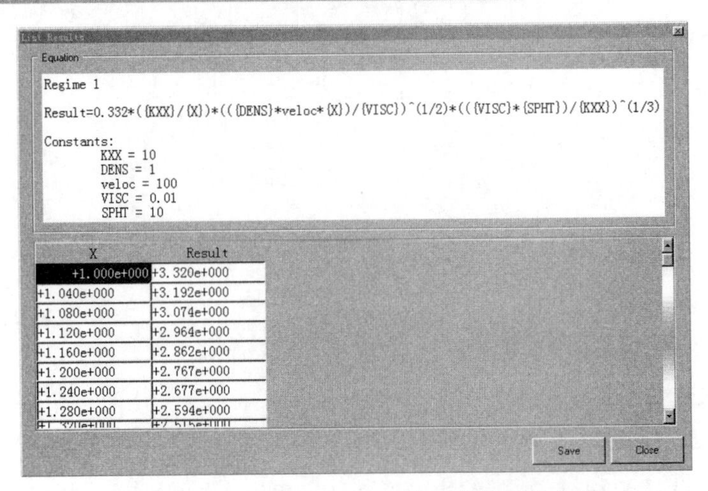

图 9-20　列表显示 Regime 1 的热传导系数方程

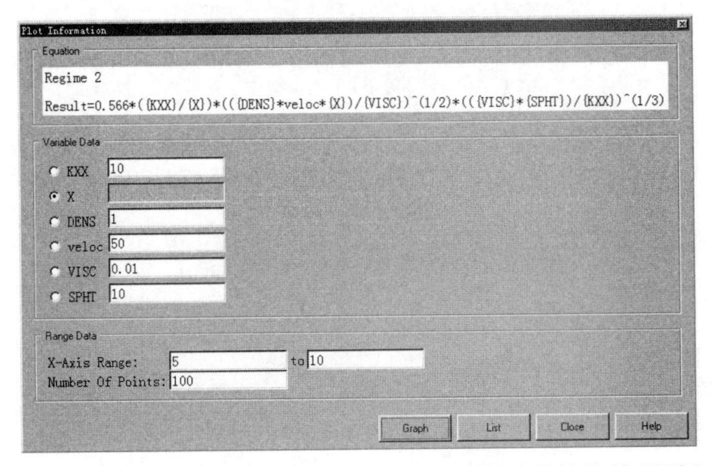

图 9-21　曲线/列表显示 Regime 2 的热传导系数方程的控制对话框

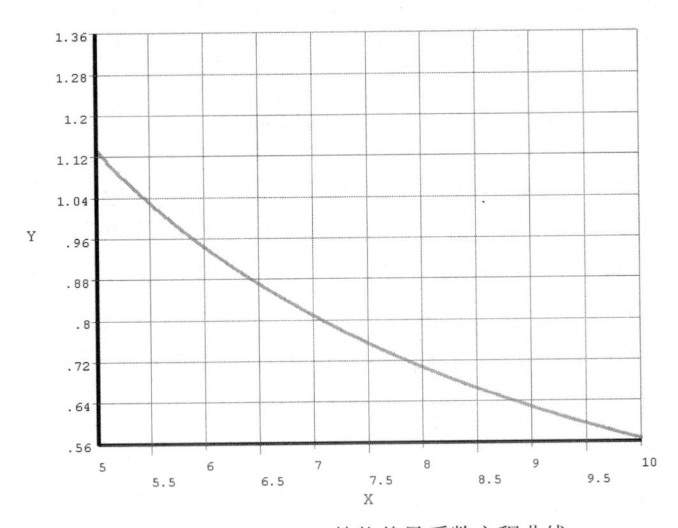

图 9-22　Regime 2 的热传导系数方程曲线

（12）弹出如图 9-23 所示的函数加载器对话框，设置下列选项：

- 在 Table parameter name 文本框中输入表变量名 heatcf（该变量名不能超过 7 字符长度），在施加函数边界条件时使用。
- 定义各变量的值：选择 Regime 1 选项卡，在 Material ID（材料号）文本框中输入 1，在 Veloc（速度）文本框中输入 100；选择 Regime 2 选项卡，在 Material ID（材料号）文本框中输入 1，在 Veloc（速度）文本框中输入 50，单击 OK 按钮。

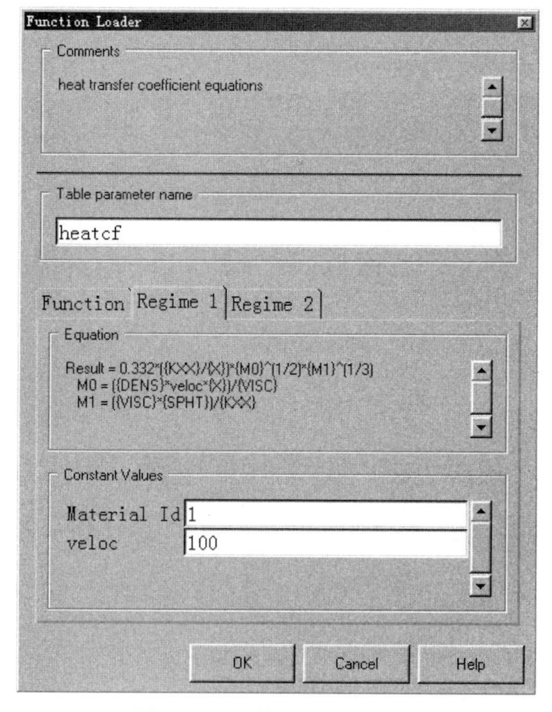

图 9-23　函数加载器对话框

函数加载器对话框中常值只支持数字数据，而不支持字符数据和表达式。

（13）施加各种载荷和边界条件，其中利用表参数施加函数边界，完成计算过程，命令流如下：

```
nsel,s,loc,y,0
d,all,temp,25
nsel,s,loc,y,0.5
SF,all,CONV, %HEATCF%,100          !施加函数边界条件
finish

/solu
time,1
```

```
deltim,.1
outres,all,all
allsel
solve
finish

/post1
set,last
/psf,conv,hcoe,2,0.e+00,1
/replot             !显示表面载荷符号
finish
```

10

矢量与矩阵运算

一维数组可以当作一个列矢量，二维数组和三维数组可以当作矩阵并且其中每一列相当于一个列矢量。ANSYS 将数组当作矢量时可以对其执行各种矢量运算，将数组当作矩阵时可以对其执行各种矩阵运算。在交互图形界面中，数组（矢量/矩阵）运算菜单系统系统路径为：Utility Menu>Parameters>Array Operations。

10.1 矢量与矩阵运算设置

在讲解数组的矢量与矩阵运算之前，首先学习所有的矢量和矩阵运算命令的设置选项，它们直接影响矢量和矩阵运算的结果，设置这些运算控制选项的命令是*VCUM、*VABS、*VFACT、*VLEN、*VCOL 和*VMASK，其中仅有*VLEN 和*VMASK 与*VREAD 或*VWRITE 连用时才可以处理字符数组参数。这些命令除*VMASK 外都可以通过下面的菜单路径得到：

Utility Menu>Parameters>Array Operations>Operation Settings

选择该菜单弹出如图 10-1 所示的运算设置对话框，包含*VCUM、*VABS、*VFACT、*VLEN 和*VCOL 的设置选项。

（1）*VCUM：指定结果累加或不累加（覆盖已有结果），其中 ParR 为矢量运算的结果，要么将其加入一个已存在的同名参数中，要么被覆盖。缺省时是不进行累加结果，表示 ParR 覆盖已存在的同名参数。

（2）*VABS：对参与运算的某个或所有参数首先取绝对值运算，然后再用于运算函数过程。缺省时不执行绝对值运算，表示采用实际数值参与运算。

（3）*VFACT：对参与函数运算的某个或所有参数均乘以一个比例因子，然后再用于函数运算过程。缺省时的比例因子为 1.0。

（4）*VLEN：指定数组参数中参与函数运算的行数目。

（5）*VCOL：确定矩阵运算中参与运算列的数目。缺省时表示从指定起始处填满结果数组的所有位置。

（6）*VMASK：将某个数组指定为矢量屏蔽参数。

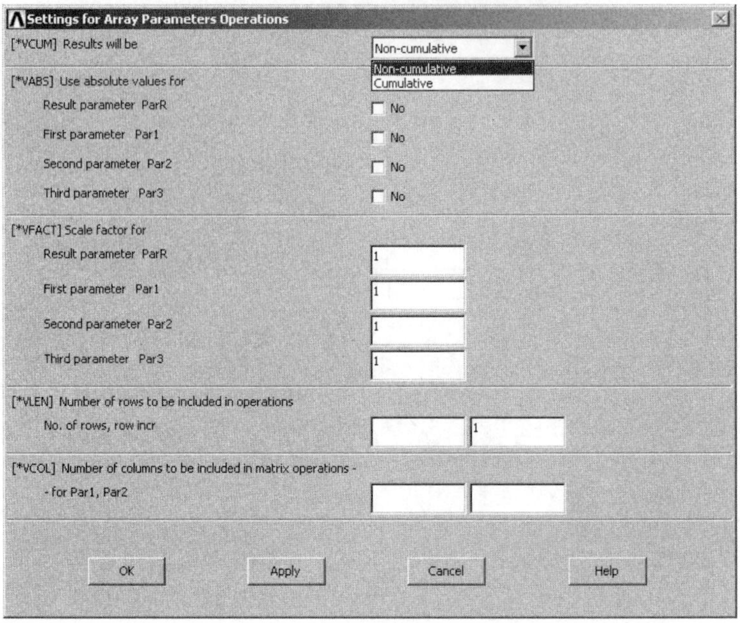

图 10-1　数组参数（矢量与矩阵）运算设置对话框

每次执行矢量或矩阵运算之后，所有这些命令设置的状态自动恢复为默认设置状态。

表 10-1 列出了上述运算设置命令对矢量和矩阵运算命令的影响，其中 Yes 表示受影响，No 表示不受影响。

表 10-1　运算设置命令影响矢量和矩阵运算命令的关系表

	*VABS	*VFACT	*VCUM	*VCOL NCOL1，NCOL2	*VLEN		*VMASK
*MFOURI	No	No	No	N/A	No	No	No
*MFUN	Yes	Yes	Yes	No	Yes	No	Yes
*MOPER	Yes	Yes	Yes	No	Yes	No	Yes
*VFILL	Yes	Yes	Yes	N/A	Yes	Yes	Yes
*VFUN	Yes	Yes	Yes	N/A	Yes	Yes	Yes
*VGET	Yes	Yes	Yes	N/A	Yes	Yes	Yes
*VITRP	Yes	Yes	Yes	N/A	Yes	Yes	Yes
*VOPER	Yes	Yes	Yes	N/A	Yes	Yes	Yes
*VPLOT	No	No	N/A	N/A	Yes	Yes	Yes
*VPUT	Yes	Yes	No	N/A	Yes	Yes	Yes
*VREAD	Yes	Yes	Yes	N/A	Yes	Yes	Yes
*VSCFUN	Yes	Yes	Yes	N/A	Yes	Yes	Yes
*VWRITE	No	No	N/A	N/A	Yes	Yes	Yes

下面用 3 个例子说明这些运算设置命令对矢量和矩阵运算的影响规律与用法，具体每个命令的用法请读者查阅帮助系统中的 ANSYS 命令参考手册（ANSYS Commands Reference）。

实例 1：首先定义结果数组 CMPR 的维数如图 10-2 所示，然后与*VMASK 和*VLEN 命令连用的两个*VFUN 命令压缩选择的数据并把结果写入 CMPR 中的指定位置。在*VFUN 命令中，COMP 运算的反运算为 EXPA。

$$CMPR=\begin{bmatrix}0&3&2&0\\0&8&-7&0\\0&0&4&0\\0&0&0&0\end{bmatrix}$$

图 10-2　数组 CMPR

```
*DIM,CMPR,ARRAY,4,4
*VLEN,4,2              !每 4 行执行下一个*VFUN 运算，每次跳过一行
*VFUN,CMPR(1,2),COMP,Y(1,1)
*VMASK,X(1,3)          !使用 X 的列 3 作为下一个*VFUN 运算的屏蔽矢量
*VFUN,CMPR(1,3),COMP,Y(1,2)
```

实例 2：用*VFACT 命令把数组矢量中的值按 NUMDP 标量指定的 10 的指数值（本例中设为 2）比例增大或缩小。NUMDATA 数组定义如图 10-3 所示。

$$NUMDATA=\begin{bmatrix}2.526\\2.524\\-6.526\\-6.524\end{bmatrix}$$

图 10-3　数组 NUMDATA

```
NUMDP=2
*VFACT,10**NUMDP
*VFUN,NUMDATA(1),COPY,NUMDATA(1)
*VFUN,NUMDATA(1),NINT,NUMDATA(1)
*VFACT,10**(-NUMDP)
*VFUN,NUMDATA(1),COPY,NUMDATA(1)
```

或者采用更简单的处理方法，执行如下命令：

```
NUMDP=2
*VFACT,10**NUMDP
*VFUN,NUMDATA(1),COPY,NUMDATA(1)
*VFACT,10**(-NUMDP)
*VFUN,NUMDATA(1),NINT,NUMDATA(1)
```

那么，作为结果的 NUMDATA 数组如图 10-4 所示。

$$NUMDATA = \begin{bmatrix} 2.53 \\ 2.52 \\ -6.53 \\ -6.52 \end{bmatrix}$$

图 10-4　结果数组 NUMDATA

实例 3：通过*VLEN 和*VMASK 命令找到小于 100 的素数的数目。生成数组 MASKVECT 时，用 1.0 表示该行值是素数，用 0.0 表示该行值不是素数。生成屏蔽矢量的算法为：把所有值大于 1 的行初始化为 1.0，然后通过成倍增加因数在可能的因数范围内进行循环。*VLEN 命令设置运算的行增量为 FACTOR，执行*VFILL 命令时，行号根据该值增加。因为起始行是 FACTOR×2，所以每次循环中行的变化为：FACTOR×2、FACTOR×3、FACTOR×4 等。

```
*DIM,MASKVECT,,100
*VFILL,MASKVECT(2),RAMP,1
*DO,FACTOR,2,10,1
*VLEN,,FACTOR
*VFILL,MASKVECT(FACTOR*2),RAMP,0
*ENDDO
*VMASK,MASKVECT(1)
*DIM,NUMBERS,,100
*VFILL,NUMBERS(1),RAMP,1,1
*STATUS,NUMBERS(1),1,10
```

输出结果可以由*STATUS 命令显示出来，NUMBERS 中的前 10 个元素为：

```
PARAMETER STATUS- NUMBERS(5 PARAMETERS DEFINED)
                        (INCLUDING 2 INTERNAL PARAMETERS)

    LOCATION            VALUE
    1     1     1    0.000000000E+00
    2     1     1      2.00000000
    3     1     1      3.00000000
    4     1     1    0.000000000E+00
    5     1     1      5.00000000
    6     1     1    0.000000000E+00
    7     1     1      7.00000000
    8     1     1    0.000000000E+00
    9     1     1    0.000000000E+00
   10     1     1    0.000000000E+00
```

10.2　矢量运算

矢量运算是按某种顺序对数组元素进行一系列的运算，如加、减、求正弦、求余弦、点积、叉乘等。虽然可以利用 APDL 的*DO 循环流程控制语句实现这些目的，但利用矢量操作命令显得更为简便快捷，这些命令主要包括*VOPER、*VFUN、*VSCFUN、*VITRP、*VFILL、*VREAD 和*VGET 等。在这些命令中，只有*VREAD 和*VWRITE 对字符数组参数有效，其他只能用于 ARRAY 类型或 TABLE 类型（由*DIM 定义）的数组参数。其中，*VFILL、*VREAD、*VGET、*VWRITE 和*DIM 命令在前面的章节中已经介绍过，下面主要介绍*VOPER、*VFUN、*VSCFUN 和*VITRP 四种命令及其等价菜单的用法。

10.2.1　矢量间运算（*VOPER 命令）

*VOPER 命令及其等价菜单路径 Utility Menu>Parameters>Array Operations>Vector Operations 是对两个输入数组矢量进行运算，运算结果是输出一个数组矢量。

如图 10-5 所示是*VOPER 命令及其等价菜单的对话框，读者请参照*VOPER 命令的用法来学习该对话框的用法。

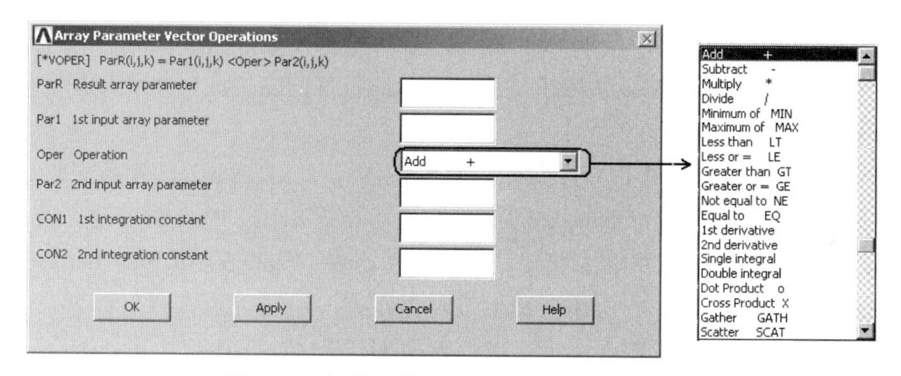

图 10-5　矢量运算（*VOPER 命令）对话框

*VOPER 命令的使用格式如下：

```
*VOPER, ParR, Par1, Oper, Par2, CON1, CON2
```

其中，ParR 是运算结果数组矢量名；Par1 是第一个数组参数矢量，也可以是一个标量或者一个常数；Oper 是矢量运算法则；Par2 是第二个数组参数矢量，也可以是一个标量或者一个常数；CON1 是（仅供 INT1 与 INT2 运算使用的）第一个常数；CON2 是（仅供 INT2 运算使用的）第二个常数。

矢量运算法则如下：

- ADD：加法运算 Par1+Par2。
- SUB：减法运算 Par1-Par2。
- MULT：乘法运算 Par1*Par2。
- DIV：除法运算 Par1/Par2（被 0 除的结果是 0）。

- MIN：最小值运算，取 Par1 与 Par2 的最小值。
- MAX：最大值运算，取 Par1 与 Par2 的最大值。
- LT：小于比较运算 Par1<Par2，如果成立结果为 1.0，如果不成立结果为 0.0。
- LE：小于或等于比较运算 Par1≤Par2P，如果成立结果为 1.0，如果不成立结果为 0.0。
- EQ：等于比较运算 Par1 = Par2，如果成立结果为 1.0，如果不成立结果为 0.0。
- NE：不等于比较运算 Par1 ≠ Par2，如果成立结果为 1.0，如果不成立结果为 0.0。
- GE：大于或等于比较运算 Par1≥Par2，如果成立结果为 1.0，如果不成立结果为 0.0。
- GT：大于比较运算 Par1>Par2，如果成立结果为 1.0，如果不成立结果为 0.0。
- DER1：微分运算 $\partial(\mathrm{Par1})/\partial(\mathrm{Par2})$。
- DER2：二阶微分运算 $\partial^2(\mathrm{Par1})/\partial(\mathrm{Par2})^2$。
- INT1：积分运算 $\int(\mathrm{Par1})\mathrm{d}(\mathrm{Par2})$。
- INT2：二阶积分运算 $\iint(\mathrm{Par1})\mathrm{d}(\mathrm{Par2})$。
- DOT：点乘运算 Par1 • Par2。
- CROSS：叉乘运算 Par1×Par2。
- GATH：集聚运算（根据元素位置编号记录矢量 Par2，将矢量 Par1 中对应编号位置上的值复制到矢量 ParR 中。例如 Par1=(10,20,30,40)，Par2=(2,4,1)，那么集聚运算的结果是 ParR =(20,40,10)，即 Par1 的第 2 个元素值复制成为 ParR 的第 1 个元素，Par1 的第 4 个元素值复制成为 ParR 的第 2 个元素，Par1 的第 1 个元素值复制成为 ParR 的第 3 个元素）。
- SCAT：发散运算，是 GATH 集聚运算的逆运算（矢量 Par2 的元素值依次记录 ParR 中每个元素来源于矢量 Par1 中的元素位置，运算依次按 Par2 指定的位置编号将矢量 Par1 中的元素值复制到矢量 ParR 中。例如 Par1=(10,20,30,40,50)，Par2=(2,1,0,5,3)，那么发散运算的结果是 ParR=(20,10,50,0,40)）。

实例 1：有数组参数（ARRAY 类型）X、Y 和 THETA 如图 10-6 所示。

$$X=\begin{bmatrix}-2 & 6 & 8 & 0\\ 1 & 0 & 2 & 12\\ 4 & -3 & -1 & 7\\ -8 & 1 & 10 & -5\end{bmatrix}\qquad Y=\begin{bmatrix}3 & 2 & 5 & -6\\ -5 & -7 & 1 & 0\\ 8 & 0 & 0 & 11\\ 1 & 4 & 9 & 16\end{bmatrix}\qquad \mathrm{THETA}=\begin{bmatrix}0\\ 15\\ 30\\ 45\\ 60\\ 75\\ 90\end{bmatrix}$$

图 10-6　数组参数（ARRAY 类型）X、Y 和 THETA

定义结果数组为 Z1，用*VOPER 命令把 X 的第 2 列和 Y 的第 1 列相加，二者都从第一行开始，最后把结果赋给 Z1，运算结果如图 10-7 所示。注意，对所有的数组参数都要指定起始位置（行和列的下标数）。

```
*DIM,Z1,ARRAY,4
*VOPER,Z1(1),X(1,2),ADD,Y(1,1)
```

$$Z1=\begin{bmatrix}9\\-5\\5\\2\end{bmatrix}$$

图 10-7 结果数组 Z1

实例 2：参见实例 1 中的数组 X 和 Y，定义结果数组为 Z2，用*VOPER 命令把 X 的第 1 列（从行 2 开始）和 Y 的第 1 列（从行 1 开始）相乘，最后把结果赋给 Z2（从行 1 开始），运算结果如图 10-8 所示。

```
*DIM,Z2,ARRAY,3
*VOPER,Z2(1),X(2,1),MULT,Y(1,4)
```

$$Z2=\begin{bmatrix}-6\\0\\-88\end{bmatrix}$$

图 10-8 结果数组 Z2

实例 3：参见实例 1 中的数组 X 和 Y，定义结果数组为 Z4，用*VOPER 命令计算四对矢量的叉积，其中一对为 X 和 Y 的 1 行。这些矢量的 i、j 和 k 分量依次是 X 的列 1、2 和 3 以及 Y 的列 2、3 和 4，结果将写进 Z4，它的 i、j 和 k 分量分别是矢量 1、2 和 3，运算结果如图 10-9 所示。

```
*DIM,Z4,ARRAY,4,3
*VOPER,Z4(1,1),X(1,1),CROSS,Y(1,2)
```

$$Z4=\begin{bmatrix}-76&4&-22\\-2&-14&1\\-33&-44&0\\-74&168&-76\end{bmatrix}$$

图 10-9 结果数组 Z4

实例 4：两个附加的*VOPER 运算即积聚（GATH）和分散（SCAT），它们可以根据一个“位置”矢量中包含的位置号从一个矢量中拷贝值到另一个矢量。该实例说明集聚运算，拷贝 B1 的值到 B3（通过在 B2 中指定的下标位置），数组参数参见实例 1，运算结果如图 10-10 所示。注意结果数组总是预先定义，另外 B3 中的最后一个元素为 0，是其初始化值。

```
*DIM,B1,,4
*DIM,B2,,3
*DIM,B3,,4
B1(1)=10,20,30,40
B2(1)=2,4,1
*VOPER,B3(1),B1(1),GATH,B2(1)
```

$$B3=\begin{bmatrix}20\\40\\10\\0\end{bmatrix}$$

图 10-10　结果数组 B3

10.2.2　矢量函数（*VFUN 命令）

*VFUN 及其等价菜单路径 Utility Menu>Parameters>Array Operations>Vector Functions 是对两个输入数组矢量执行某函数运算，运算的结果是输出一个数组矢量。

如图 10-11 所示是*VFUN 命令及其等价菜单的对话框，读者请参照*VFUN 命令的用法来学习该对话框的用法。*VFUN 命令的使用格式如下：

*VFUN, ParR, Func, Par1, CON1, CON2, CON3

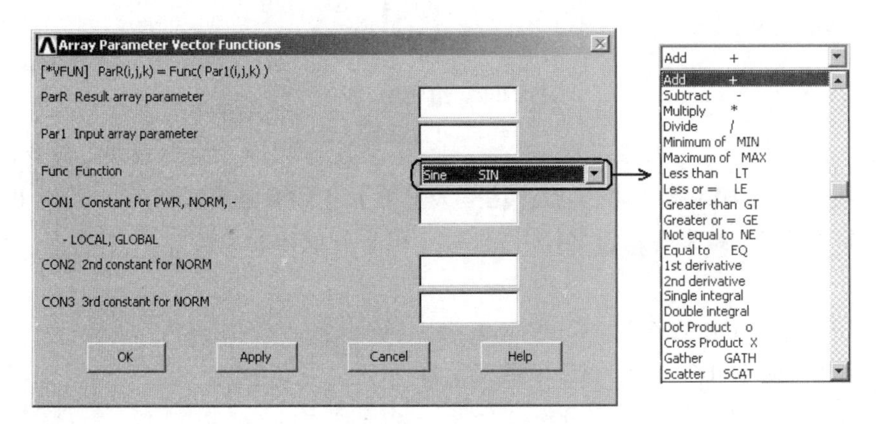

图 10-11　矢量函数（*VFUN 命令）对话框

其中，ParR 是运算结果数组矢量名；Func 是执行的矢量运算函数；Par1 是参与运算的数组矢量；CON1、CON2、CON3 是（仅 PWR、NORM、LOCAL、GLOBAL 函数运算需要）常数。

执行的矢量运算函数如下：

- ACOS：反余弦函数 ACOS(Par1)。
- ASIN：反正弦函数 ASIN(Par1)。
- ASORT：按照升序排列 Par1，*VCOL、*VMASK、*VCUM、*VLEN,,NINC 此时无效，只有*VLEN,NROW 有效。
- ATAN：反正切函数 ATAN(Par1)。
- COMP：压缩函数，即有选择地压缩数据序列。Par1 的 True（*VMASK）值（或者根据*VLEN命令中的 NINC 值考虑行位置）被写入 ParR，并且按照指定起始位置开始写入。
- COPY：复制函数，即将 Par1 复制到 ParR。
- COS：余弦函数 COS(Par1)。

- COSH：双曲余弦函数 COSH(Par1)。
- DIRCOS：主应力（nX9）的方向余弦函数。
- DSORT：按照降序排列 Par1，*VCOL、*VMASK、*VCUM、*VLEN,,NINC 此时无效，只有*VLEN,NROW 有效。
- EULER：主应力（nX3）的 Euler 角函数。
- EXP：指数函数 EXP(Par1)。
- EXPA：展开函数，即压缩 COMP 的逆运算函数。
- LOG：自然对数函数 LOG(Par1)。
- LOG10：常用对数函数 LOG10(Par1)。
- NINT：最接近的整数函数，如 2.783 运算结果是 3.0，-1.75 运算结果是-2.0。
- NOT：逻辑补函数，即如果值小于等于 0.0（False）则运算结果是 1.0（True），如果值大于等于 0.0（True）则运算结果是 0.0（False）。
- PWR：幂函数 Par1**CON1。
- SIN：正弦函数 SIN(Par1)。
- SINH：双曲正弦函数 SINH(Par1)。
- SQRT：开方根函数 SQRT(Par1)。
- TAN：正切函数 TAN(Par1)。
- TANH：双曲正切函数 TANH(Par1)。
- TANG：路径一点上的切向函数。
- NORM：路径一点上的法向函数。
- LOCAL：将一点的总体坐标转换成指定局部坐标系中的局部坐标。
- GLOBAL：将一点在指定局部坐标系中的坐标转换成总体坐标系中的坐标。

实例 1：参见 10.2.1 节实例 1 中的数组 X。定义结果数组为 A3，用*VFUN 命令把 X 的第 2 列中的每个元素平方后赋给 A3，运算结果如图 10-12 所示。

```
*DIM,A3,ARRAY,4
*VFUN,A3(1),PWR,X(1,2),2
```

$$A3=\begin{bmatrix}36\\0\\9\\1\end{bmatrix}$$

图 10-12　结果数组 A3

实例 2：定义结果数组为 A4，用两个*VFUN 命令分别计算 THETA 中的数组元素的余弦和正弦值，并分别赋给 A4 中的第一和第二列，运算结果如图 10-13 所示。注意，现在的 A4 表示一个由 7 个点（其中 x、y、z 全局坐标就是 3 个矢量）描述的 90 度的圆弧。该圆弧半径为 1.0，并在 z = 2.0 且与 x-y 平行的平面上。

```
*DIM,A4,ARRAY,7,3
```

```
*AFUN,DEG
*VFUN,A4(1,1),COS,THETA(1)
*VFUN,A4(1,2),SIN,THETA(1)
A4(1,3)=2,2,2,2,2,2,2
```

$$A4=\begin{bmatrix} 1.0 & 0.0 & 2.0 \\ 0.966 & 0.259 & 2.0 \\ 0.866 & 0.5 & 2.0 \\ 0.707 & 0.707 & 2.0 \\ 0.5 & 0.866 & 2.0 \\ 0.259 & 0.966 & 2.0 \\ 0.0 & 1.0 & 2.0 \end{bmatrix}$$

图 10-13　结果数组 A4

实例 3：定义结果数组为 A5，用*VFUN 命令计算 A4 所表示的曲线在每个点处的切线矢量，并进行归一化处理后赋给 A5，运算结果如图 10-14 所示。

```
*DIM,A5,ARRAY,7,3
*VFUN,A5(1,1),TANG,A4(1,1)
```

$$A5=\begin{bmatrix} -0.131 & 0.991 & 0 \\ -0.259 & 0.965 & 0 \\ -0.5 & 0.866 & 0 \\ -0.707 & 0.707 & 0 \\ -0.866 & 0.5 & 0 \\ -0.966 & 0.259 & 0 \\ -0.991 & 0.131 & 0 \end{bmatrix}$$

图 10-14　结果数组 A5

10.2.3　矢量—变量运算（*VSCFUN 命令）

*VSCFUN 命令及其等价菜单路径 Utility Menu>Parameters>Array Operations>Vector-Scalar Func 确定单个输入数组矢量属性，并将结果存放到指定的标量参数中。

如图 10-15 所示是*VSCFUN 命令及其等价菜单的对话框，读者请参照*VSCFUN 命令的用法学习该对话框的用法。*VSCFUN 命令的使用格式如下：

```
*VSCFUN, ParR, Func, Par1
```

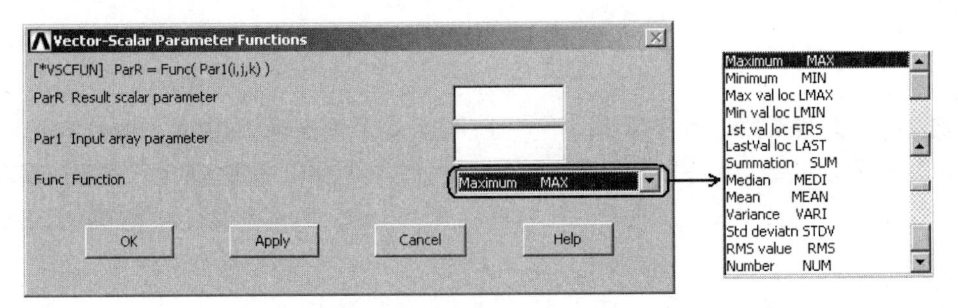

图 10-15　矢量—变量运算（*VSCFUN 命令）对话框

其中，ParR 是运算结果变量参数名；Func 是执行的矢量—变量运算函数；Par1 是参与运算的数组参数矢量。

执行的矢量—变量运算函数如下：

- MAX：提取最大元素值函数，即提取 Par1 的最大元素值。
- MIN：提取最小元素值函数，即提取 Par1 的最小元素值。
- LMAX：提取最大元素的下标值函数，搜索 Par1 的元素从指定的下标开始。
- LMIN：提取最小元素的下标值函数，搜索 Par1 的元素从指定的下标开始。
- FIRST：提取 Par1 的第一个非零元素的下标值函数，搜索 Par1 的元素从指定的下标开始。
- LAST：提取 Par1 的最后一个非零元素的下标值函数，搜索 Par1 的元素从指定的下标开始。
- SUM：求和函数，即对 Par1 的所有元素进行求和。
- MEDI：提取中间位置的元素值函数，该元素的前后有相同数目的元素。
- MEAN：求平均值函数，即对 Par1 的所有元素进行求和，然后除以 Par1 元素的总数目。
- VARI：求均方差函数，即所有元素与均值差的平方和除以 Par1 元素的总数目。
- STDV：求标准方差，即求 VARI 的平方根值。
- RMS：求均方根，即所有元素平方和除以 Par1 元素的总数目。
- NUM：提取数目，即提取 Par1 中执行求和运算的元素数目（标明掩码即 mask 的元素不计入）。

10.2.4　矢量插值运算（*VITRP 命令）

*VITRP 命令及其等价菜单路径 Utility Menu>Parameters>Array Operations>Vector Interpolate 通过在指定的表下标位置插入一个数组参数（TABLE 类型）来生成一个数组参数（ARRAY 类型）。

如图 10-16 所示是*VITRP 命令及其等价菜单的对话框，读者请参照*VITRP 命令的用法来学习该对话框的用法。*VITRP 命令的使用格式如下：

```
*VITRP, ParR, ParT, ParI, ParJ, ParK
```

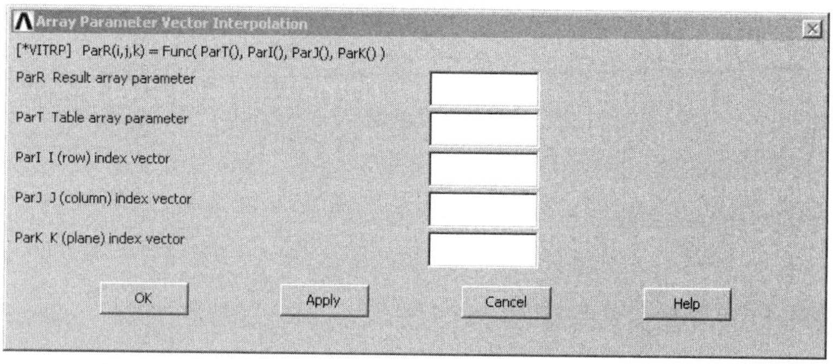

图 10-16　矢量插值运算（*VITRP 命令）对话框

其中，ParR 是结果数组参数名；ParT 是 TABLE 数组参数名；ParI 是 ParT 中用于插值的 I（行）下标值的数组参数矢量；ParJ 是 ParT（至少是二维数组）中用于插值的 J（列）下标值的数组参数矢量；ParK 是 ParT（至少是三维数组）中用于插值的 K（面）下标值的数组参数矢量。

10.3 矩阵运算

矩阵运算是一种数组参数之间的数学运算，如矩阵乘法、计算转置矩阵、求解联立方程组等，分别对应命令*MOPER、*MFUN 和*MFOURI，下面分别对它们进行介绍。

10.3.1 矩阵间运算（*MOPER 命令）

*MOPER 命令及其等价菜单路径 Utility Menu>Parameters>Array Operations>Matrix Operations 是对两个数组参数矩阵执行矩阵运算，结果是输出一个数组参数矩阵。

如图 10-17 所示是*MOPER 命令及其等价菜单的对话框，读者请参照*MOPER 命令的用法来学习该对话框的用法。*MOPER 命令的使用格式如下：

*MOPER, ParR, Par1, Oper, Par2, Par3, kDim, Ratio, kOut

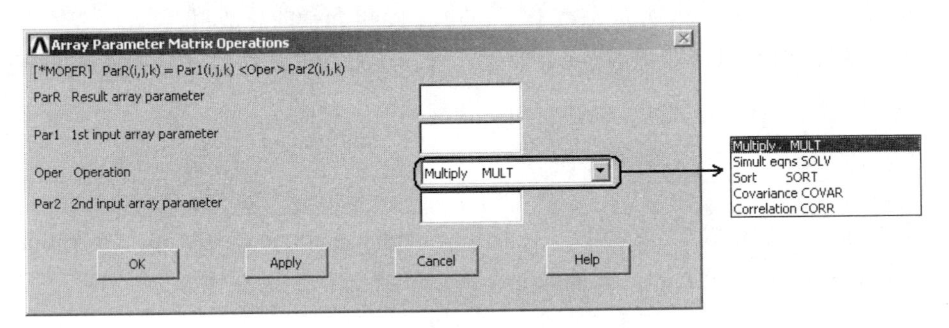

图 10-17 矩阵运算（*MOPER 命令）对话框

其中，ParR 是结果数组参数矩阵名；Par1 是第 1 个参与运算的数组参数矩阵；Oper 是矩阵运算法则；Par2 是参与运算的第 2 个数组参数矩阵（仅当 Oper=COVAR 或 CORR 时需要）；Par3 是参与运算的第 2 个数组参数矩阵（仅当 Oper=MAP 时需要）；kDim 是插值准则，当 Oper = MAP 时，如果 kDim=2 或者 0 则进行二维插值（面上插值），如果 kDim=3 则进行三维插值（体上插值）；Ratio 是搜索半径，默认为 0.1，只用于 Oper = MAP 时；kOut 是外插准则，只用于 Oper = MAP 时，如果 kOut = 0 则保存区域外插值的结果，如果 kOut=1 则将区域外插值的结果置零。

矩阵运算法则有以下 8 种：

- MAP：将其他程序的结果映射到你的 ANSYS 有限元模型上。例如，可以将 CFD 程序计算的压力转化到你的结构分析的模型上。当你映射结果时，Par2 和 Par3 参数定义输入值和它们的位置，接下来的 3 个参数确定搜索的面和插值准则（参见下面的 kDim 参数说明）。

- MULT：矩阵相乘，即 Par1 乘以 Par2。
- SOLV：求解联立方程组，即求解 n 个联立的方程，每个方程有 n 项，其形式如 $a_{n1}x_1+a_{n2}x_2+...+a_{nn}x_n=b_n$，其中 Par1 是包含方程系数的矩阵，Par2 是包含等式右边 b 值的矢量，ParR 是 x 结果矢量。
- INVERT：方阵的转置运算。
- SORT：矩阵排序运算。
- COVAR：两个矢量之间的协方差。
- CORR：计算两个矢量之间的相关性。
- NNEAR：搜索最近的节点，即根据给定数组的容差范围快速确定所包含的所有节点，命令格式如*MOPER,ParR, XYZ(1,1), NNEAR, Toler。

实例 1：该实例说明*MOPER 命令的排序功能，数组 SORTDATA 如图 10-18 所示。

$$SORTDATA=\begin{bmatrix}3 & 10 & 11\\5 & -4 & 12\\8 & -9 & 13\\2 & 7 & 14\\6 & 1 & 15\end{bmatrix}$$

图 10-18　数组 SORTDATA

定义数组 OLDORDER，利用*MOPER 命令把行的初始顺序放在 OLDORDER 中，再利用*MOPER 命令对 SORTDATA 中的行进行排序，这样(1,1)矢量就按升序排列了。

```
*dim,oldorder,,5
*moper,oldorder(1),sortdata(1,1),sort,sortdata(1,1)
```

得到的结果数组如图 10-19 所示。

$$SORTDATA=\begin{bmatrix}2 & 7 & 14\\3 & 10 & 11\\5 & -4 & 12\\6 & 1 & 15\\8 & -9 & 13\end{bmatrix}\qquad OLDORDER=\begin{bmatrix}4\\1\\2\\5\\3\end{bmatrix}$$

图 10-19　结果数组 SORTDATA 和 OLDORDER

若要恢复 SORTDATA 数组为初始顺序，则执行如下命令：

```
*moper,oldorder(1),sortdata(1,1),sort,oldorder(1,1)
```

实例 2：该实例演示如何利用*MOPER 命令来求解联立方程组。两个数组 A 和 B 如图 10-20 所示。

$$A=\begin{bmatrix}2 & 4 & 3 & 2\\3 & 6 & 5 & 2\\2 & 5 & 2 & -3\\4 & 5 & 14 & 14\end{bmatrix}\qquad B=\begin{bmatrix}2\\2\\3\\11\end{bmatrix}$$

图 10-20　数组 A 和 B

利用*MOPER 命令求解联立方程组的方阵，方程组形式如下：

$$a_{n1}x_1 + a_{n2}x_2 + ... + a_{nn}x_n = b_n$$

现在，利用*MOPER 命令求解的联立方程组为：

$$\begin{aligned} 2X_1 + 4X_2 + 3X_3 + 2X_4 &= 2 \\ 3X_1 + 6X_2 + 5X_3 + 2X_4 &= 2 \\ 2X_1 + 5X_2 + 2X_3 - 3X_4 &= 2 \\ 4X_1 + 5X_2 + 14X_3 + 14X_4 &= 11 \end{aligned}$$

为了求解上述方程组，首先定义结果数组 C，然后用*MOPER 命令求解方程组，用 A 作为系数矩阵，B 作为方程右侧的列矢量 b 值矢量，求解的命令如下：

```
*DIM,C,,4
*MOPER,C(1),A(1,1),SOLV,B(1)
```

得到的结果数组 C 如图 10-21 所示。

$$C = \begin{bmatrix} -66 \\ 26 \\ 6 \\ 4 \end{bmatrix}$$

图 10-21　结果数组 C

10.3.2　拷贝或转置数组矩阵（*MFUN 命令）

*MFUN 命令及其等价菜单路径 Utility Menu>Parameters>Array Operations>Matrix Functions 是拷贝或转置一个数组参数矩阵（接受一个输入矩阵，生成一个输出矩阵）。

如图 10-22 所示是*MFUN 命令及其等价菜单的对话框，读者请参照*MFUN 命令的用法来学习该对话框的用法。*MFUN 命令的使用格式如下：

```
*MFUN, ParR, Func, Par1
```

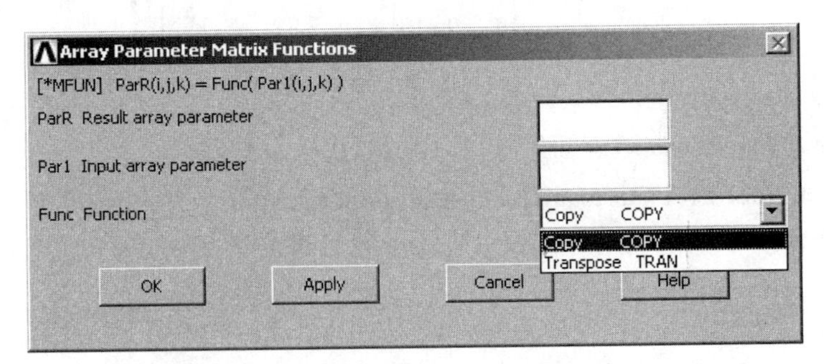

图 10-22　拷贝或转置数组矩阵（*MFUN 命令）对话框

其中，ParR 是结果数组参数矩阵名；Func 是矩阵拷贝或转置函数；Par1 是输入数组矩阵。矩阵拷贝和转置函数如下：

- COPY：Par1 被拷贝到 ParR。

- TRAN：Par1 转置变换到 ParR。Par1 矩阵行（m）和列（n）转置结果 ParR 矩阵是(n,m)。

实例：演示如何使用*MFUN 命令来转置数组中的数据。假定已经定义有如图 10-23 所示的数组 DATA。

$$\mathrm{DATA}=\begin{bmatrix}34 & 25\\ 22 & 68\\ -7 & 12\end{bmatrix}$$

图 10-23　数组 DATA

定义结果数组 DATATRAN，用*MFUN 命令转置数据并把结果写入 DATATRAN 数组，命令流如下：

```
*DIM,DATATRAN,,2,3
*MFUN,DATATRAN(1,1),TRAN,DATA(1,1)
```

得到的结果数组 DATATRAN 如图 10-24 所示。

$$\mathrm{DATATRAN}=\begin{bmatrix}34 & 22 & -7\\ 25 & 68 & 12\end{bmatrix}$$

图 10-24　结果数组

10.3.3　计算傅里叶级数（*MFOURI 命令）

*MFOURI 命令及其等价菜单路径 Utility Menu>Parameters>Array Operations>Matrix Fourier 是计算傅里叶级数的系数或求傅里叶级数。

如图 10-25 所示是*MFOURI 命令及其等价菜单的对话框，读者请参照*MFOURI 命令的用法来学习该对话框的用法。*MFOURI 命令的使用格式如下：

*MFOURI, Oper, COEFF, MODE, ISYM, THETA, CURVE

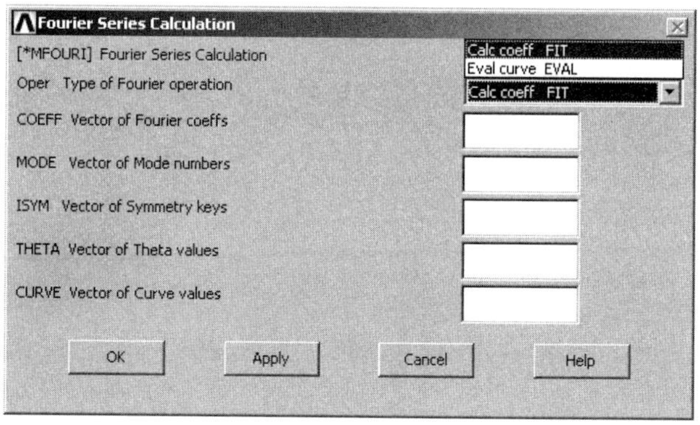

图 10-25　计算傅里叶级数（*MFOURI 命令）对话框

其中，Oper 是傅里叶级数运算的类型：

- FIT：根据 MODE、ISYM、THETA 和 CURVE 计算傅里叶系数 COEFF。
- EVAL：根据 COEFF、MODE、ISYM 和 THETA 计算傅里叶曲线 CURVE。

COEFF 是数组参数矢量名，存储傅里叶系数（用于 Oper = FIT 时，如果 Oper = EVAL 时作为输入参数）；MODE 是数组参数矢量名，包含傅里叶项的级数；ISYM 是数组参数矢量名，傅里叶项的对称性关键字，该矢量应当包含每一项的该关键字，取值如下：

- 0 或 1：对称（cosine）项。
- -1：非对称（sine）项。

THETA 和 CURVE 是数组参数矢量名，包含 THETA 与 CURVE 的对应关系描述，THETA 值必须按度进行输入，当 Oper=FIT 时，必须提供对应于 THETA 值的一条曲线的值；当 Oper = EVAL 时，将计算提供每个 THETA 值对应的曲线值。

11

APDL Math

APDL Math 是 13.0 版本以来 Mechanical APDL 模块中的重要功能发布，也是 ANSYS 走向开放的重要一步。APDL Math 扩展了 Mechanical APDL 软件的 APDL 脚本环境（本书中其他章节均是围绕标准 APDL 脚本环境进行阐述的），用于调用 Mechanical APDL 软件强大的矩阵运算功能和求解器。APDL Math 提供了访问.full、.emat、.mode、.sub 文件和其他来源文件的权限，用户可以读入、修改、写回文件或者直接调用求解器进行求解。这一功能极大地加强了标准 APDL 环境的向量和矩阵运算功能。APDL Math 同时具有对密集矩阵和稀疏矩阵进行操作的能力。

注意 APDL Math 和标准 APDL 脚本环境的差别在于，前者工作在独立于后者的工作空间中。标准 APDL 脚本环境的向量和矩阵可以导出到 APDL Math 工作空间中，同时也可以从 APDL Math 工作空间中导入。

APDL Math 的应用涉及以下几方面的内容：

- APDL Math 使用过程
- 矩阵和向量大小
- 提取复标量值
- 自由度排序
- 创建用户自定义超单元
- 矩阵运算使用建议
- APDL Math 实例

11.1 APDL Math 使用过程

APDL Math 使用包含 4 步：创建矩阵、矩阵读入到 APDL Math 工作空间、操作矩阵、使用矩阵。

1. 创建矩阵

矩阵和向量有 3 种创建方法：

- APDL 脚本中自定义矩阵和向量（*DIM、*SET 等）。
- 调用 Mechanical APDL 生成的矩阵和向量，即从先前求解或执行 WRFULL 命令后的.full、.emat、.sub、.mode 或.rst 文件中提取。
- 调用第三方的 Harwell-Boeing 和 Matrix Market 格式矩阵。

2. 矩阵读入到 APDL Math 工作空间

将创建好的密集矩阵、稀疏矩阵和向量分别使用 APDL Math 工作空间的*DMAT、*SMAT 和*VEC 命令进行读入。

3. 操作矩阵

用户可以使用*MULT 和*AXPY 进行线性矩阵运算来创建其他矩阵，也可以直接通过 APDL 表达式修改矩阵内容，例如 A(3,2)=6.4。

另外，用户可以按照如下步骤使用标准 APDL 运算改变矩阵：

（1）使用*EXPORT,,APDL 从 APDL Math 工作空间导出矩阵到标准 APDL 环境。

（2）使用标准 APDL 操作改变矩阵，例如*SET、*MOPER、*VFUN、*DO 等。

（3）使用*DMAT,,,IMPORT,APDL（或者*VEC,,,IMPORT,APDL）命令返回给 APDL Math 工作空间。

4. 使用矩阵

修改过的矩阵有 3 种使用方式：标准 APDL 环境、APDL Math 工作空间中进行求解、导出给第三方程序进行使用。

（1）标准 APDL 环境中使用：导出矩阵（*EXPORT,,SUB 命令）作为一个超单元，在分析中使用。

（2）APDL Math 工作空间中进行求解：使用*LSENGINE 识别求解器；使用*LSFACTOR 缩放矩阵；使用 LSSOLVE 求解未知量；使用*ITENGINE 命令采用 PCG 算法对摄动矩阵求解得到新的结果（可以用于参数和敏感性研究）。

（3）使用*EXPORT 命令导出 Harwell-Boeing 或 Matrix Market 格式矩阵给第三方程序使用。

11.2 矩阵和向量大小

APDL Math 工作空间自动生成并维护用户创建的向量和矩阵大小的参数。

- 对于一名为 MyMatrix 的矩阵，工作空间自动创建名为 MyMatrix_rowDim 和 MyMatrix_colDim 的参数，分别表示该矩阵的行、列维数。
- 对于由.full 文件导入的矩阵，工作空间自动创建名为 MyMatrix_NUMDOF 的参数，其中 NUMDOF 指每个节点的自由度数。
- 对于一个名为 MyVector 的向量，工作空间自动创建名为 MyVector_Dim 的参数，表示向量的维数。

在用户每次使用 APDL Math 工作空间中的命令对矩阵进行操作之后，这些参数被自动更新。

11.3 提取复标量值

可以分别使用*VEC 或*DMAT 命令来操作复向量或复密集矩阵的实部和虚部。一个复密集矩阵由一个 2D 复标量数组构成。它也可以用一个 3D 实数组来表示，如图 11-1 所示。

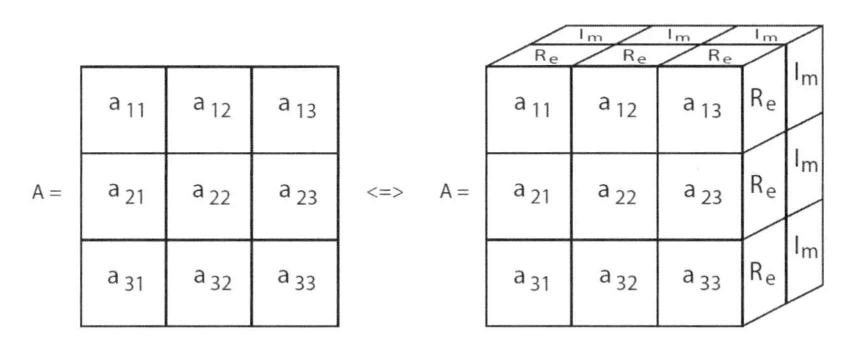

图 11-1 密集矩阵 A 的 2D 复标量数组和 3D 实数组表示

可以通过以下方式来访问复标量值：

（1）获取完整矩阵的实数项：

VAL_RE=A(i,j,1)

VAL_IM=A(i,j,2)

（2）重命名矩阵元素：

A(i,j,1)=3.5

A(i,j,2)=0.0

（3）访问复向量方法：

VAL_RE=V(i,1)

VAL_IM=V(i,2)

11.4 自由度排序

APDL Math 工作空间将整个有限元模型的自由度（DOFS）由 1 排至 n，其中 n 为系统总自由度数。Mechanical APDL 使用 3 种自由度排序方式：

- 基于用户节点编号的用户排序。例如，用户排序对应于在通用后处理器 POST1 中使用 PRNSOL,U 命令显示的节点编号。
- 基于节点编号压缩和网格重排的内部排序。内部排序用于优化软件对系统缓存的消耗。用户排序和内部排序的对应关系称为“节点等效表”（参见软件帮助文档中 Programmer's Manual 中关于二进制数据文件格式的描述）。

- 为减少求解时间和磁盘占用而进行的求解器排序（solver ordering）。约束、耦合、约束方程已经考虑到模型当中，所以这一排序也称为 BCS ordering，表示系统的独立自由度数。

因为由.full 文件导入的矩阵和载荷向量（*SMAT,,,FULL）使用求解器排序，所以操作这些矩阵时需要考虑内部排序到求解器排序间的映射关系。同时，由*LSBAC 命令计算的结果也是按照求解器排序。

实例 1：将.mode 文件中的振型、.rst 文件中的自由度解（内部排序）两个文件和.full 文件（求解器排序）一起使用时，需要按照如下命令统一转换为求解器排序：

```
*SMAT,Nod2Bcs,D,IMPORT,FULL,file.full,NOD2BCS    !导入映射向量
*DMAT,PhiI,D,IMPORT,MODE,file.mode               !导入模态振型
*MULT,Nod2Bcs,,PhiI,,PhiB                        !转换为求解器排序
```

实例 2：一次*LSBAC 求解之后，使用 NOD2BCS 选项将求解器排序转换为内部排序命令：

```
*MULT,Nod2Bcs,TRAN,Xbcs,,Xin
```

实例 3：从内部结果向量 Xint 中提取用户节点编号为 45232 的 Uz 向位移，需要使用前向节点映射向量将用户排序转换为内部排序，具体命令如下：

```
*VEC,MapForward,I,IMPORT,FULL,file.full,FORWARD
j = MapForward(45232)
UzVal = Xint((j-1)*NUMDOF + 3)                   !3 是 Uz 自由度编号
```

实例 4：将用户节点 672 上施加 FX 向力转换到 Fint 向量中，需要使用后向节点映射将内部节点排序转换为外部排序（用户排序），具体命令如下：

```
*VEC,MapBack,I,IMPORT,FULL,file.full,BACK
j = MapBack(672)
Fint((j-1)*NUMDOF + 1) = -1000
```

将改变后内部排序的矩阵转换为求解器排序，以便进行求解：

```
*MULT,Nod2Bcs,,Fint,,Fbcs
```

11.5 创建用户自定义超单元

用户向一个模型中添加定制行为的一种重要方式是使用超单元。APDL Math 允许用户导入、修改和创建超单元矩阵并将其导出为超单元.sub 文件用于后续分析。

APDL Math 可以直接导入.sub 文件或者 NASTRAN DMIG 文件。导入的矩阵可以使用 APDL 命令或者 APDL Math 运算进行修改，并将改过的矩阵导出为新的.sub 文件。

如果导出为 DMIG 格式超单元，则必须提供节点坐标。

从零开始创建.sub 文件，必须提供主自由度和节点编号等附加信息。具体做法是：首先，创建一个 m×2 维数组，其中 m 为主自由度数，第一列为主自由度节点号，第二列放入自由度变化；然后，将这个数组传递给*EXPORT,,SUB 命令。

实例：从零开始创建.sub 文件。

```
/prep7
!为.sub 文件提供坐标
N,11
N,12,1
!指定矩阵并赋值
*DMAT,myk,d,alloc,4,4
myk(1,1)=1.0
myk(2,2)=1.0
myk(3,3)=1.0
myk(4,4)=1.0
myk(1,3)=-0.5
myk(3,1)=-0.5
!指定行信息并赋值
*DMAT,rowinfo,i,alloc,4,2
rowinfo(1,1)=11,12,11,12            !节点
rowinfo(1,2)=1,2,1,2                !自由度
*PRINT,myk
*PRINT,rowinfo
!导出到.sub 文件
*EXPORT,myk,sub,mysub.sub,stiff,rowinfo,done
!列表显示超单元内容
SELIST,mysub,3
```

11.6 矩阵运算使用建议

使用 APDL Math 时应注意以下问题：

- APDL Math 不能直接修改稀疏矩阵，必须从 APDL Math 导出然后进行修改，具体步骤如下：
  - 将矩阵导出为 ASCII 格式（例如*EXPORT,,MMF）。
  - 编辑该文件。
  - 导回矩阵（*SMAT,,,IMPORT,MMF）。
- 当使用 APDL Math 运算时，一定要注意自由度排序问题。

11.7 APDL Math 实例

11.7.1 实例 1：模态分析之后验证模态振型的正交性

```
!进行标准模态分析
/SOLU
MODOPT,lanb,10
SOLVE
FINISH
!由.full 文件读取质量 M 和 Nod2Bcs 矩阵
*SMAT,MassMatrix,D,IMPORT,FULL,file.full,MASS
*SMAT,NodToBcs,D,IMPORT,FULL,file.full,NOD2BCS
!由.mode 文件读取模态振型
*DMAT,Phi,D,IMPORT,MODE,file.mode
!将模态振型转换为求解器排序
*MULT,NodToBcs,,Phi,,BCSPhi
!CREATE PhiTMPhi = (Phi)T*M*Phi
*MULT,MassMatrix,,BCSPhi,,APhi
*MULT,BCSPhi,TRANS,APhi,,PhiTMPhi
!打印矩阵，正确结果应为单位阵
*PRINT,PhiTMPhi,PhiTMPhi.txt
```

11.7.2 实例 2：由.full 文件读取矩阵和载荷向量并求解

```
!由.full 文件读取刚度阵
*SMAT,MatK,D,IMPORT,FULL,file.full,STIFF
!读取内部排序到求解器排序映射表：INTERNAL -> BCS
*SMAT,Nod2Bcs,D,IMPORT,FULL,file.full,NOD2BCS
!由.full 文件读取载荷向量
*DMAT,VecB,D,IMPORT,FULL,file.full,RHS
!通过复制 B 实现在求解排序下定位求解向量
*DMAT,VecX,D,COPY,VecB
!使用 BOEING 稀疏求解函数分解 A 矩阵
*LSENGINE,BCS,MyBcsSolver,MatK
*LSFACTOR,MyBcsSolver
 !求解线性系统方程
*LSBAC,MyBcsSolver,VecB,VecX
!将求解结果转换为内部排序数据
```

```
*MULT,Nod2Bcs,T,VecX,,XNod
!打印结果
*PRINT,XNod
!释放所有对象
*FREE,ALL
```

11.7.3 实例 3：完全法谐响应扫频分析

```
!由.full 文件读取刚度、质量和阻尼 3 个矩阵
*SMAT,MatK,D,IMPORT,FULL,file.full,STIFF
*SMAT,MatM,D,IMPORT,FULL,file.full,MASS
*SMAT,MatC,D,IMPORT,FULL,file.full,DAMP
!读取 FULL -> BCS 的映射表
*SMAT,Nod2Bcs,D,IMPORT,FULL,file.full,NOD2BCS
!由.full 文件读取载荷向量文件
*DMAT,VecB,Z,IMPORT,FULL,file.full,RHS
!通过复制 B 实现在求解排序下定位求解向量
*DMAT,XBcs,Z,COPY,VecB
C=3.E8        !光速

*DO,FREQ,1.E9,10.E9,1.E9        !按照给定频率参数进行循环
  /com,** FREQUENCY = %FREQ%
  w=2*3.14*FREQ/C              !计算 OMEGA (w)
  w2=w*w                       !w*w
  !形成复系统矩阵 A = K - w2*M + jw*C
  *SMAT,MatA,Z,COPY,MatK
  *AXPY,-w2,0.,MatM,1.,0.,MatA
  *AXPY,0.,w,MatC,1.,0.,MatA
  !使用 BOEING 方法分解矩阵 A
  *LSENGINE,BCS,MyBcsSolver,MatA
  *LSFACTOR,MyBcsSolver
  !求解线性系统方程
  *LSBAC,MyBcsSolver,VecB,XBcs
*ENDDO
*FREE,ALL
```

11.7.4 实例 4：由.full 文件进行非对称模态分析

```
!定义分析选项
/SOLU
ANTYPE,MODAL
```

```
MODOPT,UNSYM,10,-3
!从已存在的.full 文件中读取质量矩阵 M 和刚度矩阵 K
*SMAT,MatK,D,IMPORT,FULL,file.full,STIFF
*SMAT,MatM,D,IMPORT,FULL,file.full,MASS
!对于给定矩阵启动非对称算法进行求解
*EIGEN,MatK,MatM,EiV,EiM
*PRINT,EiV
FINISH
```

11.7.5 实例 5：由.hbmat 文件进行阻尼模态分析

```
!定义分析选项
/SOLUTION
ANTYPE,MODAL
MODOPT,DAMP,10
!从现有的 HBMAT ASCII 文件中读取刚度矩阵 K、质量矩阵 M 和阻尼矩阵 C
*SMAT,MatK,D,IMPORT,HBMAT,K.hbmat,ASCII
*SMAT,MatM,D,IMPORT,HBMAT,M.hbmat,ASCII
*SMAT,MatC,D,IMPORT,HBMAT,C.hbmat,ASCII
!对于给定矩阵启动阻尼算法进行求解
*EIGEN,MatK,MatM,MatC,EiV,EiM
*PRINT,EiV
FINISH
```

11.7.6 实例 6：由.sub 文件导入、修改并生成新的.sub 文件

```
!由.sub 文件加载刚度矩阵 K
*DMAT,MatK,D,IMPORT,SUB,file.sub,STIFF
*PRINT,MatK
!将矩阵输出为标准 APDL 数组
*EXPORT,MatK,APDL,MATKAPDL
!改变矩阵
MATKAPDL(1,1) = 5.0
!将修改的矩阵导回 APDL Math 工作空间
*DMAT,MatK,,IMPORT,APDL,MATKAPDL
!导出修改好的刚度阵到.sub 文件
*EXPORT,MatK,SUB,file.sub.STIFF
```

12

内部函数

APDL 提供了大量内部函数，它们对函数的自变量执行相应的运算并通过函数名返回一个函数值，如表 12-1 所示是可以调用的 ANSYS 函数汇总。

表 12-1　ANSYS 函数汇总

函数	说明
ABS(x)	返回 x 的绝对值，即 $\|x\|$
SIGN(x,y)	返回一个大小等于 x 的绝对值但取 y 正负符号的数值结果，当 y=0 时结果取正号
EXP(x)	返回 x 的指数值，即 e^x
LOG(x)	返回 x 的自然对数值，即 ln(x)
LOG10(x)	返回 x 的常用对数值，即 $\log_{10}(x)$
SQRT(x)	返回 x 的平方根值，即 $\sqrt{x}$
NINT(x)	返回 x 的整数部分
MOD(x,y)	返回 x / y 的余数部分，当 y=0 时返回 0
RAND(x,y)	返回一个 x～y 之间的随机数（x 为下限，y 为上限）
GDIS(x,y)	返回一个服从平均值为 x 且标准方差为 y 的正态分布的随机数
SIN(x) COS(x) TAN(x)	返回 x 的正弦、余弦及正切值，默认条件下 x 的单位为弧度，可用*AFUN 命令指定单位为度数
SINH(x) COSH(x) TANH(x)	返回 x 的双曲线正弦、余弦及正切值
ASIN(x) ACOS(x) ATAN(x)	返回 x 的反正弦、反余弦及反正切值；对于 ASIN 和 ACOS，x 必须在-1.0～+1.0 之间，默认返回弧度角度，可用*AFUN 命令指定返回度数角度；对于 ASIN 和 ATAN，返回值的范围在-pi/2～+pi/2 之间；对于 ACOS，返回值的范围在 0～pi 之间
ATAN2(y,x)	返回 y/x 的反正切值，默认输出的单位为弧度，返回值的范围在-pi～+pi 之间，可用*AFUN 命令返回度数结果

续表

函数	说明
VALCHR (CPARM)	返回 CPARM 的数字值，如果 CPARM 是一个数值则返回 0.0
CHRVAL (PARM)	返回数字参数 PARM 的字符值，小数位置数取决于数值大小
UPCASE (CPARM)	返回 CPARM 的大写字符串
LWCASE (CPARM)	返回 CPARM 的小写字符串

注意　在默认状态下，三角函数括号中的数值和三角函数返回值的单位采用弧度（RAD），如果需要换成度（DEG），必须利用*AFUN 命令将单位指定为度。

*AFUN 命令的使用格式如下：

```
*AFUN, Lab
```

其中，Lab 是指定角度单位的标识字，有以下 3 种取值：

- RAD：表示采用弧度为角度单位，是默认值。
- DEG：表示采用度为角度单位。
- STAT：表示报告当前采用的角度单位，即 DEG 或 RAD。

*AFUN 命令的等价菜单路径是 Utility Menu>Parameters>Angular Units，选择该菜单弹出如图 12-1 所示的角度单位设置对话框，参照命令解释设置选用的单位是 DEG 或 RAD。

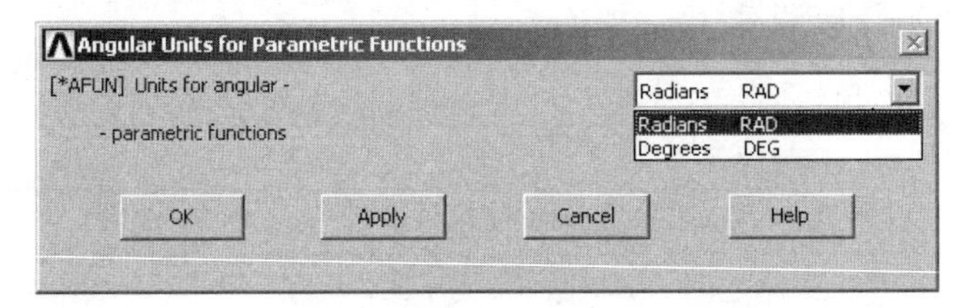

图 12-1　角度单位设置对话框

实例：一系列的函数应用。

```
Radius= LOG10(100)          !半径 Radius=2
PI=ACOS(-1)                 !圆周率 PI = -1 的反余弦值
L1=Radius*SIN(PI/4)         !正弦投影长度 L1
L2= Radius*COS(PI/4)        !余弦投影长度 L2
*AFUN,DEG                   !把角度的单位转换为度数
Theata=ATAN(L1/L2)          !THETA 等于 45 度
*AFUN,RAD                   !将角度单位转换为弧度
Str1='abcde'
Str2=UPCASE(Str1)           !Str2 = 'ABCDE'
```

13

流程控制

ANSYS 程序总是逐行执行命令，即按顺序逐条语句地执行命令。但是，有时也需要改变程序执行的顺序或者重复执行语句块等，这就需要一套控制程序流程的方法，APDL 提供的流程控制有以下几种：

- *GO 无条件分支
- *IF-*IFELSE-*ELSE-*ENDIF 条件分支
- *DO-*ENDDO 循环
- *DOWHILE 循环
- *REPEAT 重复一个命令，增加一个或多个命令参数

13.1 *GO 无条件分支

*GO 是最简单的分支命令，用来将程序流程转移到指定标识字所在行并执行后面的流程，中间跳过的所有命令行均不被执行。*GO 命令的使用格式如下：

*GO, Base

其中，Base 是无条件分支的动作，有以下两种：

- :label：以冒号（:）开头的标识字为最大长度包含 8 个字符的字符串，可以位于同一文件中的任何位置行。程序读取该命令行后，直接跳转到后边的第一个:label 标识字处。
- STOP：流程运行该行时将退出 ANSYS 程序。

注意

*GO 命令不能与条件分支和循环体混合使用，即不能从循环体或者条件分支中利用*GO 命令跳转出来执行其他流程。另外，一般情况下不鼓励使用*GO 命令，推荐使用条件分支命令来控制程序流程。

实例： 演示*GO 的用法。

```
…
*GO,:Branch1      !流程跳转到后边的第一个写有:Branch1 的命令行
```

```
…               !跳过（不执行）的命令行
:Branch1        !跳转目标行
…
*GO,STOP        !退出 ANSYS 程序
…
```

13.2 *IF-*IFELSE-*ELSE-*ENDIF 条件分支

APDL 可以有选择地执行多个语句块中的一个，通过比较两个数的值（或等于某数值的参数）来确定当前所满足的条件值。*IF 命令的使用格式如下，[]中值域表示可以不输入（下面该写法的意义与此处相同，不再声明）：

*IF, VAL1, Oper1, VAL2, Base1 [, VAL3, Oper2, VAL4, Base2]

VAL1 是比较的第一个数值（或数字参数）。

Oper1 是比较运算符：

- EQ：等于（VAL1=VAL2）。
- NE：不等于（VAL1 ≠ VAL2）。
- LT：小于（VAL1<VAL2）。
- GT：大于（VAL1>VAL2）。
- LE：小于或等于（VAL1≤VAL2）。
- GE：大于或等于（VAL1≥VAL2）。
- ABLT：绝对值小于。
- ABGT：绝对值大于。

VAL2 是比较的第二个数值（或数字参数）。

Base1 是第一个条件（Oper1）为真时执行的操作，如果后面没有第二个条件（Oper2）则 Base1=THEN；如果后面有第二个条件（Oper2）则 Base1 取下列值，从而将两个条件组合成一个更复杂的条件：

- AND：表示 Oper1 与 Oper2 条件同时为真时结果为真。
- OR：表示 Oper1 与 Oper2 至少一个为真时结果为真。
- XOR：表示 Oper1 与 Oper2 都为假时结果为真。

VAL3 是比较的第三个数值（或数字参数）。

Oper2 是比较运算符，与 Oper1 一样但用于比较 Val3 和 Val4。

VAL4 是比较的第四个数值（或数字参数）。

Base2 是两个条件（Oper1 与 Oper2）为真时执行的操作，Base2=THEN。

在上面的*IF 命令用法说明中，将 Base1 或 Base2 变量赋值为 THEN，*IF 命令就成为 IF-THEN-ELSE 条件结构的起始行。一个完整的 IF-THEN-ELSE 条件结构的一般形式如下：

…

*IF 命令行　　　!起始行
…　　　　　　　!*IF 命令行条件为真时执行的命令行
第一个*ELSEIF 命令行
…　　　　　　　!第一个*ELSEIF 命令行条件为真时执行的命令行
其他第二、三或者更多个*ELSEIF 命令行
…　　　　　　　!其他第二、三或者更多个*ELSEIF 命令行条件为真时执行的命令行
一个可选项*ELSE 命令
…　　　　　　　!跳过（不执行）的命令行
*ENDIF 命令行　!结束行
…

下面补充说明 IF-THEN-ELSE 条件结构中其他各命令的用法。*ELSE 命令与*ENDIF 命令不带任何输入参数，直接使用，这里不做说明。*ELSEIF 命令的使用格式如下：

*ELSEIF, VAL1, Oper1, VAL2 [, Base1, VAL3, Oper2, VAL4]

其中的输入参数意义与*IF 命令相同，只需要比较值域，最后一个 Base 即 Base1 或 Base2 不再需要。

一个完整的 IF-THEN-ELSE 条件结构中，所有的比较条件判断中只有一个为真并执行属于它的语句块，假如所有比较条件都不为真则执行*ELSE 命令后的程序体。如图 13-1 所示是一个 IF-THEN-ELSE 条件结构的实例。

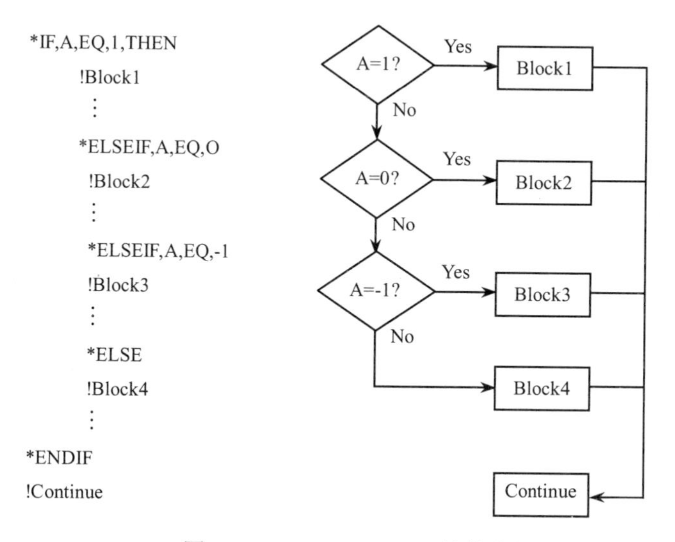

图 13-1　IF-THEN-ELSE 结构举例

一个完整的 IF-THEN-ELSE 条件结构的最简单形式如下，表示只有一个条件。如果条件为真则执行包含的语句块，否则跳过并执行*ENDIF 命令的下一条语句：

…
*IF 命令行　　　　!起始行
…　　　　　　　　!*IF 命令行条件为真时执行的命令行

```
*ENDIF 命令行          !结束行
…
```

另外，*IF 命令判断比较的条件值若为真则转向 Base 变量所指定的标识字处。这类似于 FORTRAN77 中的 Computed goto（一套完整的*IF 命令能实现其他编程语言中 CASE 语句相同的功能）。注意，不要在 IF-THEN-ELSE 结构或 DO 循环中利用无条件转移语句将程序流跳到带标识字的行。如果将 Base 变量赋值为 STOP，在特定条件满足时可以退出 ANSYS。

注意

可以在 IF-THEN-ELSE 结构中执行/CLEAR 命令。/CLEAR 命令不会清除*IF 堆栈，*IF 各层的数目仍然保留。必须用*ENDIF 来结束分支。同时，要记住/CLEAR 命令会删除所有的参数，包括在分支命令中使用的任何参数。为避免由于删除参数而引发问题，可以在/CLEAR 命令前运行/PARSAV 命令，然后在/CLEAR 命令后立刻运行/PARRES 命令。

实例 1：IF-THEN-ELSE 条件结构与嵌套用法。

在该实例中，程序设计原理是根据 nkp 的取值状态确定究竟是画矩形、长方形、圆形、环形还是画正多边形。读者可以改变 nkp 的值，例如测试输入 1、2、-1、0、8 和 20 时分别执行该段程序，结合判断条件观察运行的结果。

测试程序如下：

```
FINISH
/CLEAR

nkp=1                       !测试输入 1、2、-1、0、8 和 20 观察运行结果
/prep7
*IF,nkp,EQ,1,THEN           !nkp=1 时画一个长方形
  BLC4,0,0,10,5
*ELSEIF,nkp,EQ,2            !nkp=2 时画一个圆形
  CYL4,0,0,5
*ELSE                       !nkp=其他值时
  *IF,nkp,GE,0,THEN         !nkp≤0 时画环形
    CYL4,0,0,5, ,3
  *ELSE                     !nkp≥3 时画一个边数等于 nkp 的正多边形
    RPR4,nkp,0,0,5,0
  *ENDIF
*ENDIF
```

实例 2：组合条件用法。

在该实例中，程序设计原理是根据 A1 与 A2 的取值状态联合确定究竟是画矩形（A1=1 且 A2≠1）、圆形（A1≠1 且 A2=1）、矩形与圆形（A1=1 且 A2=1）还是画正多边形（其他情况 A1 与 A2 的取值）。读者可以改变 A1 与 A2 的值，当它们分别取值 1 时或者其他数值时进

行任意组合，测试出 4 种可能性的结果。

测试程序如下：

```
FINISH
/CLEAR

A1=1            !测试 A1=1 或者其他数值
A2=0            !测试 A2=1 或者其他数值
/prep7
*IF,A1,EQ,1,AND,A2,EQ,1,THEN      !A1=1 且 A2=1 时画一个圆形和矩形
    BLC4,0,0,5,10
    CYL4,5,0,5
*ELSEIF,A1,EQ,1,AND,A2,NE,1       !A1=1 且 A2≠1 时画一个矩形
    BLC4,0,0,5,10
*ELSEIF,A1,NE,1,AND,A2,EQ,1       !A1≠1 且 A2=1 时画一个圆形
    CYL4,5,0,5
*ELSE                             !其他 A1 与 A2 的取值时画一个正六多边形
    RPR4,10,0,0,5,0
*ENDIF
```

13.3 *DO-*ENDDO 循环

DO 循环按指定的次数循环执行一系列命令。*DO 命令和*ENDDO 命令分别是循环体的开始行和结束行的标识字。一个完整 DO-ENDDO 结构的一般形式如下：

```
…
*DO 命令行          !起始行
…                   !循环语句块
*ENDDO 命令行       !结束行
…
```

或者 DO-ENDDO 结构结合 IF-THEN-ELSE 条件结构，利用*EXIT 与*CYCLE 命令实现跳出循环和跳到下一个循环。此时，一般形式如下：

```
…
*DO 命令行          !起始行
…
*IF…THEN
    …
*ELSEIF…
*CYCLE              !结束当前循环过程，直接进入下一个循环过程
```

```
*ELSE
    *EXIT                  !跳出循环体，执行*ENDDO命令行的下一行命令
*ENDIF
…
*ENDDO 命令行          !结束行
…
```

*DO 命令的使用格式如下：

```
*DO, Par, IVAL, FVAL, INC
```

其中，Par 是循环控制变量，只能是数值型变量；IVAL、FVAL 和 INC 分别是循环控制变量的起始值、终止值与步长，INC 缺省时为 1。

另外，在构造 DO 循环时，必须遵循以下原则：

- 不要利用带有:Label 分支语句的*IF 或*GO 命令跳出 DO 循环结构。
- 不要在 DO 循环结构中用:Label 将程序流跳到另外一行语句，而是用 IF-THEN-ELSE-ENDIF 结构来实现。
- 在 DO 循环结构中，第一次循环后自动禁止命令结果输出；如果想得到所有循环的结果输出，在 DO 循环结构中使用/GOPR 或/GO（无响应行）语句。
- 在 DO 循环结构中使用/CLEAR 命令要特别小心。/CLEAR 命令不会清除 DO 循环堆栈，但是它会删除所有的参数，包括在本身的*DO 语句中的循环参数。为避免由此引发的循环值未定义的问题，可以在/CLEAR 命令前运行/PARSAV 命令，然后执行/CLEAR 命令和/PARRES 命令。

实例 1：利用循环创建关键点和它们之间的连线。

读者可以改变 nkp 的赋值，重新运行测试并观察结果变化。程序命令流如下：

```
FINIAH
/CLEAR

nkp=20                    !圆环上的关键点数目
/PREP7
CSYS,1                    !激活总体柱坐标系
*DO,J,1,nkp
    K,J,10,J*360/nkp,0    !创建nkp个关键点，半径为10，夹角为360/nkp度
*ENDDO

*DO,J,1,nkp-1
LSTR,J,J+1                !依据编号依次创建关键点之间的连线
*ENDDO
LSTR,nkp,1
LPLOT
```

当 nkp=20 时实例 1 运行的结果如图 13-2 所示。

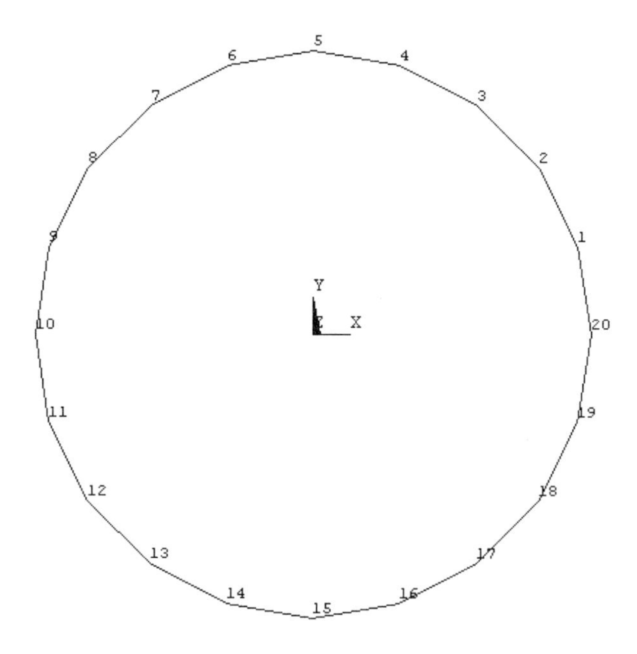

图 13-2 由 20 个关键点连线组成的圆

实例 2：如果 ANSYS 环境中已经有一个有限元网格模型，则可以提取模型中所有节点的编号，提取顺序是从小到大。

程序命令流如下：

```
NSEL,ALL                          !选取所有节点
*GET,n-total,NODE,,COUNT          !提取节点的总数并存入变量 n-total
*DIM,nnum,ARRAY, n-total          !定义节点编号记录数组 nnum(n-total,1,1)
*GET,nnum(1),NODE,,NUM,MIN        !提取节点中的最小编号
*DO,J,2, n-total
nnum(J)=NDNEXT(nnum(J-1))         !依次提取下一个较大节点编号
*ENDDO
```

13.4 *DOWHILE 循环

除上面介绍的 DO-ENDDO 循环之外，还可以执行另外一种循环功能：重复执行循环体，直到外部控制参数发生改变为止。*DOWHILE 命令的使用格式如下：

```
*DOWHILE,Parm
```

其中，Parm 是循环判断条件，如果 Parm 为真则执行下一次循环，如果 Parm 为假（小于或等于 0.0）则循环终止。

*CYCLE和各命令都可以用在*DOWHILE 循环体中。

13.5　*REPEAT 重复一个命令

*REPEAT 命令是最简单的循环命令，它按指定的循环次数重复执行上一条命令，并且命令中的参数可以按固定增量递增。*REPEAT 命令的使用格式如下：

*REPEAT, NTOT, VINC1, VINC2, VINC3, VINC4, VINC5, VINC6, VINC7, VINC8, VINC9, VINC10, VINC11

其中，NTOT 是命令重复执行的次数，该数目包括初始执行，所以必须是大于 2 的整数；VINC1～VINC11 是命令的第 1 到第 11 个参数在每次循环时的增量，即每次循环命令参数会按指定数值增加。

实例：利用循环创建环形分布的节点，然后创建它们之间的杆单元。

读者可以改变 nnode 的赋值，重新运行测试并观察结果变化。程序命令流如下：

```
FINIAH
/CLEAR

nnode=6                                 !圆环上的节点数目
/PREP7
ET,1,LINK8                              !定义杆单元
R,1,0.1                                 !定义杆单元的实常数

MP,EX,1,2E11                            !定义材料属性
MP,NUXY,1,0.3

CSYS,1                                  !激活总体柱坐标系
N,1,10,360/( nnode-1),0                 !创建 nnode 个节点，分布在半径
                                        !为 10 夹角为 360/ nnode 度的圆上
*REPEAT, nnode,1,0, 360/ nnode,0        !重复执行 N 命令 nnode 次

TYPE,1
REAL,1
MAT,1
E,1,2                                   !依据编号依次创建关键点之间的连线
*REPEAT,nnode-1,1,1                     !重复执行 E 命令 nnode-1 次
E, nnode,1

/ESHAPE,1.0                             !打开单元截面形状
EPLOT
```

当 nnode =6 时实例运行的结果如图 13-3 所示。

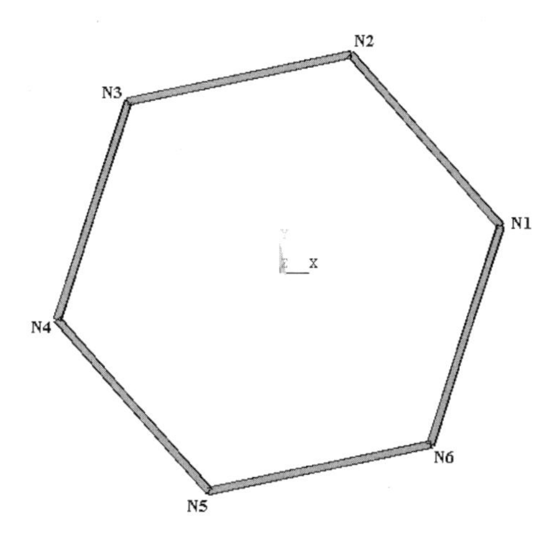

图 13-3 由 6 个节点连成的六个杆单元

在实例中，首先利用 N 命令定义节点 1，然后利用*REPEAT 命令重复 N 命令，节点编号增量设置为 1，X、Y 和 Z 坐标的增量分别设置为 0、360/nnode 和 0，重复的次数是 nnode，这样就定义了 nnode 个节点。同理，第一个 E 命令定义节点 1 和 2 之间的杆单元，其后的*REPEAT 命令重复执行 E 命令 nnode-1 次，并且每次起始节点与终止节点编号增量分别为 1，即总共生成 nnode-1 个单元，每个单元的起始与终止节点编号分别是：1-2，2-3，3-4，4-5，…，(nnode-2)-(nnode-1)。

注意

大多数以斜线（/）或星号（*）开头的命令，以及扩展名不是.mac 的宏都不可以重复调用。但是，以斜线（/）开头的图形命令可以重复调用。同时，要避免对交互式命令使用*REPEAT 命令，诸如那些需要拾取或需要用户响应的命令。

13.6 流程控制命令快速参考

对于上面介绍的流程控制功能，表 13-1 进行了总结，关于这些命令的完整描述请参阅 ANSYS 命令参考手册（ANSYS Commands Reference）。

表 13-1 流程控制命令汇总

APDL 命令	作用	用法提示
*DO	定义循环开始，在*DO 之后与*ENDDO 之前的命令将被反复执行，直到满足循环控制条件为止	①命令格式为：*DO,Par,IVAL,FVAL,INC，其中 Par 是循环控制标量参数；IVAL 和 FVAL 是参数 Par 的初始值和最终值；INC 为每循环一次 IVAL 的增量 ②可以通过*IF 命令来控制循环 ③ANSYS 允许最多嵌套 20 层的 DO 循环，但是包含/INPUT、*USE 或“未知命令”宏的 DO 循环只能支持较少的嵌套层数，因为这些命令导致在文件内部发生切换

续表

APDL 命令	作用	用法提示
*DO	定义循环开始，在*DO 之后与*ENDDO 之前的命令将被反复执行，直到满足循环控制条件为止	④在 DO 循环中，只能从同一个文件或键盘中读取*DO、*ENDDO、*CYCLE 和*EXIT 命令 ⑤在 DO 循环中不要包含拾取操作 ⑥在 DO-LOOP 结构中使用/CLEAR 命令要特别小心。/CLEAR 命令不会清除 DO-LOOP 堆栈，但是它会删除所有的参数，包括*DO 语句本身的循环控制参数。为避免由此引起的循环值未定义的问题，可以在/CLEAR 命令前运行/PARSAV 命令，然后接着/CLEAR 命令运行/PARRES 命令
*ENDDO	结束一个 DO 循环，并开始下一个循环	对每一个嵌套的 DO 循环都要有一个*ENDDO 命令。一个循环的*ENDDO 和*DO 命令必须在同一个文件中
*CYCLE	当执行 DO 循环时，ANSYS 程序跳过在*CYCLE 和*ENDDO 之间的所有命令，只要在下一次循环之前执行它	①可以有条件地使用 CYCLE 选项（通过*IF 命令） ②*CYCLE 命令必须和*DO 命令处于同一文件中，并且在*ENDDO 命令之前
*EXIT	退出 DO 循环	该命令执行*ENDDO 命令之后的下一行，一个循环的*EXIT 和*DO 命令必须在同一个文件中，可以有条件地使用 EXIT 选项（通过*IF 命令）
*IF	按条件执行命令	①命令格式为：*IF,VAL1,Oper,Val2,Base，其中 VAL1 是比较的第一个数值（或数字参数）；Oper 是比较运算符：EQ（等于）、NE（不等于）、LT（小于）、GT（大于）、LE（小于或等于）、GE（大于或等于）、ABLT（绝对值小于）或 ABGT（绝对值大于）；VAL2 是比较的第二个数值（或数字参数） ②若比较的结果为真，则执行 Base，若为假，则执行下一条语句。Base 可能为：:label（跳到以标识字 label 开头的语句处）、STOP（跳出 ANSYS 程序）、EXIT（跳出当前的 DO 循环）、CYCLE（跳到当前 DO 循环的结束处）、THEN（构造 IF-THEN-ELSE 结构） ③*IF 程序体最多可嵌套 10 层 ④不能在 DO 循环或 IF-THEN-ELSE 结构中跳到某个:label 行 ⑤可以在 IF-THEN-ELSE 结构中执行/CLEAR 命令。/CLEAR 命令不会清除*IF 堆栈，*IF 层的数目仍然保留。必须用*ENDIF 来结束逻辑分支。同时，要记住/CLEAR 命令会删除所有的参数，包括在分支命令中使用的任何参数。为避免由于删除参数而引发问题，可以在/CLEAR 命令前运行/PARSAV 命令，然后在/CLEAR 命令之后运行/PARRES 命令

续表

APDL 命令	作用	用法提示
*ENDIF	终止 IF-THEN-ELSE 结构	*IF 和*ENDIF 命令必须处于同一文件中
*ELSE	在 IF-THEN-ELSE 结构中生成最后一个可选择的程序体	*ELSE 和*ENDIF 命令必须处于同一文件中
*ELSEIF	在 IF-THEN-ELSE 结构中生成一个可选择的中间程序体	①命令格式为：*ELSEIF,VAL1,Oper,VAL2，其中 VAL1 是比较的第一个数值（或数字参数）；Oper 是比较运算符：EQ（等于）、NE（不等于）、LT（小于）、GT（大于）、LE（小于或等于）、GE（大于或等于）、ABLT（绝对值小于）或 ABGT（绝对值大于）；VAL2 是比较的第二个数值（或数字参数） 如果 Oper=EQ 或 NE，VAL1 和 VAL2 可以是字符串（括在单引号中）或参数 ②*IF 和*ELSEIF 命令必须处于同一文件中

14

宏文件与宏库

如图 14-1 所示是宏文件和宏库的相关菜单系统。

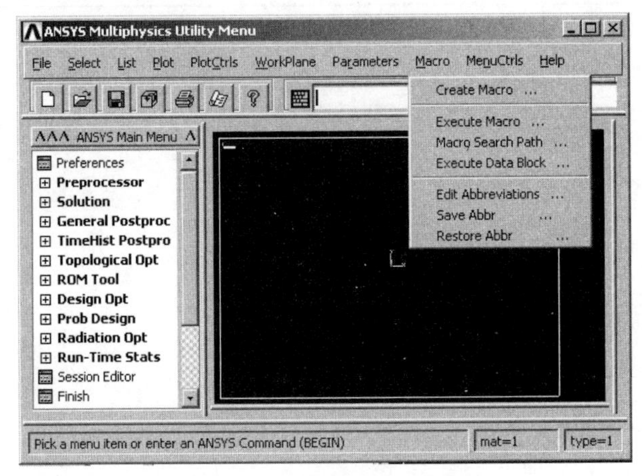

图 14-1　宏操作菜单系统

14.1　APDL 宏及其功能

宏是包含一系列 ANSYS 命令并且后缀为 MAC 或 mac 的命令文件。宏文件往往记录一系列频繁使用的 ANSYS 命令序列，实现某种有限元分析或其他算法功能。宏文件在 ANSYS 中可以当作自定义的 ANSYS 命令进行使用，可以带有宏输入参数，也可以有内部变量，同时在宏内部可以直接引用总体变量。除了执行一系列的 ANSYS 命令之外，宏还可以调用 GUI 函数或把值传递给参数。

宏文件可以相互嵌套、相互调用，一个宏能调用第二个宏，第二个宏能调用第三个宏等。宏文件允许最多嵌套 20 层，其中包括由 ANSYS 命令/INPUT 执行任何文件读入操作。每次嵌套的宏执行完毕后，ANSYS 程序的控制权仍回到前一个宏之下。

宏文件可用系统文本编辑器或从 ANSYS 程序内部进行创建，可以包括 APDL 特性的任何内容，如参数、重复功能、分支等。

在 ANSYS 内部建立宏时，用户指定拷贝程序命令集到一个特定的文件，当宏被建立时它们自动地存储在用户目录中，然后可以利用它重复执行包含在宏中的命令序列。

在一个分析中使用宏的数目没有限制，每个宏同样能用于其他分析。常用的宏可成组地放入宏库文件，并可单独在任何 ANSYS 中运行使用。宏最显而易见的用法之一是简化重复的数据输入。例如，模型表面的几个洞建立网格需要相同的创建网格命令，建模时对每个洞都必须重复使用建立网格所必需的一串命令，而用户可以建立一个创建网格命令的宏，当每个洞要建网格时用户可以指示程序重复调用宏文件。其他类型的应用也是免去重复的命令输入。用户还可以在宏中放置 ANSYS 的拾取命令（如 N、P 等）。

在宏命令中，还可以用*ASK 命令定义参数，这个命令可根据用户说明信息提示参数值。*ASK 命令在自动分析方面特别有效，自动分析中一些基本参量（如尺寸、材料特性）在每个设计中常常各不相同。

在宏内普遍使用的一个 APDL 特性（而且可以用于任何读入 ANSYS 的文件）是*MSG 命令，该命令允许将参数和用户提供的信息写入用户可控制的有一定格式的输出文件，这些信息可以是一个简单的注释、一个警告、一个错误信息，甚至是一个致命的错误信息（后面两项可能引起运行终止），这就允许用户在 ANSYS 内部创建特定的报告或产生可用外部程序读取的格式输出文件。

ANSYS 程序提供了几个预先写好的宏，如自适应网格划分宏命令、动画宏命令。其他一些宏由用户根据需要制定。

实例：一个简单的宏文件，首先创建一个尺寸为 4×3×2 的长方体和一个半径为 1 的球体，然后从长方体的一个角处减去球体。

宏文件的内容如下：

```
/PREP7
/VIEW,,-1,-2,-3
BLOCK,,4,,3,,2      !创建长方体
SPHERE,1            !创建球
VSBV,1,2            !从长方体的一个角处减去球体
FINISH
```

如果将该宏文件存储为 MyFirstMarcro.mac，则可以用下列 3 种方式调用该宏文件，从而执行上述命令流：

- *USE, MyFirstMarcro
- MyFirstMacro（当作命令执行）
- /INPUT,' MyFirstMarcro ',,,,0

14.2 宏文件命名规则

宏文件的文件名不能与已经存在的 ANSYS 命令同名，否则 ANSYS 执行的将是内部的命

令而不是宏。下面是宏文件名必须遵循的规则：

- 文件名不能超过 32 个字符。
- 文件名不能以数字开头。
- 文件扩展名不能超过 8 个字符（只有扩展名为.mac 的宏才能当作 ANSYS 命令被执行）。
- 文件名或文件扩展名中不能包含空格。
- 文件名或文件扩展名不能包含任何被当前文件系统禁止使用的字符。为了保证具有更好的移植性，还不能包含任何被 UNIX 或 Windows 文件系统禁止使用的字符。

为了确保没有使用 ANSYS 命令名，在创建宏之前应该试着像运行 ANSYS 命令一样运行准备赋给宏的名称。如果 ANSYS 返回如图 14-2 所示的消息，就可以确信在当前处理器中没有该命令。为安全起见，应该在每次计划要用到宏的处理器中都检查一下宏文件的名称。也可以检查宏文件名是否与在线文档中的某个命令名相同，但是该方法不能查找不在文档中的命令。

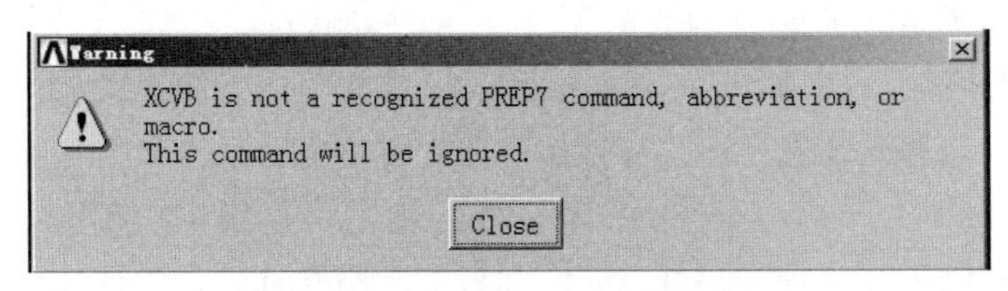

图 14-2　执行未知命令的结果消息框

若使用.mac 作为扩展名，ANSYS 将和执行内部命令一样执行该宏。扩展名.mac 用于 ANSYS 内部的宏，建议用户不要使用。

14.3　宏搜索路径

当宏文件存储成后缀为.mac 的文件时，ANSYS 将按下列顺序在这些默认路径中搜索用户创建的宏文件：

（1）.../ansys_inc/v140/ansys/apdl 目录。

（2）由 ANSYS_MACROLIB 环境变量指定的路径或注册路径（主目录）。该环境变量在 ANSYS 安装和配置指南（ANSYS installation and configuration guide）中针对 Windows 和 UNIX 系统均有详细说明。

（3）/PSEARCH 命令及其等价菜单路径 Utility Menu>Macro>Macro Search Path 指定的宏文件存储路径，如图 14-3 所示的对话框显示指定宏存储路径为 D:\Temp。

（4）由$HOME 环境变量指定的路径。

（5）当前的工作路径。

建议读者在实际应用过程中，把仅供自己使用的宏放在自己的根目录下，而将任意位置都需要访问的宏放在/ansys_inc/v140/ansys/apdl 目录中或者由 ANSYS_MACROLIB 环境变量指定的目录中。

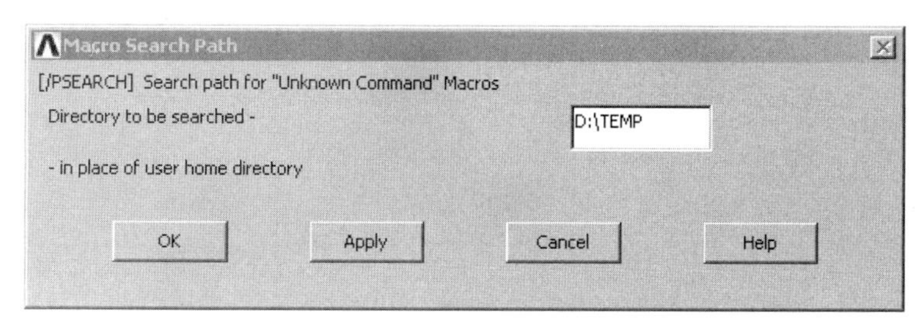

图 14-3 /PSEARCH 命令指定宏搜索路径对话框

14.4 创建宏文件的方法

在 ANSYS 中有 4 种创建宏文件的方法：

（1）在输入窗口（Input Window，如图 14-4 所示）中执行*CREATE 命令创建宏文件。参数的值不确定，直接将参数名写入宏文件中。

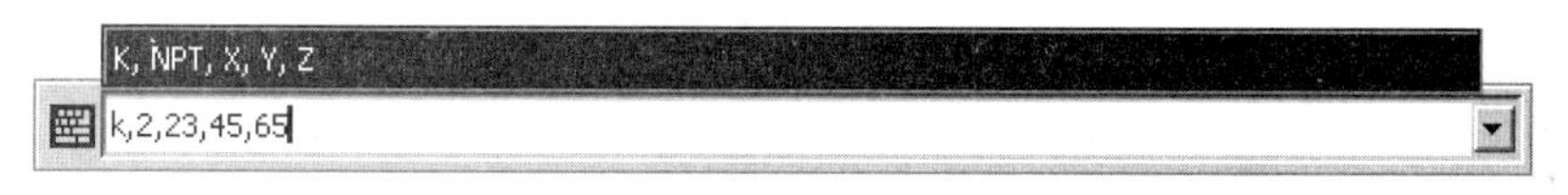

图 14-4 ANSYS 输入窗口（Input Window）

（2）使用*CFOPEN、*CFWRITE 和*CFCLOS 命令创建宏文件。参数名被其当前值取代，并将这些具体值写入宏文件中。

（3）在输入窗口中执行/TEE 命令创建宏文件。该命令将一系列的命令写入宏文件，同时执行这些命令。当命令在当前 ANSYS 进程中执行时，参数名才被其当前值替代，但是在创建的宏文件中参数值是不确定的，即仍然记作参数名。

（4）选择菜单路径 Utility Menu>Macro>Create Macro 创建宏文件。该方法打开一个简单的可执行有限行命令的编辑对话框来创建宏。参数的值不确定，直接将参数名写入宏文件中。

14.4.1 使用*CREATE 创建宏文件

执行*CREATE 命令后，ANSYS 将输入窗口中输入的命令输出到*CREATE 命令指定的文件中，直到执行*END 命令时为止。如果已经存在一个和指定宏文件名同名的文件，ANSYS 程序将覆盖该文件。*CREATE 命令的使用格式如下：

```
*CREATE, Fname, Ext
```

其中，Fname 是文件名和路径（包括路径名最多 250 个字符长度），如果不指定路径名，将默认为当前的工作目录，这时 250 个字符允许全部为文件名；Ext 是文件扩展名（最多 8 个字符长度），一般建议使用 mac 为扩展名，生成的宏文件可以当作 ANSYS 的命令使用。

实例 1：创建一个名为 matprop1.mac 的宏文件，用于定义 1 号材料的材料特性。

在 ANSYS 输入窗口中依次输入下列命令流，每输入一行命令执行一次回车，执行的结果是在当前工作目录中生成一个宏文件 matprop1.mac。

```
*CREATE,matprop1,mac
```

```
/PREP7
MP,EX,1,2.07E11
MP,NUXY,1,.27
MP,DENS,1,7835
MP,KXX,1,42
*END
```

运行结果生成宏文件 matprop1.mac，内容如下：

```
/PREP7
MP,EX,1,2.07E11
MP,NUXY,1,.27
MP,DENS,1,7835
MP,KXX,1,42
```

实例 2：同理创建一个名为 matprop2.mac 的宏文件，用于定义 2 号材料的材料特性。

在 ANSYS 输入窗口中依次输入下列命令流，比较生成宏文件 matprop2.mac 与实例 1 中生成的宏文件 matprop1.mac 之间的差别，读者会发现*CREATE 创建的宏文件是直接将命令所带的参数写入宏文件。

```
EX_mat=2.07e11
NUXY_mat=0.27

*CREATE,matprop2,mac
/PREP7
MP,EX,2, EX_mat
MP,NUXY,2, NUXY_mat
MP,DENS,2,7835
MP,KXX,2,42
*END
```

运行结果生成宏文件 matprop2.mac，内容如下：

```
/PREP7
MP,EX,2, EX_mat
MP,NUXY,2, NUXY_mat
MP,DENS,2,7835
MP,KXX,2,42
```

在实际工作中，往往将主分析程序命令流及其调用的宏文件放在一个更大的分析文件中，对于每个需要调用的宏文件都放在主程序之前并利用*CREATE 命令进行创建，然后是主分析流程的命令流。这样做的好处是，只需要一个文件就可以实现全部分析，便于存档和拷贝使用。下面的实例 3 就是针对一个分析项目所最常用的方法实例。

实例 3：利用*CREATE 命令创建一系列宏文件，然后调用它们构成一个主分析流程。

以下是该实例应用的宏文件 create_macro.mac 所包含的全部命令流：

```
!*************************************************
!创建一系列的宏文件
!*************************************************
*CREATE,Define_Mat,mac    !创建宏文件 1：Define_Mat.mac
/PREP7
MP,EX,1, EX_mat
MP,NUXY,1, NUXY_mat
MP,DENS,1,7835
MP,KXX,1,42
FINISH
*END

*CREATE,Create_Block,mac    !创建宏文件 2 ：Create_Block.mac
/PREP7
/VIEW,,-1,-2,-3
BLOCK,,WX,,WY,,WZ
FINISH
*END

!*************************************************
!进行主分析流程
!*************************************************
FINISH
/CLEAR
/FILNAM, create_macro        !指定工作文件名为 create_macro

EX_mat=2.07e11
NUXY_mat=0.27
Define_Mat                   !调用 Define_Mat.mac 定义材料属性

WX=10
WY=3
WZ=4
Create_Block                 !调用 Create_Block.mac 创建长方体

/PREP7
```

```
ET,1,SOLID45

ESIZE,1            !定义单元尺寸为 1
VMESH,ALL          !划分单元网格
EPLOT
SAVE               !存储数据库文件
FINISH
```

14.4.2 使用*CFWRITE 创建宏文件

可以多次利用*CFWRITE 命令逐个将命令写入提前用*CFOPEN 命令打开的宏文件中，直到执行*CFCLOS 命令关闭打开的宏文件时为止。在输入窗口输入的命令中，只有以*CFWRITE 命令开头的命令行才会被写入*CFOPEN 命令打开的宏文件中，而其他输入的命令即使运行也不写入*CFOPEN 命令打开的宏文件中。该方法特别适合于在宏运行期间把 ANSYS 命令写入某个文件中去，其他时候比较少使用它。*CFWRITE 命令的使用格式如下：

*CFWRITE, Command

其中，Command 是命令名及其参数，即一个完整命令行的字符串，如*CFWRITE, A = 5。

*CFOPEN 命令的使用格式如下：

*CFOPEN, Fname, Ext, --, Loc

其中，Fname 是文件名和路径（包括路径名最多 250 个字符长度），如果不指定路径名，将默认为当前的工作目录，这时 250 个字符允许全部为文件名，另外默认的文件名是当前的工作名 Jobname；Ext 是文件扩展名（最多 8 个字符长度），如果 Fname 为空则扩展名默认为 CMD；--是不需要定义的值域；Loc 是确定覆盖已经存在的同名文件还是向同名文件中追加信息：

- (blank)：即为空，表示覆盖已经存在的同名文件。
- APPEND：表示向同名文件中追加信息。

*CFCLOS 命令的使用格式就是命令本身，不需要带任何值域，表示关闭前面*CFOPEN 命令刚打开的文件。

实例：创建一个名为 matprop3.mac 的宏文件，用于定义 1 号材料的材料特性。

在 ANSYS 输入窗口中依次输入下列命令流，比较生成宏文件 matprop3.mac 与 14.4.1 节中实例 2 所生成的宏文件 matprop2.mac 之间的差别，读者会发现*CFWRITE 命令创建宏文件时将命令所带的参数用其赋值代替，并将参数的实际值写入文件中，最后写入文件中的内容与 14.4.1 节中实例 1 所生成的宏文件 matprop1.mac 内容一样。

```
EX_mat=2.07e11
NUXY_mat=0.27


*CFOPEN,matprop3,mac
*CFWRITE,MP,EX,1, EX_mat
*CFWRITE,MP,NUXY,1, NUXY_mat
```

```
*CFWRITE,MP,DENS,1,7835
*CFWRITE,MP,KXX,1,42
*CFCLOS
```

运行结果生成宏文件 matprop3.mac，内容如下：

```
MP,EX,1,2.07E+11
MP,NUXY,1,0.27
MP,DENS,1,7835
MP,KXX,1,42
```

14.4.3　使用/TEE 创建宏文件

利用/TEE 命令可以将输入窗口中输入的 ANSYS 命令重定向输出到指定的文件中，同时执行这些命令，直到执行/TEE,END 命令时为止。/TEE 命令的使用格式如下：

```
/TEE, Label, Fname, Ext
```

其中，Label 是/TEE命令的操作标识字，有以下 3 种：

- NEW：表示新创建一个命令记录文件，向其中添加命令行，如果这个文件存在则覆盖它。
- APPEND：表示打开一个命令记录文件，向其中追加命令行。
- END：表示结束 NEW 或 APPEND 操作，关闭命令记录文件。

Fname 是文件名和路径（包括路径名最多 250 个字符长度）。如果不指定路径名，将默认为当前的工作目录，这时 250 个字符允许全部为文件名。

Ext 是文件扩展名（最多 8 个字符长度），一般建议使用 mac 为扩展名，生成的宏文件可以当作 ANSYS 的命令使用。

随着命令在当前 ANSYS 进程中执行，参数名将被其当前值所替代，但是在创建的文件中写入的仍然是参数名而不是参数值。如果参数的当前值很重要，可以利用PARSAV命令将参数存储到指定的文件中。

实例：利用/TEE命令创建一个名为 matprop4.mac 的宏文件，用于定义 1 号材料的材料特性。

在 ANSYS 输入窗口中依次输入下列命令流：

```
/TEE,NEW, matprop4,mac
EX_mat=2.07e11
NUXY_mat=0.27
/TEE,END


/TEE,APPEND, matprop4,mac
/PREP7
MP,EX,1, EX_mat
MP,NUXY,1, NUXY_mat
MP,DENS,1,7835
```

```
MP,KXX,1,42
/TEE,END
```

运行结果生成宏文件 matprop4.mac，内容如下：

```
*SET,EX_mat,2.07e11
*SET,NUXY_mat,0.27
/PREP7
MP,EX,1, EX_mat
MP,NUXY,1, NUXY_mat
MP,DENS,1,7835
MP,KXX,1,42
```

14.4.4　使用菜单 Utility Menu>Macro>Create Macro 创建宏文件

选择菜单路径 Utility Menu>Macro>Create Macro 弹出如图 14-5 所示的创建宏文件编辑对话框，在 Macro file name 文本框中输入宏文件名，单击 Browse 按钮可以指定 Macro file name 宏文件存储的目录，在 Enter commands to be included in macro 文本框中依次输入命令行，然后单击 OK 或者 Apply 按钮即可创建一个宏文件。

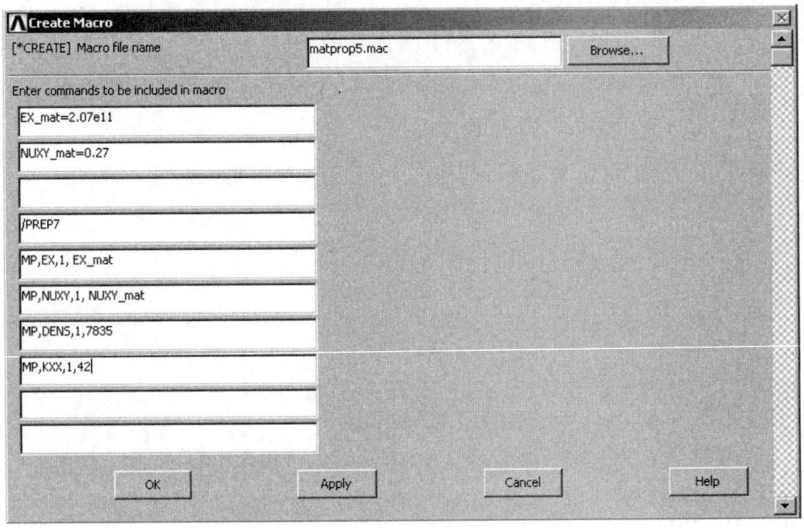

图 14-5　菜单创建宏对话框

实例：利用该菜单路径在当前工作目录中创建一个名为 matprop5.mac 的宏文件，用于定义 1 号材料的材料特性，matprop5.mac 包含的命令流如下：

```
EX_mat=2.07e11
NUXY_mat=0.27

/PREP7
MP,EX,1, EX_mat
```

MP,NUXY,1, NUXY_mat

MP,DENS,1,7835

MP,KXX,1,42

那么，参照图 14-5 所示输入即可实现创建 matprop5.mac 宏文件。如果当前工作目录中已经存在 matprop5.mac，则会被覆盖掉。

14.4.5 用文本编辑器创建宏文件

读者可以用任何偏爱的文本编辑器来创建或编辑宏文件，同时要求 ANSYS 宏中的各行均以 UNIX 或 Windows 行结束符（回车换行或换行符）来终止，无论在哪种平台上创建的宏最后都可以在各种平台上运行。该方法不但可以直接编辑宏文件，同时也经常用来编辑 ANSYS 的 log 文件，其过程是：首先利用交互图形界面系统执行各种操作，ANSYS 自动记录菜单操作对应的命令流，然后利用 Utility Menu>List>Files>Log file 打开 Log File 文件内容列表，将关心的命令流选中，按住 Ctrl+C 键复制选中的命令流到剪贴板中，再在打开的文本编辑器中按住 Ctrl+P 键粘贴已复制的命令流，最后进行编辑并存储成宏文件。

实例：利用 Windows 的记事本创建宏 matprop6.mac，包含 14.4.4 节中实例一样的命令序列。打开 Windows 的记事本，键入 14.4.4 节中实例一样的命令序列如图 14-6 所示，然后存储成宏文件 matprop6.mac。

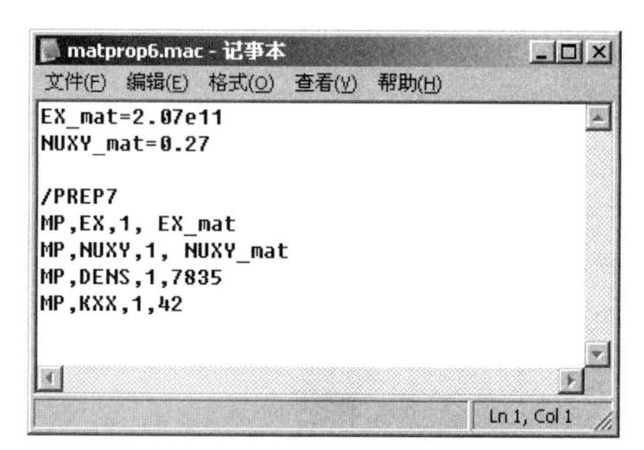

图 14-6 在 Windows 的记事本中编辑创建宏 matprop6.mac

14.5 宏的局部变量

在宏文件内部，APDL 在一般情况下定义变量和数组都是全局变量，定义之后直至执行删除操作或者退出 ANSYS 程序为止一直存在于 ANSYS 的内存中，任何菜单操作、命令流文件或者宏文件中都可以使用它们。但是，APDL 还提供了两套特殊命名的变量参数用作宏的局部变量，它们只能用在宏文件中，其生命周期与宏运行周期完全相同，即只有调用宏时才会引用宏局部变量，当宏运行结束时这些局部变量会从内存中消失。这两种宏局部变量是：宏命令行的输入变量和宏文件的内部变量。

14.5.1 宏命令行的输入变量

宏可以当作 ANSYS 的命令，此时宏命令可以具有 19 个变量，它们分别表示宏的 19 个输入参数，在宏文件中可以直接引用这 19 个变量，从而实现将宏命令输入行的变量参数传入宏文件中。这 19 个宏输入变量参数只能在每个宏文件内部使用，随着宏的调用而存在于宏的进程中，随着宏的退出而从内存中消失。因此，所有宏都可以使用这 19 个宏输入变量。

19 个宏输入变量参数名依次为 ARG1～ARG9 和 AR10～AR19，它们可以输入以下意义的值：

- 数值
- 文字或者数字组成的字符串（括在单引号中，最多 8 个字符）
- 数字或字符参数
- 参数表达式

注意 如果用*USE 命令调用宏，则只能将从 ARG1 到 AR18 的参数值传递到宏中。将宏（扩展名为.mac）当作 ANSYS 命令进行等价运行时，则可以将从 ARG1 到 AR19 的参数的值传递到宏中。

实例：利用*CREATE 命令创建两个宏文件 Define_Mat.mac 和 Create_Block.mac，Define_Mat.mac 利用输入变量 ARG1、ARG2 和 ARG3 分别传入材料的弹性模量、泊松比和密度，Create_Block.mac 利用输入变量 ARG1 、ARG2 和 ARG3 分别传入创建长方体的宽、高和厚尺寸。然后，在主运行程序中调用这两个宏，并且通过输入变量将所需的参数值传递到宏文件中，实现参数化的主分析流程。以下所有命令流存储成一个宏文件，名称为 Macro_input.mac（读者可以对比研究 14.8 节中的实例）：

```
!************************************************
!创建两个宏文件
!************************************************
*CREATE,Define_Mat,mac          !创建宏文件 1：Define_Mat.mac
/PREP7
MP,EX,1, ARG1
MP,NUXY,1, ARG2
MP,DENS,1,ARG3
MP,KXX,1,42
FINISH
*END

*CREATE,Create_Block,mac        !创建宏文件 2 ： Create_Block.mac
/PREP7
/VIEW,,-1,-2,-3
```

```
BLOCK,,ARG1,,ARG2,,ARG3
FINISH
*END

!**************************************************
!主分析命令流
!**************************************************
FINISH
/CLEAR
/FILNAM,Macro_input              !指定工作文件名为 Macro_input

Define_Mat, 2.07e11, 0.27,7835   !调用 Define_Mat.mac 定义材料属性
Create_Block,10,3,4              !调用 Create_Block.mac 创建长方体

/PREP7
ET,1,SOLID45

ESIZE,1                          !定义单元尺寸为 1
VMESH,ALL                        !划分单元网格
EPLOT
SAVE                             !存储数据库文件
FINISH

*STAT                            !列表显示变量，ANSYS 系统中没有任何变量
```

14.5.2 宏内部使用的局部变量

宏内部使用的局部变量，顾名思义就是只能在宏文件内部才有效的局部变量，调用宏时这些变量就存在，退出宏时会自动从内存中清除。内部使用的局部变量最多有 79 个变量参数，它们分别是从 AR20 到 AR99 的变量。注意，在宏嵌套中，这 79 个参数也不会互相传递，不能相互实现参数共享或传递。

实例：利用*CREATE 命令创建一个计算阶乘的通用宏 factorial.mac，其中利用 ARG1 作为宏命令行输入变量将阶乘数值传递进宏文件中，利用 AR20 作为宏内部变量，用作控制 DO 循环数目的循环变量。然后，在主运行程序宏 Macro_in.mac 中调用宏 factorial.mac 分别计算 20！和 99！。宏 Macro_in.mac 的内容如下：

```
!**************************************************
!创建阶乘通用计算宏 factorial.mac
```

```
!**************************************************
*CREATE, factorial,mac        !创建阶乘通用计算宏 factorial.mac
output_fact=1
*DO, AR20,1,ARG1
    output_fact =output_fact* AR20
*ENDDO
*END

!**************************************************
!主分析命令流
!**************************************************
FINISH
/CLEAR
/FILNAM, Macro_in             !指定工作文件名为 Macro_in

factorial,20                  !调用宏 factorial.mac 计算 20!
FACT20=output_fact

factorial,99                  !调用宏 factorial.mac 计算 99!
FACT99=output_fact

output_fact=
*STAT                         !列表显示变量，ANSYS 系统中只有变量 FACT20 和 FACT99
```

14.6 运行宏

在前面的许多实例中运行宏文件都是将宏文件当作 ANSYS 的等价命令方式进行，即对于后缀为 mac 的宏文件可以当作 ANSYS 的命令对待，在 ANSYS 命令输入窗口中直接输入即可。

第二种运行宏文件的方法是，选择菜单 Utility Menu>Macro>Execute Macro 来运行扩展名为 mac 的宏。选择该菜单弹出如图 14-7 所示的执行宏对话框，在 Name of macro to be executed 文本框中输入宏文件名（允许带路径），ARG1～ARG9 和 RA10～AR17 分别是宏文件输入变量的值（如果没有输入变量则不需要输入），然后单击 OK 或者 Apply 按钮。

第三种运行宏文件的方法就是宏嵌套调用方法，直接在宏文件中执行带输入参数的宏命令（参见 14.7 节），该方法实质上与将宏当作命令在命令输入窗口中输入的用法完全一致。

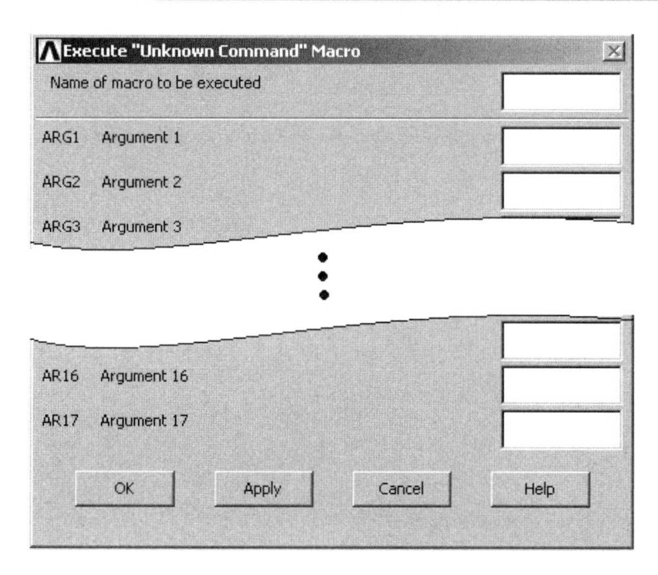

图 14-7 执行宏对话框

第四种运行宏文件的方法是，通过*USE 命令来运行任何宏文件。*USE 命令的使用格式如下：

*USE, Name, ARG1, ARG2, ARG3, ARG4, ARG5, ARG6, ARG7, ARG8, ARG9, AR10, AR11, AR12, AR13, AR14, AR15, AR16, AR17, AR18

其中，Name 是调用的宏文件名（有时需要指定文件路径），必须是以字母开头的字符串，最大长度为 32 个字符，用于指定将要运行的宏或者宏库文件中的宏。

ARG1～ARG9 和 AR10～AR18 是宏的输入变量参数。

注意

*USE 命令调用的宏文件名一般应当包括路径名、文件名和扩展名 3 部分，如果宏文件在系统设置的搜索路径中则可以不需要路径名（如下面的实例），但至少包括文件名和扩展名两部分。如果*USE 命令后仅填写宏名称，而没有扩展名，那么 ANSYS 认为该宏为*ULIB 指定宏库文件中的宏，则必须在执行*USE 命令之前首先利用*ULIB 命令指定宏库文件。

实例：下面是宏文件 use_macro.mac 的内容，它首先创建宏文件 My_Block.mac，然后在主分析流程中利用*USE 命令来运行宏文件 My_Block.mac。

```
!*************************************************
!创建宏文件 My_Block.mac
!*************************************************
*CREATE,My_Block,mac                !创建宏文件 My_Block.mac
/VIEW,,-1,-2,-3
BLOCK,,ARG1,,ARG2,,ARG3
*END
```

```
!***********************************************
!主分析命令流
!***********************************************
FINISH
/CLEAR
/PREP7
*USE, My_Block.mac,10,3,4        !调用 Create_Block.mac 创建长方体
!My_Block,10,3,4                 !宏当作命令时调用 Create_Block.mac 创建长方体
SAVE                             !存储数据库文件
FINISH
```

14.7 宏嵌套：在宏内调用其他宏

宏嵌套就是在宏文件中调用其他宏命令，APDL 允许最多嵌套宏 20 层，宏嵌套用法与 FORTRAN 77 中的 CALL 语句或函数调用功能相似。同时，嵌套调用宏时最多可以向调用宏中传递 19 个输入变量（参见 14.5.1 节），每个嵌套的宏运行完毕后程序的进程自动返回给调用该宏的上一层。14.5.1 节与 14.5.2 节中的实例都是宏嵌套调用宏的实例。

实例：下面的命令流是宏文件 marco_call.mac 的全部内容，首先创建宏 mysphere.mac，然后在主程序中调用 mysphere.mac 来生成一个球体。

```
!***********************************************
!创建球体的宏 mysphere.mac
!***********************************************
*CREATE,mysphere,mac
SPHERE,ARG1
*END

!***********************************************
!主分析命令流
!***********************************************
FINISH
/CLEAR
/FILNAM, marco_call          !指定工作文件名为 Macro_in

/PREP7
/VIEW,,-1,-2,-3
mysphere,2                   !嵌套调用宏文件，同时传入宏输入参数
```

14.8 使用宏库文件与运行宏库中的宏

ANSYS 允许把一批宏放到一个文件中，并称之为宏库文件。由于宏库文件要比单独的宏长得多，所以使用文本编辑器是一个更好的选择。宏库文件没有明确的文件扩展名，并且文件的命名规则与宏文件一样。其中，每个宏的开始处都有一个宏名（有时也被称为数据块名），并以一个/EOF 命令结束。宏库文件可以放在系统中的任何地方，为方便起见最好放在宏的搜索路径中。与宏文件不一样，宏库文件可以有任何扩展名，最多包括 8 个字符。

宏库文件具有如下结构：

```
MACRO_NAME1        !创建宏块 1
…
…
…
/EOF
MACRO_NAME2        !创建宏块 2
…
…
…
/EOF
MACRO_NAME3        !创建宏块 3
…
…
…
/EOF
…                  !创建其他宏块
…
…
```

一旦创建了一个宏库文件，就可以在宏文件中调用存储在其中的宏块。运行宏库中宏的方法是：首先，利用*ULIB 命令指定库文件（例如，要运行存储在/temp/路径处的 mymacros.mlib 文件中的宏，则先指定库文件引用的宏库文件：*ulib,mymacros,mlib,/myaccount/macros/）；然后，利用*USE 命令来运行任何包含在该库中的宏，与调用非宏库文件的用法完全一样，也可以带输入变量参数。注意，在执行*ULIB 命令后，不能用*USE 命令去访问没有包含在指定宏库文件中的宏。*ULIB命令的使用格式如下：

```
*ULIB, Fname, Ext, --
```

其中，Fname 是文件名和路径（包括路径名最多 250 个字符长度），如果不指定路径名，将默认为当前的工作目录，这时 250 个字符允许全部为文件名，另外默认的文件名是当前的工作名 Jobname；Ext 是文件扩展名（最多 8 个字符长度）；--是不需要定义的值域。

实例：首先，利用文本编辑器创建宏库文件 macro.mlib，其中包含两个宏块 Define_Mat 和 Create_Block，分别实现定义材料属性和创建长方体；然后，创建一个主程序宏文件 main.mac，在其中调用宏库文件中的这两个块实现主分析流程；最后，在 ANSYS 中运行 main.mac。宏库文件 macro.mlib 内容如下：

```
Define_Mat                          !宏块 1：Define_Mat
MP,EX,1,ARG1
MP,NUXY,1,ARG2
MP,DENS,1,7835
MP,KXX,1,42
/EOF
Create_Block                        !宏块 2：Create_Block
/VIEW,,-1,-2,-3
BLOCK,,ARG1,,ARG2,,ARG3,
/EOF
```

主分析宏文件 main.mac 的命令流如下：

```
FINISH
/CLEAR
/FILNAM,main                        !指定工作文件名为 main

/PREP7
ET,1,SOLID45
*ULIB,macro,mlib                    !指定宏库文件，后面可以调用其中包含的宏
*USE,Define_Mat,2E11,0.3            !调用 Define_Mat.mac 定义材料属性
*USE,Create_Block,10,3,4            !调用 Create_Block.mac 创建长方体
ESIZE,1                             !定义单元尺寸为 1
VMESH,ALL                           !划分单元网格
EPLOT
SAVE                                !存储数据库文件
FINISH
```

14.9　在宏中使用组和组件

利用 APDL 进行参数化有限元分析时，建议用户不要直接利用各种对象的编号进行操作，最好利用其他选择功能，如位置选择、关联选择、所属关系选择、属性选择等进行选择，然后对当前集中的所有对象进行操作。但是，对于大模型或者需要反复对部分对象进行重复性操作时，建议将需要进行不同操作的对象选择出来后编成不同的组件（包含相同类型对象的组件，

即 Component)，如节点、单元、关键点、线、面或体等的组件；然后再进一步编成组集（包含不同类型对象的组件构成的复杂组集，即 Assembly)。一旦创建了组件和组集，就可以将它们当作操作对象进行直接操作，相当于对组件或者组集中的每个对象进行操作。如表 14-1 所示为组件和组集操作的命令。

表 14-1 组件和组集操作的命令

命令	描述
CM	创建包含某种类型几何对象的组
CMDELE	删除一个组件或组
CMEDIT	编辑一个已经存在的组件，当下层的实体或组件被删除时，ANSYS 程序自动更新组件
CMGRP	将组件和组合并到某组件中
CMLIST	列出某个组件或组包含的实体
CMSEL	选择组件和组中的实体生成子集

实例：通过组件功能实现体与体之间的减法运算。

```
FINISH
/CLEAR

/VIEW,1,-0.5, -0.7, -0.5
/ANG, 1,-65
/PREP7
BLOCK,,10,,10,,10,          !创建块体 1
BLOCK,,-10,,10,,10,         !创建块体 2
CM,VBASE,VOLU               !将创建的块体 1 与 2 创建一个体的组件 VBASE

VSEL,NONE                   !将所有体不选中，即当前没有任何体选中
SPH4, , ,4                  !创建球体
CM,VSUB,VOLU                !将创建的球体创建一个体的组件 VSUB

VSEL,ALL                    !选中所有体
VSBV, VBASE, VSUB           !组件 VBASE 减去组件 VSUB
```

14.10 加密宏文件

ANSYS 的宏文件是可读性很好的逐行解释性语句，只要是熟悉 ANSYS 的用户都可以彼此共享，不存在任何保密性。APDL 提供宏加密功能，可以将宏源代码加密成不可识别的加密

宏代码，同时需要解密匙才能运行。解密匙可以明确地放在宏文件（可读的 ASCII 文件）中，也可以由用户在 ANSYS 中设置为一个全局解密匙。

14.10.1 准备加密宏

在加密宏之前，先要创建和调试宏，然后在宏的第一行和最后一行分别加一个/ENCRYPT 命令。在宏的第一行加的/ENCRYPT 命令的格式如下：

```
/ENCRYPT,Encryption_key,File_name,File_ext,Directory_Path/
```

其中，Encryption_Key 是一个 8 个字符的密码；File_name 是加密宏文件名的名称；File_ext 是可选项，表示加密宏文件的文件扩展名，若扩展名为 mac，该宏就可以像命令一样使用了；Directory_Path/是可选项，表示目录路径，最多可包含 60 个字符。如果不想把加密宏文件放到主目录中，就必须用到该参数。注意，路径名的最后一个字符必须是“/”（Windows 系统中为“\”），否则最后的目录名会加到文件名中。

实例：加密宏时/ENCRYPT 命令在宏顶部和底部的使用方法。

```
/ENCRYPT,mypasswd,myenfile,mac,macros/
/NOPR
/PREP7
/VIEW,,-1,-2,-3
BLOCK,,ARG1,,ARG2,,ARG3
SPHERE,ARG4
VSBV,1,2
/GOPR
FINISH
/ENCRYPT
```

宏顶部的/ENCRYPT 命令指示 ANSYS 给文件加密，并用字符串“mypasswd”作为解密匙。以上程序命令流将生成一个名为 myenfile.mac 的加密宏，并放在主目录下的/macros 子目录中。底部的/ENCRYPT 命令指示 ANSYS 停止加密，并把加密宏写到指定文件中。

加密宏在第二行用/NOPR 命令来禁止把 ANSYS 命令写到日志文件中。如果不想让用户从日志文件中读到宏的内容，这个方法是很有效的。在最后的/ENCRYPT 命令之前最好执行/GOPR 命令以重新激活日志记录。

14.10.2 生成加密宏

如上节所述，在宏的顶端和底部加上/ENCRYPT 命令后，只需在 ANSYS 中运行该宏，就生成了加密宏。加密宏使用的名称和存储路径由该宏顶端的/ENCRYPT 命令指定。14.10.1 节中的实例加密宏最后显示内容如下：

```
/DECRYPT,mypasswd
013^Z,^%
```

```
02x^0Se|Lv(yT.6>?
03J3]Q_LuXd3-6=m+*f$k]?eB
04:^VY7S#S>c>
05daV;u(yY
06T]3WjZ
/DECRYPT
```

注意 现在宏中的命令就被加密了，加密内容包括在两个/DECRYPT 命令之间。解密匙就是第一个/DECRYPT 命令所带的参数。

14.10.3 运行加密宏

只要把加密宏放在宏搜索路径中即可和运行其他宏一样运行。如果希望在宏文件中不带解密匙就运行加密宏，可以在 ANSYS 中定义该解密匙为一个“全局解密匙”：用参数 PASSWORD 代替/DECRYPT 命令中的解密匙参数。这样，加密宏的第一行变成/DECRYPT,PASSWORD。在运行该宏之前，通过 ANSYS 的命令输入行执行以下命令：

```
/DECRYPT, password,Encryption_Key
```

其中，Encryption_Key 为用于加密文件的解密匙。

现在就可以运行加密代码了。要删除当前总体解密匙，则执行下面的 ANSYS 命令：

```
/DECRYPT,password
```

15

定制用户化图形交互界面

在一个 ANSYS 宏中，用户可以通过多种方法定制各种 ANSYS 图形用户界面（GUI）或者调用 ANSYS 已经有的图形用户界面，极大地丰富了宏的使用手段，使宏与使用者实现交互对话机制。下面是宏中可以使用的几种图形交互用法，在后面的章节中将对它们进行详细的讲解。

- 单参数输入对话框
- 多参数输入对话框
- 调用 ANSYS 程序已有的对话框
- 宏中实现拾取操作
- 程序运行进度对话框
- 宏运行的消息机制
- 定制工具条按钮与缩写

15.1 单参数输入对话框

在宏文件中包含*ASK 命令，则弹出一个提示输入某个变量参数的赋值对话框，用于提示用户输入某个物理意义参数的赋值，并等待键盘的输入响应，可以是括在单引号中的含 1～8 个字符的字符串、数值、字符变量或者数值的表达式等。*ASK 命令的使用格式如下：

*ASK,Par,Query,DVAL

其中，Par 是参数名称，用于存储用户输入数据的标量参数；Query 是向用户提示输入信息的字符串，最多可包含 54 个字符，但不要使用具有特殊意义的字符，如“$”或“!”；DVAL 是用户用空响应时程序自动赋给该参数的默认值，该值可以是括在单引号中的含 1～8 个字符的字符串、数值、字符变量或者数值的表达式等。如果不赋值而直接单击按钮则赋默认值，用户用空格响应时则表示删除该参数。

实例：用参数化方法创建一个中心位于坐标原点、半径等于 Radius_Sphere 的球。

每次执行该宏文件都会弹出如图 15-1 所示的提示输入球半径尺寸 Radius_Sphere 的对话框，图示在输入文本框中键入半径大小 10，当不输入任何数值时则采用默认值 1，单击 OK 按钮则相当于给 Radius_Sphere 赋值，然后 SPHERE 命令引用 Radius_Sphere 的赋值创建球体。宏文件命令流如下：

```
FINISH
/CLEAR


/PREP7
*ASK, Radius_Sphere,Input the Radius of Sphere,1        !*ASK 命令提示输入变量
SPHERE,Radius_Sphere                                    !参数化创建球体
```

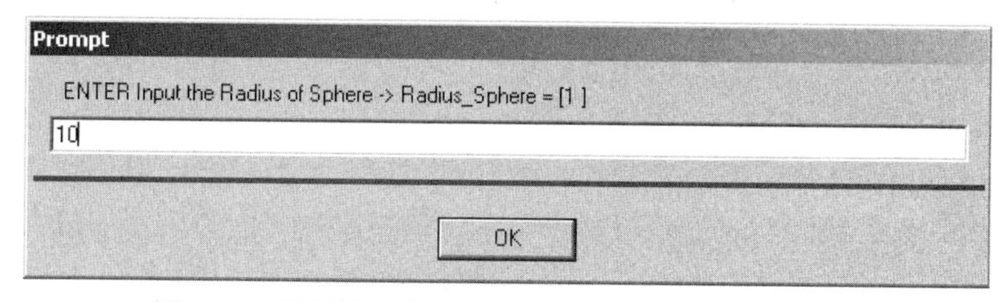

图 15-1　提示输入球半径尺寸 Radius_Sphere 的对话框

15.2　多参数输入对话框

有时需要输入的参数不只一个而是多个，则需要使用 MULTIPRO 命令构造一个简单的多行提示对话框，一次最多可以包含 10 个参数的输入提示和赋值。该命令允许使用 UIDL 中的 *CSET 命令来产生提示，并为每个提示指定默认值。MULTIPRO 命令必须与以下命令联合使用：

- 1～10 个*CSET 命令。
- 最多两个*CSET 命令，用来供用户填写提示信息内容。

MULTIPRO 命令的使用格式如下：

```
MULTIPRO,'start',Prompt_Num
*CSET,Strt_Loc,End_Loc,Param_Name,'Prompt_String',Def_Value
MULTIPRO,'end'
```

其中，'start'是第一个参数，该标识字用于标识 MULTIPRO 结构的开始，固定不变且必须括在单引号中；Prompt_Num 是一个整型数，等于 MULTIPRO 命令行后的*CSET 参数输入提示行的数目，至少有一个*CSET 命令省略了 Def_Value 参数或 Def_Value 设为 0 时才必须用到该参数；Strt_Loc 和 End_Loc 是初始化参数提示信息的起始与终止位置参数，对于第一个*CSET 命令的设置是 Strt_Loc 参数的初始值为 1，End_Loc 的值为 Strt_Loc+2（对第一个*CSET 命令，值为 3），接下来的*CSET 命令的 Strt_Loc 是前一个*CSET 命令的 End_Loc+1，其他类推；Param_Name 是参数名，用来存储用户输入的参数值，若用户不输入任何值，则采用缺省

Def_Value 的值，即默认值；'Prompt_String'是字符串，最多可包含 32 个字符，用来描述参数的意义，必须括在单引号中，往往用作提示信息；'end'是最后一个参数，该标识字用于标识 MULTIPRO 结构的结束，固定不变且必须括在单引号中。

多参数输入语句块在运行时弹出一个多参数输入对话框，其中包含 3 个按钮：OK、Cancel 和 Help，Help 按钮目前还不能使用。在运行过程中，选择哪个按钮要通过检查对话框按钮_BUTTON 参数的值来确定按钮的状态。下面是_BUTTON 参数的取值及其对应的按钮状态：

- _BUTTON=0：表示按下了 OK 按钮。
- _BUTTON=1：表示按下了 Cancel 按钮。

利用按钮_BUTTON 参数的值可以编写选择不同按钮时程序应当做出的不同操作，即可实现不同的流程，保证宏文件具有完整的分析处理流程。

另外，该参数输入对话框最多可以向该结构中添加两行字符（共 64 个字符），用来提示*CSET 命令。这种特殊的*CSET 命令的使用格式如下：

```
*CSET,61,62,'Help_String','Help_String'
*CSET,63,64,'Help_String','Help_String'
```

其中，'Help_String'是最多可包含 32 个字符的字符串。如果提示超过 32 个字符，可以使用第二个 Help_String 参数。

实例：下列宏是利用多参数输入对话框分别输入材料的弹性模量、泊松比和密度大小，然后自动定义 1 号材料属性。运行该宏文件时程序弹出如图 15-2 所示的对话框，读者分别执行下列测试，然后选择菜单 Utility Menu>List>Properties>All Materials 观察定义的材料属性的变化：

- 不进行任何修改，全部采用默认值，单击 OK 按钮。
- 修改其中的赋值大小，单击 OK 按钮。
- 修改其中的赋值大小，单击 Cancel 按钮。

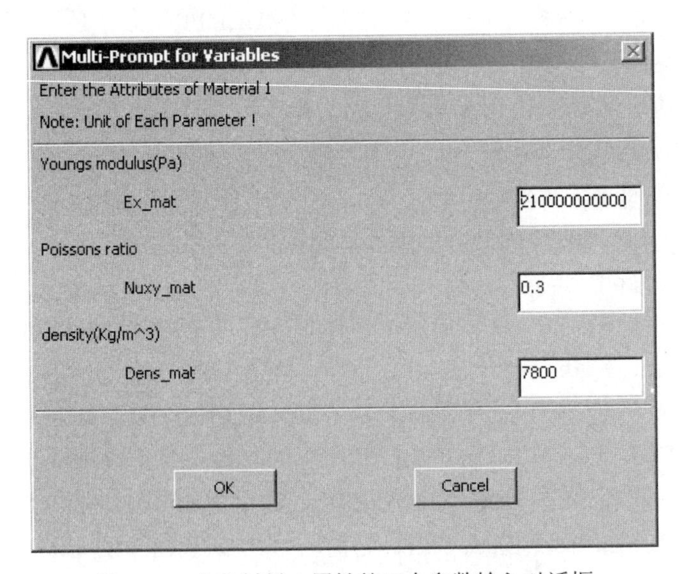

图 15-2　定义材料 1 属性的三个参数输入对话框

该实例中宏文件包含的命令流如下：

```
FINISH
/CLEAR

/PREP7
MULTIPRO,'start',3              !多参数输入对话框
    *cset,1,3,Ex_mat,'Youngs modulus(Pa)',2.1E11
    *cset,4,6, Nuxy_mat,'Poissons ratio',0.3
    *cset,7,9, Dens_mat,'density(Kg/m^3)',7800
    *cset,61,62,'Enter the Attributes of ',' Material 1'
    *cset,63,64,'Note: Unit of Each Parameter !',' '
MULTIPRO,'end'

MP,EX,1, Ex_mat                 !定义 1 号材料属性
MP,NUXY,1, Nuxy_mat
MP,DENS,1, Dens_mat

MPLIST,ALL,,,EVLT               !列表显示材料属性
```

15.3 调用 ANSYS 程序已有的对话框

在宏文件中，ANSYS 程序如果碰到一个对话框 UIDL 函数名（如 Fnc_UIMP_Iso）时，就会显示对应的对话框。所以，可以通过在宏中把该函数名写为单独的一行来调用 ANSYS 程序已有的对话框，关闭弹出对话框后程序继续执行宏的下一行命令。在调用 ANSYS 程序已有的对话框时要记住，许多对话框都有一个独立的关联号，包括激活有效的处理器和该对话框有效时应当具备的条件等。例如，调用拾取节点对话框，必须首先定义有节点，如果节点不存在单击对话框中的 OK 或者 Apply 按钮时会导致宏运行失败。

注意 如果宏中包含有 GUI 函数，则该宏中的第一条命令应为/PMACRO 命令。该命令使宏的内容被写入日志文件中。这一点很重要，因为如果省略了/PMACRO 命令，ANSYS 并不将任务日志文件读到 ANSYS 任务重执行环境中去。

实例：下面是 Test_fnc.mac 的内容，在该宏的内部调用了 ANSYS 已有的 GUI 函数 Fnc_BLOCK，从而实现调用长方体定义对话框定义长方体的目的。Test_fnc.mac 的内容如下：

```
FINISH
/CLEAR

/PMACRO         !/PMACRO 命令将宏的内容写入日志文件中，没有该行则出错
```

```
/PREP7
Fnc_BLOCK     !用 Dimensions 创建块
```

在命令输入窗口中运行宏 test_fnc.mac，弹出如图 15-3 所示的对话框，该对话框对应的菜单路径是 Main Menu>Preprocessor>Modeling>Create>Volumes>Block>By Dimensions。

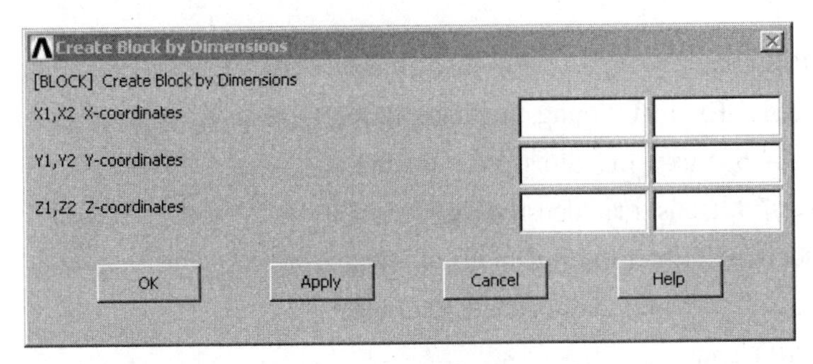

图 15-3　Fnc_BLOCK 驱动的定义长方体对话框

注意

在 ANSYS 的安装目录/Ansys Inc/v140/ANSYS/gui/en-us/UIDL 中存在 UIFUNC1.GRN 和 UIFUNC2.GRN 两个定义 ANSYS 各种弹出对话框的定义文件，几乎所有的弹出对话框函数（以 Fnc_开头的函数名）在其中都有相应的定义。读者千万记住，不要试图修改其中的任何对象，仅仅打开浏览即可，退出时选择不要存盘。

15.4　宏中实现拾取操作

如果在宏中包含一条拾取命令，则可以调用 ANSYS 的 GUI 拾取菜单。许多 ANSYS 命令（如 K,,P）接受输入 P 参数，以便进行图形拾取操作。当 ANSYS 碰到这样一条命令时，就将显示正确的拾取对话框，在用户单击 OK 或 Cancel 按钮后 ANSYS 将继续运行该宏。不过，拾取命令在有些 ANSYS 处理器中不可用，因此在调用这些命令之前必须先转换到合适的处理器中。

注意

如果宏中包含有 GUI 函数，该宏中的第一条命令应为/PMACRO 命令。该命令使宏的内容被写入日志文件中。这一点很重要，因为如果省略了/PMACRO 命令，ANSYS 并不将任务日志文件读到 ANSYS 任务重执行环境中去。

实例：宏 test_pick.mac 中调用拾取关键点方法创建三条直线（命令 L），然后通过三条边线创建一个三角形面（命令 AL）。宏 test_pick.mac 文件的内容如下：

```
FINISH
/CLEAR

/PMACRO          !/PMACRO 命令将宏的内容写入日志文件中，没有该行则出错
```

```
/PREP7
K,1,
K,2,2,
K,3,0,2
L,P                !弹出拾取关键点对话框，选择关键点 1 和 2 后单击 Apply 按钮
                   !再选择关键点 2 和 3 后单击 Apply 按钮
                   !然后选择关键点 3 和 1 并单击 OK 按钮
AL,P               !弹出拾取线对话框，选择线 1、2 和 3，单击 OK 按钮
```

15.5 程序运行进度对话框

在宏中可以通过插入命令来定义一个 ANSYS 对话框，其中包含一个显示运行进程的状态条或一个可用来终止运行的 STOP 按钮，或者两者都包含。通过*ABSET 命令来定义状态对话框，其使用格式如下：

*ABSET,Title40,Item

其中，Title40 是文本串，显示在状态条的对话框中，最多可包含 40 个字符；Item 是显示项控制参数，可以取以下值：

- BAR：表示显示状态条，不显示 STOP 按钮。
- KILL：表示显示 STOP 按钮，不显示状态条。
- BOTH：表示状态条和 STOP 按钮都显示。

通过*ABCHECK 命令来更新状态条，其使用格式如下：

*ABCHECK,Percent,NewTitle

其中，Percent 是一个在 0～100 间的整数，用来确定状态条的位置；NewTitle 是一个含 40 个字符的字符串，表示进程信息，其内容将取代 Title40 中的字符串。

如果*ABSET 命令中的参数 Item 指定为 KILL 或 BOTH，那么该宏将在每次执行完*ABCHECK 命令之后检查_ERROR 参数，此时如果用户按了 STOP 按钮，则会执行相应的动作。

可以通过*ABFINI 命令从 ANSYS GUI 中移走状态条。

实例：下面是宏 test_process.mac，它将演示如何使用状态条（包括 STOP 按钮），在运行过程中将同时显示如图 15-4 所示的状态对话框实例，随着程序的执行状态条显示进度不断发展。注意，宏将检查_ERROR 参数，如果用户按了 STOP 按钮，就会显示“We are stopped...”消息。另外，在一个循环中调用*ABCHECK 的次数不能超过 20 次。

宏 test_process.mac 的内容如下：

```
fini
/clear,nost
/prep7
n,1,1
```

```
n,1000,1000
fill
*abset,'This is a Status Bar',BOTH
myparam = 0
*do,i,1,20
    j = 5*i
    *abcheck,j
    *if,_return,gt,0,then
      myparam = 1
    *endif
    *if,myparam,gt,0,exit
    /ang,,j
    nplot,1
    *if,_return,gt,0,then
      myparam = 1
    *endif
    *if,myparam,gt,0,exit
    nlist,all
    *if,_return,gt,0,then
      myparam = 1
    *endif
    *if,myparam,gt,0,exit
*enddo
*if,myparam,gt,0,then
*msg,ui
We are stopped...
*endif
*abfinish
fini
```

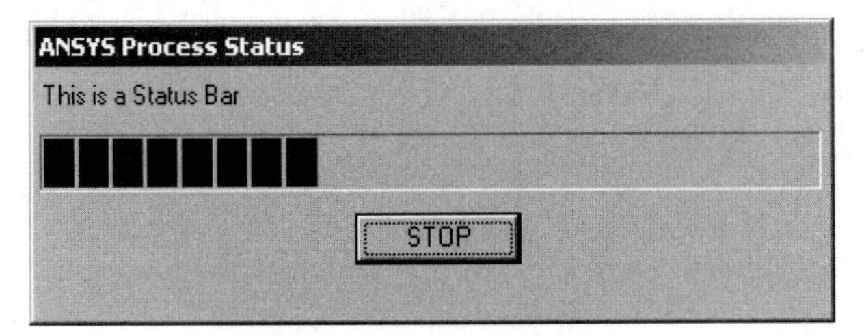

图 15-4 状态对话框实例

15.6 宏运行的消息机制

在宏中运行*MSG 命令调用 ANSYS 的消息子程序来显示定制的输出消息。*MSG 命令的使用格式如下：

*MSG,Lab,VAL1,VAL2,VAL3,VAL4,VAL5,VAL6,VAL7,VAL8

其中，Lab 是输出和终止控制的标识字，有以下几种标识字供选用：

- INFO：表示所写的消息不带标题（默认）。
- NOTE：表示所写的消息带标题 NOTE。
- WARN：表示所写的消息带标题 WARNING，并把该消息写入出错文件 Jobname.ERR 中。
- ERROR：表示所写的消息带标题 ERROR，并把该消息写入出错文件 Jobname.ERR 中。如果处于 ANSYS 批处理运行模式，该标识字在最初的 clean exit 处终止运行。
- FATAL：表示所写的消息带标题 FATAL ERROR，并把该消息写入出错文件 Jobname.ERR 中。该标识字出现后会立即终止 ANSYS 运行。
- UI：表示所写的消息带标题 NOTE，并在消息对话框中显示该消息。

VAL1～VAL8 是该消息中包含的数字或字符值，是消息显示参数的结果，所有数值结果都为双浮点数。

另外，必须在*MSG 命令之后马上指定消息输出的格式。消息格式最多可包含 80 个字符，包括文本串和在文本串之间预定义的“数据描述符”，在文本串和文本串之间将插入数字或字符数据。数据描述符有以下几种：

- %i：表示整型数据。
- %g：表示双浮点数据。
- %c：表示字符数据。
- %/：表示一行结束。

对于前三个描述符，FORTRAN 中对应的数据描述符分别为 I9、1PG16.9 和 A8。在每个描述符前要有一个空格。必须为每个指定数据值（最多 8 个）按顺序提供一个数据描述符。

在*MSG 格式行中不要以*IF、*ENDIF、*ELSE 或*ELSEIF 开头。如果消息中最后一个非空格字符是&，那么 ANSYS 程序把下一行当作*MSG 格式的延续。最多可以用 10 行（包括第一行）来确定格式信息。连续的空格输出将被压缩成一个空格，并追加一个句点。产生的输出最多可以达到 10 行，每行最多包含 72 个字符（使用$/标识字）。

注意 当 GUI 被激活时，/UIS,MSGPOP 命令用于控制是否显示消息对话框。关于该命令的更多信息参见 ANSYS 命令参考手册（ANSYS Commands Reference）。

实例 1：利用*MSG 命令显示一条包含一个字符数据、两个整型数和一个实数的消息。

命令流如下：

```
*MSG, INFO, 'Inner' ,25,1.2,148
Radius ( %C) = %I, Thick = %G, Length = %I
```

在ANSYS的输出窗口中显示消息如图15-5所示（显示的内容是：Radius (Inner) = 25, Thick = 1.2, Length = 148）。

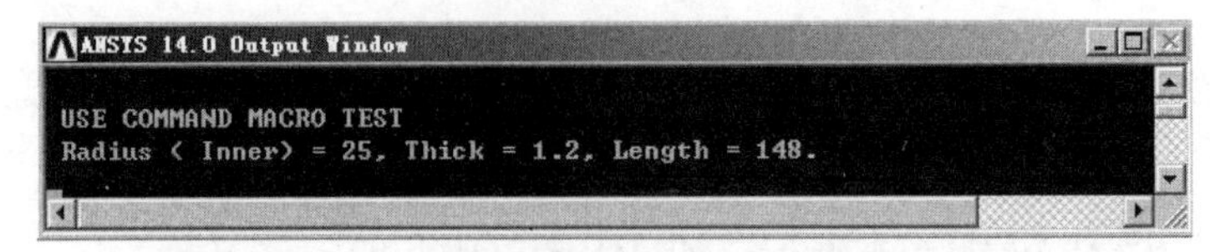

图15-5　*MSG命令显示一个字符数据、两个整型数和一个实数的消息实例

实例2：在消息窗口中同时显示多个消息。

命令流如下：

```
*MSG,UI,Vcoilrms,THTAv,Icoilrms,THTAi,Papprnt,Pelec,PF,indctnc
Coil RMS voltage, RMS current, apparent pwr, actual pwr, pwr factor: %/&
Vcoil = %G V (electrical angle = %G DEG) %/&
Icoil = %G A (electrical angle = %G DEG) %/&
APPARENT POWER = %G W %/&
ACTUAL POWER = %G W %/&
Power factor: %G %/&
Inductance = %G %/&
VALUES ARE FOR ENTIRE COIL (NOT JUST THE MODELED SECTOR)
```

运行包含上述命令流的宏文件时，将弹出如图15-6所示的消息对话框。

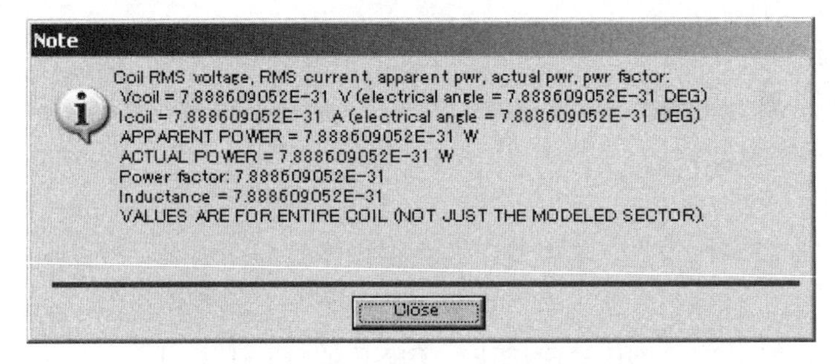

图15-6　*MSG命令显示多个消息实例

15.7　定制工具条与缩写

如图15-7所示是ANSYS的工具条区域，默认条件下包含5个按钮：SAVE_DB、RESUM_DB、QUIT、POWRGRPH和E-CAE，依次用于按工作文件名存储数据库文件、按工作文件名恢复数据库文件、退出ANSYS、设置图形显示模式和进入ANSYS e-CAE.com服务系统。这些按钮在有限元分析过程中快速地执行按钮定义的操作，十分方便有效。用户可以自己创建自己的工具条按钮，单击按钮时执行ANSYS的命令、运行宏和系统UIDL函数名等，从而实现工具条用户化定制。

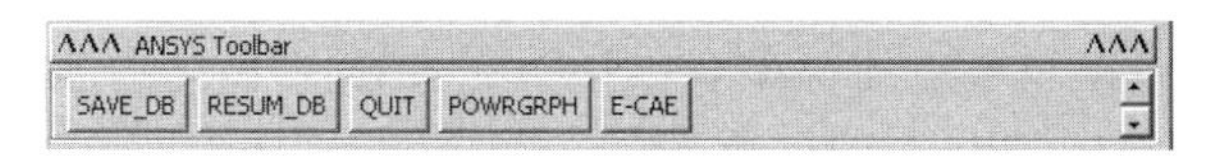

图 15-7 ANSYS 的工具条

工具条中的按钮都是 ANSYS 的命令、宏和系统 UIDL 函数名的缩写。如图 15-8 所示黑线框中的是缩写相关的菜单系统，其对应功能如下：

- 创建、编辑和删除缩写：Utility Menu>Macro>Edit Abbreviations（对应*ABBR 命令）。
- 存储缩写到文件中：Utility Menu>Macro>Save Abbr（对应 ABBSAV 命令）。
- 从文件中恢复缩写：Utility Menu>Macro>Restore Abbr（对应 ABBRES 命令）。

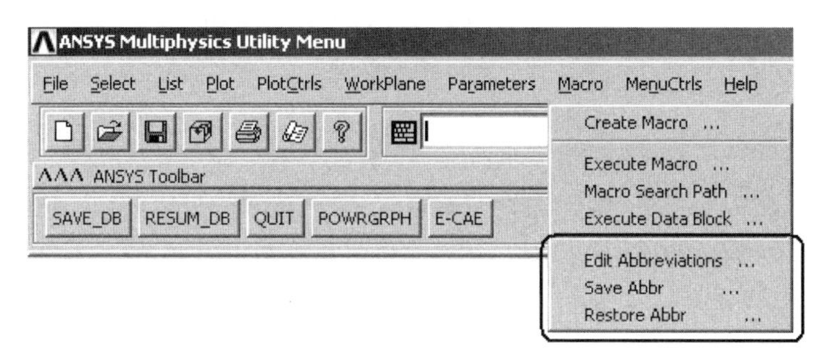

图 15-8 缩写相关菜单系统

编辑工具条中的按钮，实现工具条按钮的用户化定制还可以选择如图 15-9 所示黑线框中的菜单，它们分别是工具条更新、编辑、存储和恢复菜单系统。这些菜单与图 15-8 所示的编辑、存储和恢复的用法完全一致。

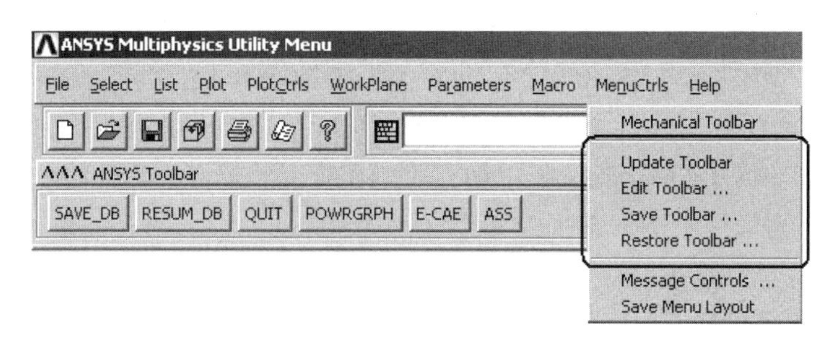

图 15-9 工具条相关菜单系统

15.7.1 定制用户化工具条按钮

缩写是 ANSYS 命令、系统 UIDL 函数名或宏名的别名，最多可包含 8 个字符。定义好的缩写可以以按钮形式显示在 ANSYS 的工具条中，通过单击该按钮执行缩写预定义的操作；也可以在命令输入窗口或者宏中当作命令使用。关于缩写的操作有 3 种：创建、编辑和删除缩写；存储缩写到缩写文件中；从缩写文件中恢复缩写。下面介绍这 3 种操作的用法。

先介绍创建、编辑和删除缩写的方法。利用*ABBR 命令或者等价菜单路径 Utility Menu>Macro>Edit Abbreviations 或 Utility Menu>MenuCtrls>Edit Toolbar 进行创建。建议最好通过菜单项生成缩写，原因有两点：

- 单击 OK 按钮即自动更新工具条。如果用*ABBR 命令进行创建，那么需要选择菜单 Utility Menu>MenuCtrls>Update Toolbar 将新创建的缩写显示到工具条上。
- 可以方便地编辑已经创建的缩写。

命令*ABBR 的使用格式如下：

*ABBR, Abbr, String

其中，Abbr 是显示在工具条上的缩写名，最多可包含 8 个字符；String 是 Abbr 所代表的 ANSYS 命令、系统 UIDL 函数名或宏名的缩写字符串，如果*ABBR 命令的值域 String 是一个宏名，那么该宏必需存放在指定的宏搜索路径中，如果 String 是 ANSYS 的 UIDL 创建的系统拾取菜单或对话框的函数名，那么就指定为 Fnc_string 形式，String 最多可包含 60 个字符，但不能含有下列字符：

- 字符“$”
- 命令 C***、/COM、/GOPR、/NOPR、/QUIT、/UI 或*END

一旦定义了缩写并显示成工具条中的按钮如 SAVE_DB 按钮等，那么用户就可以单击这些工具条按钮执行缩写预定义的操作功能了。工具条中最多只能包含 100 个缩写，但可以通过嵌套工具条来使这个数目得到极大扩展。另外，还可以根据需要重新定义或删除缩写。

实例 1：在默认条件下启动 ANSYS 时，工具条如图 15-7 所示，已经包含 5 个按钮，其中前 4 个分别利用*ABBR 命令预定义的缩写如下：

*ABBR, SAVE_DB, SAVE

*ABBR, RESUM_DB, RESUME

*ABBR, QUIT, Fnc_/EXIT

*ABBR, POWRGRPH, Fnc_/GRAPHICS

实例 2：创建一个缩写 Notepad 代表运行操作系统的记事本即执行 notepad.exe 文件打开一个记事本，并将它增加到工具条中。选择菜单路径 Utility Menu>Macro>Edit Abbreviations 或 Utility Menu>MenuCtrls>Edit Toolbar 弹出如图 15-10 所示的定义、编辑和删除工具条或缩写对话框，在 Selection 文本框中键入下列缩写定义语句：

*ABBR, NOTEPAD, /SYS,notepad.exe

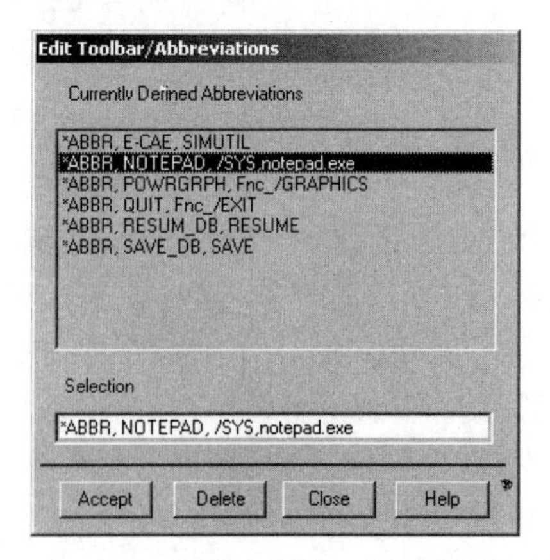

图 15-10　定义、编辑和删除工具条或缩写对话框

然后单击 Accept 按钮，该语句马上显示在对话框的 Currently Defined Abbreviations 列表框中，此时工具条按钮上自动增加一个新按钮NOTEPAD，该按钮就是刚刚定义的缩写按钮。最后单击 Toolbar 中的按钮NOTEPAD，弹出一个记事本窗口，此时 ANSYS 系统的进程交给打开的记事本，当关闭打开的记事本时程序进程又返回给 ANSYS。如果需要编辑这个新定义的缩写，只需要对其重新定义即可；如果需要删除这个新定义的缩写，那么在图 15-10 所示对话框的 Currently Defined Abbreviations 列表框中选中需要删除的新缩写定义，然后单击 Delete 按钮即可。

15.7.2 存储与恢复工具条按钮

缩写在 ANSYS 环境中并不会自动被保存起来，每次退出后上次创建的缩写及其对应的工具条按钮自动消失，必须重新定义。为了能在以后可以反复利用预定义的缩写及其对应的工具条按钮，ANSYS 可以明确地将预定义的所有缩写保存到一个文件中，在下次执行 ANSYS 任务时只需重新进行加载该缩写存储文件，而不需要重新进行缩写定义。

利用 ABBSAV 命令或者等价菜单路径 Utility Menu>Macro>Save Abbr 或 Utility Menu>MenuCtrls>Save Toolbar 可以将预定义的缩写存储到一个指定的文件中。ABBSAV 命令的使用格式如下：

ABBSAV, Lab, Fname, Ext Lab

其中，Lab 是存储缩写或工具条的标识字，缺省时将所有缩写写进指定的文件中，即设置为 ALL；Fname 是存储缩写的文件名及其路径，最大长度不能超过 250 个字符。如果不指定文件路径，那么默认为存储到当前工作目录中，如果不输入文件名则默认为当前工作名；Ext 是文件的扩展名，最大长度不超过 8 个字符，默认扩展名为 ABBR。

利用 ABBRES 命令或者等价菜单路径 Utility Menu>Macro>Restore Abbr 或 Utility Menu>MenuCtrls>Restore Toolbar 可以从一个指定的缩写存储文件中恢复所包含的缩写定义。ABBRES 命令的使用格式如下：

ABBRES, Lab, Fname, Ext

其中，Lab 是从缩写存储文件中恢复缩写或工具条的标识字，有两种取值：

- NEW 为默认值，表示用读入的缩写完全替代系统中已有的缩写，原有的缩写完全被清除，最后系统中只有新读入的缩写定义。
- CHANGE 表示如果恢复时系统中存在同名缩写则替代已有的缩写，不同名的缩写仍然保留，相当于向系统增加新的缩写和重新定义重名缩写。

Fname 是存储缩写的文件名及其路径，最大长度不能超过 250 个字符。如果不指定文件路径，那么默认为存储到当前工作目录中；Ext 是文件的扩展名，最大长度不超过 8 个字符，默认扩展名为 ABBR。

实例：首先完成 15.7.1 节中实例 2 的缩写定义工作，然后将当前所有缩写写进 c:\temp 目录中的 My_abbr.ABBR 文件中保存起来。选择 Utility Menu>Macro> Restore Abbr 或 Utility Menu>MenuCtrls>Restore Toolbar 弹出如图 15-11 所示的存储缩写/工具条对话框，在文本框中键入 c:\temp\My_abbr.ABBR，再单击 OK 按钮，然后退出 ANSYS 程序。

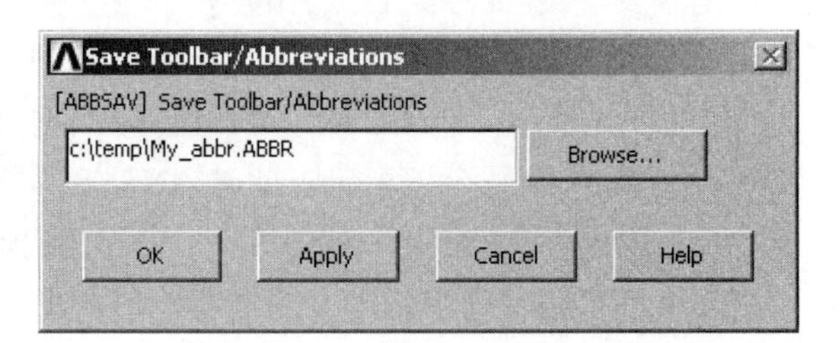

图 15-11　存储缩写/工具条对话框

如果在同名文件中已经存在某些缩写，则*ABBSAV 命令将覆盖它们。

缩写文件的格式就是一些用来定义缩写的 APDL 命令序列。因此，如果要编辑很多按钮或者要改变其顺序，可以利用一个文本编辑器打开缩写文件，然后改变它们在缩写文件中的顺序。下面的命令流是 My_abbr.ABBR 缩写存储文件的内容。

```
/NOPR
*ABB,SAVE_DB ,SAVE
*ABB,RESUM_DB,RESUME
*ABB,QUIT     ,Fnc_/EXIT
*ABB,POWRGRPH,Fnc_/GRAPHICS
*ABB,E-CAE    ,SIMUTIL
*ABB,NOTEPAD ,/SYS,notepad.exe
/GO
```

接下来退出并重新启动 ANSYS 程序，会发现 ANSYS 的工具条仍然显示为默认状态，即只包含 5 个按钮，并不包含 NOTEPAD 按钮，为此需要从缩写存储文件中恢复缩写按钮定义，选择菜单路径 Utility Menu>Macro>Restore Abbr 弹出如图 15-12 所示的恢复缩写/工具条对话框，在 Existing abbreviations will be 选项列表中选择 Replaced 即替代系统中的缩写方式进行恢复，然后单击 Browse 按钮在系统目录中搜索 c:\temp\My_abbr.ABBR，再单击 OK 按钮，系统又恢复到实例的缩写定义状态。

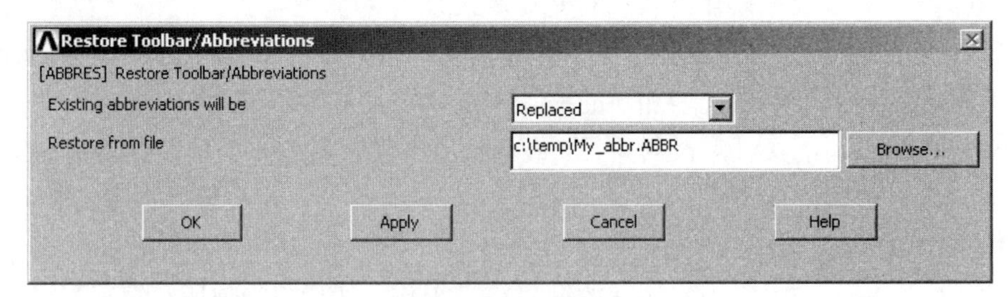

图 15-12　恢复缩写/工具条对话框

这两步操作对应的命令流如下：

```
ABBSAV, ,'My_abbr','ABBR','c:\temp\'
ABBRES,NEW,'My_abbr','ABBR','c:\temp\'
```

15.7.3 嵌套工具条缩写

一个工具条最多可包含 100 个缩写，但是可以通过嵌套工具条来扩展这一数目。前面介绍过可以保存所写和恢复缩写，这一特性可以实现嵌套缩写。通过在一个工具条按钮下嵌套缩写可以定义专用的工具条，具体做法是在一个工具条按钮下定义一个恢复缩写文件的缩写。通过定义缩写来恢复缩写存储文件，并在这些缩写存储文件中包含缩写，即可以在某个特定的 ANSYS 任务中定义不受数目限制的缩写定义。甚至可以通过嵌套一些缩写文件来把这一方法扩展到产生自己的菜单层次。在实现菜单层次的过程中，最好在每一个文件中添加一个 Return 按钮的缩写以通过菜单返回。

实例：下面的命令定义 PREP_ABR 作为一个缩写，该缩写从文件 prep.abbr 中恢复缩写，PREP_ABR 将作为一个按钮显示在工具条上。单击它时工具条中的按钮将被文件 prep.abbr 中所定义的另一套按钮所代替。

命令流如下：

```
*ABBR,PREP_ABR,ABBRES,,PREP,ABBR
```

16

基于APDL的常规应用及其实例

16.1 ANSYS 程序的启动参数与启动文件

如果利用命令方式或者交互图形方式启动 ANSYS 程序时，可以定义一系列的启动参数作为启动变量，即在 ANSYS 14.0 的启动命令之后按-Parameter_Name Parameter_Value 的格式输入定义的参数。进入 ANSYS 系统后，这些启动参数存在于 ANSYS 的系统内存中，可以当作普通参数进行使用。这些参数往往用来定义一些全局变量、用户开发系统的环境变量、状态设置变量，对于初始化用户环境十分有用。

实例 1：在启动 ANSYS 时定义两个启动参数：abc=200 和 def='good'，利用启动命令进行启动 ANSYS，则命令如下：

```
ANSYS140 -abc 200 -def 'good'
```

如果采用交互图形界面方式启动 ANSYS，则选择 Windows 操作系统的“开始”→“所有程序”→ANSYS Realease 14.0→ANSYS Interactive 弹出如图 16-1 所示的交互图形方式启动 ANSYS 对话框，在 Parameters to be defined[-par1 val1 -par2 val2…]文本框中输入-abc 200 -def 'good'，同时设置其他启动参数，然后单击 Run 按钮进入 ANSYS 图形界面环境中。

一般建议不要在启动时指定字符参数，如果要定义一定要避免与 ANSYS 命令行选项发生冲突。另外，UNIX 操作系统把单引号和有些非文字数字字符作为专用符号，所以定义字符参数时必须在单引号前插入反斜线（\），以免误会。

实例 2：在 UNIX 系统中启动 ANSYS 时定义两个字符参数，分别赋值'filename'和'200'，则命令如下：

```
ANSYS140 -cparm1 \'filename\' -cparm2 \'200\'
```

如果启动时需要定义很多参数，那么在启动命令和交互图形方式下进行定义就显得比较烦琐并不可行，这时更方便的做法是在启动初始化文件 start140.ans 中预定义这些参数，或者用/INPUT 命令加载一个独立的参数预定义文件。另外，其中还预定义了工具条按钮，读者可以在其中增加自己的预定义工具条按钮。

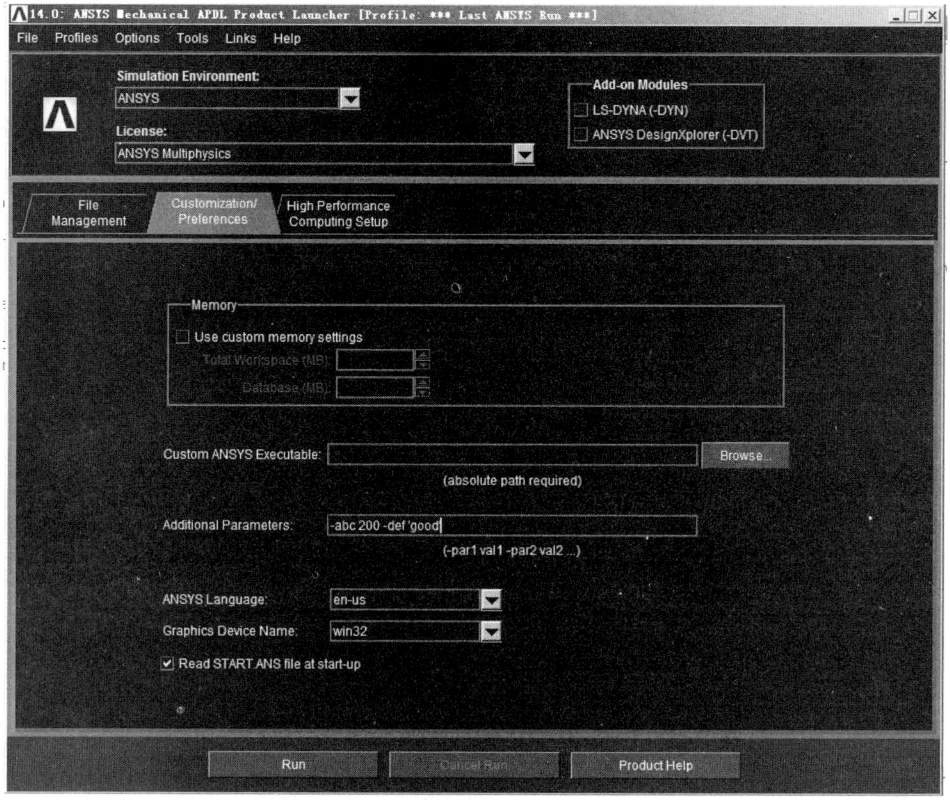

图 16-1　交互方式启动 ANSYS 对话框

实例 3：在 start140.ans 中预定义启动参数和工具条按钮。

在 ANSYS 的安装目录/Ansys Inc/V140/ANSYS/apdl 中找到 start140.ans 文件，利用系统的文本编辑器如记事本打开它，在文件的最后添上下列预定义的参数和工具条按钮，然后存储该文件替代原有文件 start140.ans，在下次启动 ANSYS 时系统中自动创建这些参数。增加的命令行如下：

```
*ABBR, NOTEPAD, /SYS,notepad.exe        !预定义工具条按钮 NOTEPAD
abc=200                                 !预定义数值型变量 abc
def='good'                              !预定义字符型变量 def
```

16.2　驱动可执行文件

在 ANSYS 环境中可以驱动其他应用程序，如由 VB、VC++等编程语言创建的*.exe 文件等。驱动应用程序的主要由/SYS 和/SYP 命令完成。

/SYS 命令用于执行其他应用程序，该应用程序不准带任何输入参数，一旦应用程序运行结束马上返回到 ANSYS 环境中。/SYS 命令的使用格式如下：

```
/SYS, String
```

其中，String 是命令字符串，最大长度是 75 个字符，包括中间的空格和逗号等。

实例：在讲解缩写和工具条按钮中调用系统记事本的操作，命令如下：

/SYS,nodepad.exe

nodepad.exe 是操作系统的应用程序，由于操作系统已经设置了系统搜索路径，所以 nodepad.exe 前不需要带任何应用程序路径名。对于用户开发的应用程序并存放在任意路径中时，/SYS 命令后的 String 应当由路径名和应用程序文件名组成，这样在运行时才会按指定路径搜索应用程序。

/SYP 命令用于执行其他应用程序，该应用程序可以最多具有 8 个输入参数，一旦应用程序运行结束马上返回到 ANSYS 环境中。/SYP 命令的使用格式如下：

/SYP, String, ARG1, ARG2, ARG3, ARG4, ARG5, ARG6, ARG7, ARG8

其中，String 是命令字符串，不能包括逗号；ARG1～ARG8 是应用程序的输入参数。

16.3 利用工具条按钮调用宏

前面学习过宏和宏库文件，可以通过定制用户化工具条按钮来调用一个频繁运行的宏。为此，首先创建一个宏文件，然后定义调用宏的缩写，在工具条中将显示新增的按钮，只要单击该按钮就立即运行调用的宏文件。

实例：在工具条中增加一个按钮，调用宏文件 Call_Macro.mac，实现创建一个圆锥台实体模型。

创建 Call_Macro.mac 文件，内容如下：

```
/PREP7
CSYS,0
WPCSYS,-1
CONE,10,5,-5,10,0,360,

/VIEW,1,0.36,-0.68,0.63
/ANG,1,-51
/AUTO,1
VPLOT
```

定义调用宏文件的缩写 MyMacro（注意将 Call_Macro.mac 存储在当前工作目录中）。选择菜单路径 Utility Menu>MenuCtrls>Edit Toolbar 弹出如图 16-2 所示的编辑工具条/缩写对话框，在 Slection 文本框中键入下列命令，单击 Accept 按钮，在 ANSYS Toolbar 对话框中立即增加一个新按钮 MYMACRO，如图 16-3 所示：

*ABBR, MyMacro,Call_Macro.mac

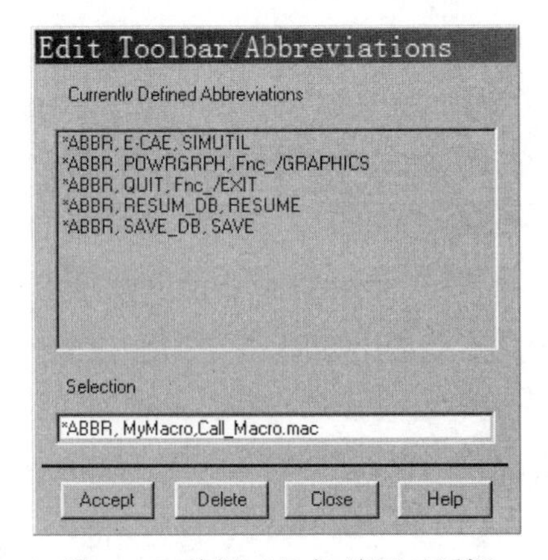

图 16-2 编辑工具条/缩写对话框

图 16-3 调用宏的按钮 MYMACRO

单击 ANSYS Toolbar 中的新按钮 MYMACRO，立即在图形窗口中绘制一个圆锥台实体。

16.4 读入和写出数据文件并实现多载荷步瞬态动力学求解实例

在实际工程中，经常需要从数据文件中读入大量的数据，如时间历程载荷数据，其中最有代表性的就是地震加速度时间历程数据。下面通过一个实例来演示读入激励数据，然后进行多载荷步求解的例子，最后将计算的响应位移结果提取出来写入一个位移记录文件中。

一根半径等于 0.1m、长度为 10m 的圆柱杆直立在地面上，下端完全固定。现在记录有 0～10s 之间每隔 1s 时上部端点上的水平作用力大小，并按时间记录在数据文件 ftop.dat 中。计算圆柱杆的动态响应，提取顶点在激励方向上的水平位移并存入数据文件 utop.dat 中。

读者测试该程序之前，首先创建 ftop.dat 文件并存放在 ANSYS 的当前工作目录中，其包含的数据内容如下（第一列数据占 3 个字符宽度，第二列数据占 11 个字符宽度）：

```
  1       1600
  2       7000
  3      15000
  4       5000
  5        500
  6      -2000
  7       -800
  8       1800
  9        200
 10      -3400
```

文件 ftop.dat 描述的载荷－时间关系曲线如图 16-4 所示。

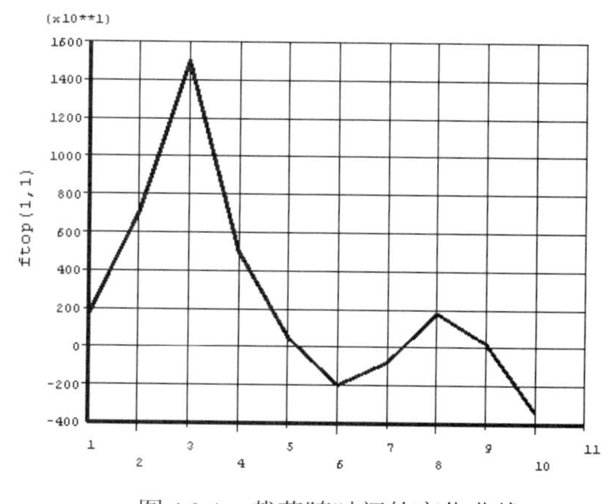

图 16-4 载荷随时间的变化曲线

创建下面的命令流文件 Read-write-datafile.mac 并存放在 ANSYS 的当前工作目录中，在 ANSYS 的命令输入窗口中键入 Read-write-datafile 后回车，即可得到测试结果，观察载荷曲线和位移响应，打开创建的位移记录文件观察其中的结果。Read-write-datafile.mac 包含的命令流如下：

```
!第一步：清除内存并开始一个新分析
FINISH
/CLEAR
/FILNAM,Read-write-datafile                 !指定工作文件名

!第二步：将数据从文件 ftop.dat 读入到数组 ftop(10,2)中
*DIM,ftop,,10,2                             !定义二维数组 ftop(10,2)
*VREAD,ftop(1,1),ftop,dat,,JIK,2,10         !按指定格式将数据读入到数组中
(F3.0,F11.0)

!第三步：创建有限元模型
/PREP7                                      !进入前处理器

!定义单元类型 1，指向 ANSYS 单元库中的 Beam189
ET,1,Beam189

!定义单元类型 1 即梁 189 的截面号 1
SECTYPE,1,BEAM,CSOLID,CIR-SECT,0
SECOFFSET,CENT
SECDATA,0.1

!定义材料 1 的弹性模量、泊松比和密度
MP,EX,1,2e11
MP,NUXY,1,0.3
MP,DENS,1,7800

!将图形调整为等视图显示
/VIEW, 1 ,1,1,1
/ANG, 1

K,1,                                !连续创建关键点 1、2 和 3
K,2,,,10
K,3,1
```

```
LSTR,1,2                        !创建直线连接关键点 1 和 2
LATT,1,,1,,3,,1                 !给线分配单元属性：mat=1，type=1，方向 kp=3
ESIZE,1,0,                      !指定单元长度为 1
LMESH,1                         !将线 1 划分梁网格

/ESHAPE,1.0                     !打开单元截面形状显示开关
EPLOT                           !画单元模型

DK,1,ALL,0                      !将关键点 1 的自由度全部固定
SAVE                            !存储模型数据
FINISH                          !退出前处理器

!第四步：执行瞬态分析的循环求解过程
/SOLU                           !进入求解器
ANTYPE,4                        !选择瞬态分析类型
TRNOPT,FULL                     !选择瞬态完全法
NLGEOM,1                        !打开几何大变形开关

OUTRES,ALL,ALL                  !求解输出所有子步的所有结果项到结果文件中
AUTOTS,0                        !关闭自动调整载荷长功能
KBC,0                           !采用渐变载荷增加方式
*DO,I,1,10                      !执行 10 次循环加载求解
   TIME,FTOP(I,1)               !设置当前载荷步终点时间
   NSUBST,10,0,0                !设置当前载荷步中的子步数目

   FK,2,FX,FTOP(I,2)            !施加当前载荷步的终点载荷
   SOLVE                        !执行当前载荷步求解
*ENDDO
FINISH                          !退出求解器

!第五步：执行 POST26 后处理，将顶点 Ux-T 关系数据写入文件 utop.dat 中
/POST26                         !进入时间历程后处理器 POST26
NTOP=NODE(0,0,10)               !利用 NODE(X,Y,Z)提取顶点位置上的节点编号
NSOL,2,NTOP,U,X,UX_TOP          !定义顶点位置节点的位移 UX(T)记录变量 2
XVAR,1                          !时间记录变量 1 作为 X 轴映射变量
PLVAR,2,                        !绘制顶节点位移 UX(T)记录变量 2 曲线
```

```
!创建二维数组 utop(100,2)，用时间序列及其对应位移填充它
*DIM,utop,,100,2                       !创建二维数组 utop(100,2)
*VFILL,utop(1,1),RAMP,0.1,0.1,        !用时间序列填充数组 utop(100,2)的第一列
VGET,utop(1,2),2,0.1,                  !用位移响应 UX 序列填充数组 utop(100,2)的第二列

!将二维数组 utop(100,2)的数据写入文件 utop.dat 中
*CFOPEN,utop,dat,,                     !创建并打开文件 utop.dat
*DO,I,1,100,1                          !逐行写数据到文件 utop.dat 中
*VWRITE,utop(I,1),utop(I,2)            !按格式将当前行数据写入 utop.dat 中
(F3.1,' ',F15.12)
*ENDDO
*CFCLOSE                               !关闭文件 utop.dat
```

计算得到顶点位移响应随时间的变化曲线如图 16-5 所示，该曲线包含的全部数据信息则存储在顶点位移数据文件 utop.dat 中。

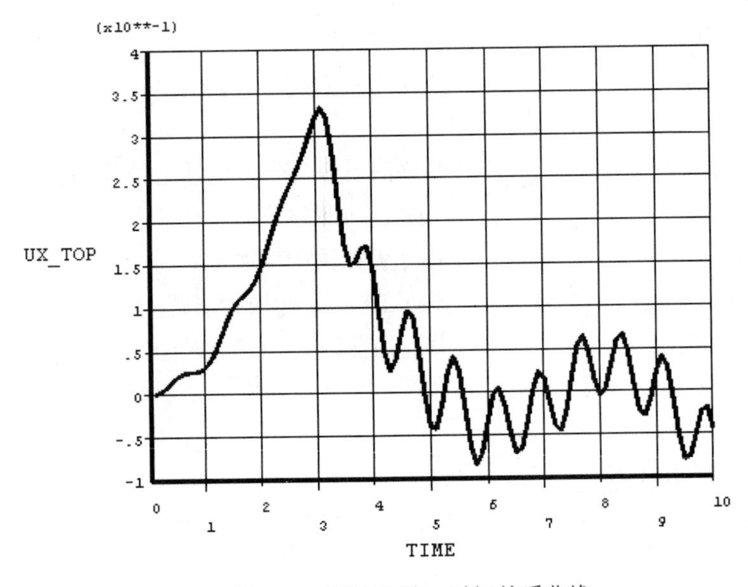

图 16-5　顶点位移—时间关系曲线

16.5　参数化建模：创建标准零件/模型的通用宏

下面通过一个飞轮的参数化建模程序来演示标准零件库通用宏文件的创建方法，学习建立一个参数化有限元模型的过程。

如图 16-6 所示是飞轮的几何尺寸参数示意图，如图 16-7 所示是各参数取下列值时的六孔飞轮结构示意图。要求采用图 16-6 所示的几何参数创建一个参数化飞轮建模程序，并实现自动划分单元网格。如图 16-7 所示模型各尺寸参数的初始化取值依次如下：

R1=20	TH1=10	R6=3
R2=2	TH2=2	R7=12
R3=1	TH3=10	N_HOLE=6
R4=1	TH4=2	
R5=1	TH5=3	

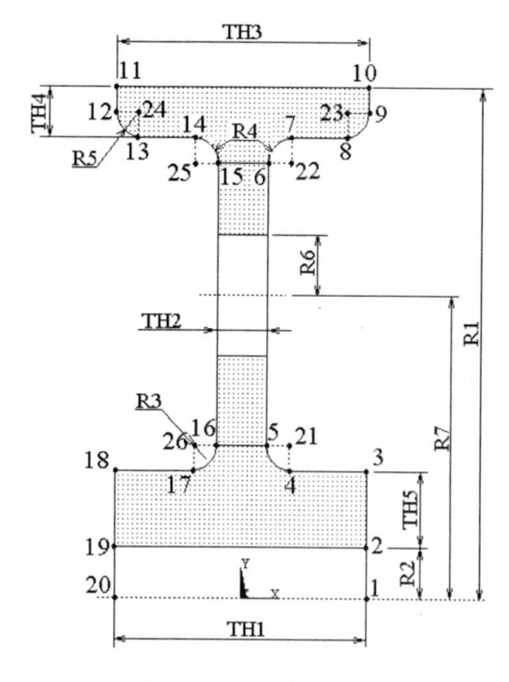

图 16-6　飞轮尺寸图

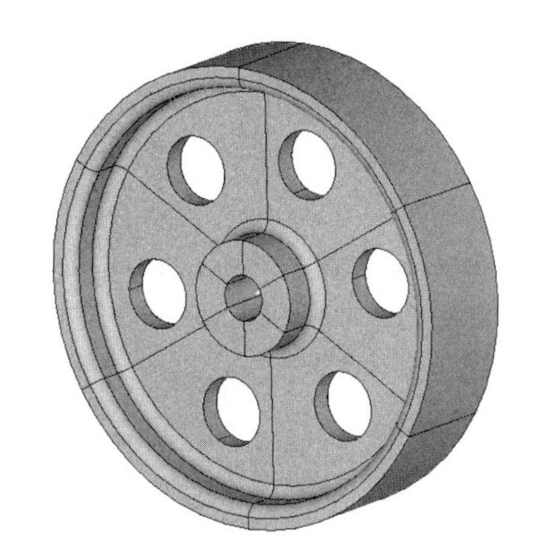

图 16-7　六孔（N_HOLE=6）飞轮示意图

创建参数化有限元模型应当遵循的规律和一般步骤如下：

（1）初始化 ANSYS 系统。一般执行 FINISH、/CLEAR、/FILNAM 和/TITLE 等命令清除内存，开始新分析，指定工作文件名和标题。

（2）定义参数并赋值。这是参数化创建几何模型的关键步骤，一般必须在进入前处理器之前把需要的几何尺寸参数全部定义好，这样便于管理和修改参数赋值，不会导致混乱。不要根据需要在程序流程的不同位置随时创建参数，使参数定义散乱地分布在参数化建模程序中，那样容易出现同名参数、不知道创建了参数的数目以及每个参数的作用混乱等问题。

（3）进入前处理器利用参数创建几何模型。注意，创建几何对象时一定要利用参数名作为几何尺寸进行输入，不可用参数值进行输入，否则几何尺寸固定不变，就不是一个参数化建模程序了；另外，尽量采用人工控制编号的方法创建几何对象，并配合组件进行操作处理，如布尔运算、复制、移动、镜像等。

（4）在前处理器中划分单元网格模型。注意，尽量根据几何拓扑特征划分映射或者扫掠单元网格，这些网格比较规则，容易控制单元形状，但自由网格常用于参数化建模过程，由于它可以实现任意拓扑的网格划分，适应性非常好；另外，尽量少用智能尺寸控制单元密度，多用线上单元密度控制、面上单元密度控制和总体单元尺寸控制等密度控制方法。

在了解了创建参数化模型的基本规律之后，一般需要整理模型的几何尺寸和定位尺寸，整理模型的几何尺寸链，既不要有多余的尺寸也不要缺少尺寸，然后再给每个需要采用参数进行定义的尺寸指定一个参数名，固定不变的尺寸可以直接采用尺寸数值进行处理，也可以将全部尺寸定义成参数，然后只调整需要变化尺寸的参数。对于即将创建参数化模型的飞轮，其尺寸参数和定位参数如图 16-6 所示。

下面是按上述初始化定义参数状态下的参数化建模命令流程序。

```
!
!第一步：初始化 ANSYS 环境
!
FINISH
/CLEAR
/FILNAM,wheel
/TITLE,Wheel Parameter Modeling

!
!第二步：定义几何尺寸参数
!
R1=20         !飞轮半径
R2=2          !飞轮轴孔半径
R3=1          !飞轮腹壁与轴柱倒角半径
R4=1          !飞轮腹壁与外轮倒角半径
R5=1          !飞轮外轮内倒角半径

TH1=10        !飞轮轴柱宽度
TH2=2         !飞轮腹壁厚度
TH3=10        !飞轮外轮宽度
TH4=2         !飞轮外轮厚度
TH5=3         !飞轮轴柱壁厚度

R6=3          !圆孔半径
R7=12         !中间环向分布圆孔中心位置半径
N_HOLE=6      !圆孔数目

/VIEW,1,0.7,-0.5,-0.5
/ANG, 1,-65

/PNUM,LINE,1
```

```
/PNUM,AREA,1
/PNUM,VOLU,1
/NUMBER,1
!
!第三步：创建定义飞轮截面使用的关键点 1～26
!
/PREP7
K, 1, TH3/2, 0,0
K, 2, KX(1), R2,0
K, 3, KX(1), R2+TH5,0
K, 4,TH2/2+R3, KY(3),0
K, 5, TH2/2, KY(3)+R3,0
K, 6, KX(5), R1-TH4-R4,0
K, 7,KX(6)+R4, KY(6)+R4,0
K, 8,TH3/2-R5, KY(7),0
K, 9, TH3/2, KY(8)+R5,0
K,10, KX(9), R1,0
K,11, -KX(10), KY(10),0
K,12, -KX(9), KY(9),0
K,13, -KX(8), KY(8),0
K,14, -KX(7), KY(7),0
K,15, -KX(6), KY(6),0
K,16, -KX(5), KY(5),0
K,17, -KX(4), KY(4),0
K,18, -KX(3), KY(3),0
K,19, -KX(2), KY(2),0
K,20, -KX(1), KY(1),0

K,21, KX(4), KY(5)0,0
K,22, KX(7), KY(6),0
K,23, KX(8), KY(9),0
K,24, KX(13), KY(12),0
K,25, KX(14), KY(15),0
K,26, KX(17), KY(16),0

!
!第四步：创建飞轮截面，外中里三个面
```

```
!
LSTR,2,3
LSTR,3,4
LARC,5,4,21,R3
LSTR,5,16,
LARC,16,17,26,R3
LSTR,17,18
LSTR,18,19
LSTR,19,2
AL,ALL                  !创建飞轮截面的最里面

LSEL,NONE
LARC,7,6,22,R4
LSTR,7,8
LARC,8,9,23,R5
LSTR,9,10
LSTR,10,11
LSTR,11,12
LARC,12,13,24,R5
LSTR,13,14,
LARC,15,14,25,R4
LSTR,15,6
AL,ALL                  !创建飞轮截面的最外面
CM,A-IN-OUT,AREA        !创建面组，包含最外面和最里面

ASEL,NONE
A,5,6,15,16             !创建飞轮截面的中间面
CM,A-MID,AREA           !创建面组，包含中间面

!
!第五步：利用旋转拖拉方法创建飞轮实体模型
!
ALLSEL,ALL
VROTAT,A-IN-OUT,,,,,,1,20,360,N_HOLE,
                        !旋转拖拉 A-IN-OUT 生成最外体和最里体环
CM,V-IN-OUT,VOLU        !创建实体组，包含最外体和最里体环
```

```
VSEL,NONE
VROTAT,A-MID,,,,,,1,20,360,N_HOLE,
                         !旋转拖拉 A-MID 生成中间体环
CM,V-MID,VOLU            !创建实体组，包含中间体环

!
!第六步：利用旋转拖拉方法创建飞轮实体模型
!
VSEL,NONE
wpro,,,-90               !将 WP 绕 Y 轴旋转-90 度
CSWPLA,11,1,1,1          !以 WP 为基准创建局部柱坐标系 11
wpoff,R7*sin(180/N_HOLE),R7*cos(180/N_HOLE)
                         !将 WP 平移到第一个腹壁圆孔的中心位置上
CYLIND,0,R6,-TH2/2,TH2/2,0,360,
                         !在 WP 中创建第一个腹壁圆孔柱体
CSYS,11                  !激活局部柱坐标系 11
VGEN,N_HOLE,ALL,,,,360/N_HOLE,,,0
                         !旋转拷贝第一个腹壁圆孔柱体生成 N_HOLE 个柱体
CM,V-HOLE,VOLU           !创建实体组，包含 N_HOLE 个圆孔柱体

VSEL,ALL
VSBV,V-MID,V-HOLE !执行 V-MID 与 V-HOLE 之间的实体减法运算
CM,V-MID,VOLU            !创建实体组，包含带有孔的中间体环

!
!第七步：为有限元模型定义各单元属性
!
ET,1,SOLID45             !定义单元类型 1

MP,EX,1,2E11             !定义材料类型 1
MP,NUXY,1,0.3
MP,DENS,1,7800

!
!第八步：划分单元创建网格模型
!
VSEL,ALL
```

```
VATT,1,,1,0              !给所有实体分配单元属性

ESIZE,1,0,               !定义单元的总体尺寸
VSWEEP,ALL               !对所有体划分扫掠网格

FINISH                   !退出前处理器

!
!第九步：存储数据库模型
!
SAVE                     !存储数据库模型
```

在 ANSYS 中执行上述命令流程序可以生成如图 16-8（a）所示的模型。如果对上述命令流中的参数进行修改，如圆孔半径 R6=4，中间环向分布圆孔中心位置半径 R7=12，圆孔数目 N_HOLE=4，然后重新执行命令流，则生成如图 16-8（b）所示的模型。

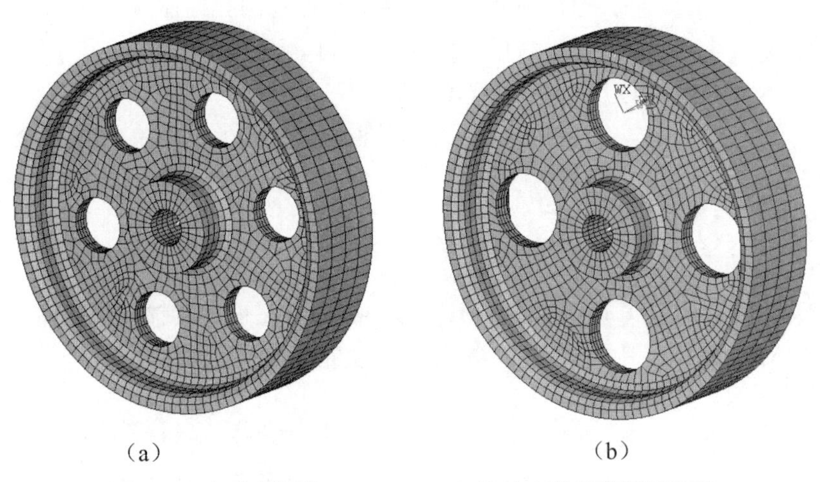

（a）　　　　（b）

图 16-8　六孔和四孔（HOLE=6/4）飞轮有限元模型示意图

16.6　参数化建模：连续变厚度板壳模型

在实际工程中某些板壳结构中存在厚度不均匀的壳体，在 ANSYS 中必须利用实常数定义壳的厚度，如果厚度按照某种规律进行变化，就意味着每个壳单元必须采用一个独立的实常数，并且每个壳单元的各节点具有不同的厚度。显然，人工定义这些实常数非常困难，也很难将它们一一分配给适当位置上的单元，所以必须利用 APDL 和壳单元厚度函数的功能批处理这些工作。

下面是一个 10×10 的矩形面划分 20×20 的 SHELL63 单元网格模型，要求其厚度按如下函数进行分布：

$$thich(x,y)=0.5+0.2\cdot x+0.02\cdot y^2$$

显然，在这个实例中厚度随位置(x,y)变化，只要定义一个数组分别记录每个节点位置上的节点厚度，然后利用厚度函数分配给网格中的每个壳单元即可。如图 16-9 所示是实际的不显示厚度的网格和显示厚度时的网格模型。

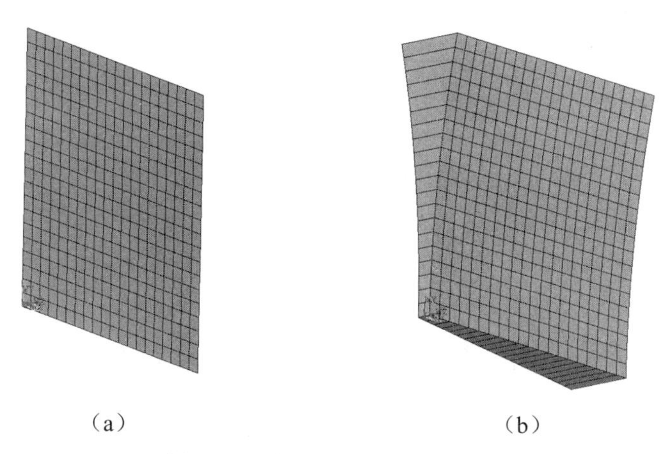

（a）　（b）

图 16-9　连续变厚度壳示意图

实现该过程的命令流如下：

```
!第一步：初始化 ANSYS 环境
FINISH
/CLEAR
/FILNAM,SHELL-THICK

!第二步：创建壳体网格模型
/PREP7
ET,1,63
RECT,,10,,10
ESHAPE,2
ESIZE,,20
AMESH,1
EPLOT

!第三步：变厚度壳的实现
MXNODE = NDINQR(0,14)         !提取节点总数 MXNODE
*DIM,THICK,,MXNODE            !定义厚度数组 THICK(MXNODE)
!
!下面根据厚度分布函数计算每个节点的厚度，并将每个
!节点厚度记录在厚度数组 THICK(MXNODE)中
```

```
!
*DO,NODE,1,MXNODE
    *IF,NDINQR(NODE,1),EQ,1,THEN
        THICK(NODE) = 0.5+0.2*NX(NODE)+0.02*NY(NODE)**2
    *ELSE
        THICK(NODE) = 0
    *ENDIF
*ENDDO
NODE=              !删除变量 NODE
MXNODE=            !删除变量 MXNODE

!
!下面利用 RTHICK 命令将厚度数组 THICK(MXNODE)记录的厚
!度分配给每个单元
!
RTHICK,THICK(1),1,2,3,4

!
!下面调整视场，打开厚度显示单元模型
!
/ESHAPE,1.0
/USER,1
/DIST,1,7
/VIEW,1,-0.75,-0.28,0.6
/ANG,1,-1
/FOC,1,5.3,5.3,0.27
EPLOT
```

16.7 施加随坐标变化的压力载荷

在实际工作中，经常需要在结构表面上施加压力，并且压力不是均匀分布的，而是随结构表面位置变化而分布。如果在实体结构表面施加不均匀分布压力，需要在实体表面先覆盖一层表面效应单元 SURF153 或 SURF154，然后在表面效应单元上施加这种压力，此时与在壳体上施加压力载荷一样进行处理。下面演示如何在一个长度和宽度均为 10m，厚度为 0.1m 的壳体上施加按下列函数分布的压力：

$$P(X,Y) = C0 + C1 \cdot X^3 + C2 \cdot Y^3$$

实际施加压力的状态如图 16-10 所示。

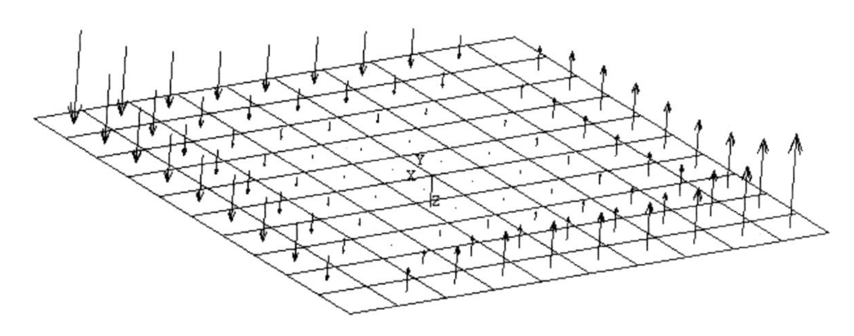

图 16-10 板上施加随函数变化的分布压力

实现上述随压力变化分布压力的命令流如下：

```
!~~~~~~~~~~~~~~~~~~~~~~~~~~~~~~~~~~~~~~~~~~~~~~~~~~~~~~~~~
!
!创建随函数分布的压力通用宏 PRESS_FUNCT.MAC
!
*CREATE,PRESS_FUNCT,MAC

CM,E_SEL,ELEM
!***** 第一步：提取所有单元的编号 *****
*GET,ECOUNT,ELEM,,COUNT
*DIM,ENUM,ARRAY,ECOUNT
*GET,ENUM(1),ELEM,,NUM,MIN
*DO,I,2,ECOUNT
    ENUM(I)=ELNEXT(ENUM(I-1))
*ENDDO

!***** 第二步：按单元定义每个单元的压力 *****
!PN(X,Y)=C0+C1*X**3+C2*Y**3
C0=0.1
C1=5
C2=5

*DO,I,1,ECOUNT
    ESEL,S,,,ENUM(I)
    NSLE,R
    *GET,N_E,NODE,,COUNT
```

```
    XN=NX(NELEM(ENUM(I),1))
    YN=NY(NELEM(ENUM(I),1))
    ZN=NZ(NELEM(ENUM(I),1))
    PN1=C0+C1*XN**3+C2*YN**3

    XN=NX(NELEM(ENUM(I),2))
    YN=NY(NELEM(ENUM(I),2))
    ZN=NZ(NELEM(ENUM(I),2))
    PN2=C0+C1*XN**3+C2*YN**3

    XN=NX(NELEM(ENUM(I),3))
    YN=NY(NELEM(ENUM(I),3))
    ZN=NZ(NELEM(ENUM(I),3))
    PN3=C0+C1*XN**3+C2*YN**3

    PN4=0
    *IF,N_E,EQ,4,THEN
      XN=NX(NELEM(ENUM(I),4))
      YN=NY(NELEM(ENUM(I),4))
      ZN=NZ(NELEM(ENUM(I),4))
      PN4=C0+C1*XN**3+C2*YN**3
    *ENDIF

    SFE,ENUM(I),1,PRES, ,PN1,PN2,PN3,PN4
*ENDDO
CMSEL,S,E_SEL

!***** 第三步：删除宏内部引用的变量 *****
CMDELE,E_SEL
XN=
YN=
ZN=
PN1=
PN2=
PN3=
N_E=
ECOUNT=
```

```
ENUM(1)=
ANUM=

*END

!~~~~~~~~~~~~~~~~~~~~~~~~~~~~~~~~~~~~~~~~~~~~~~~~~~~~~~~
!
!演示主分析程序
!
FINISH
/CLEAR,START

/VIEW, 1 ,1,1,1
/ANG, 1
/PREP7
ET,1,SHELL63

R,1,0.1

MP,EX,1,2E11
MP,NUXY,1,0.3
MP,DENS,1,7800

RECTNG,-5,5,-5,5,
ESIZE,1,
MSHAPE,0,2D
MSHKEY,1
AMESH,ALL

/PSF,PRES,NORM,2,0          !打开压力箭头显示开关
PRESS_FUNCT                 !调用压力施加宏 PRESS_FUNCT.MAC
EPLOT

ALLSEL,ALL
FINISH
SAVE
```

16.8 施加表载荷进行载荷插值求解

本书前面已经介绍过表参数，其最大特点就是提供按行、列和面的下标进行线性插值的功能，可以用于定义随时间变化的边界条件或者载荷、响应谱曲线、压力曲线、材料－温度曲线、磁性材料的 B-H 曲线等。如图 16-11 所示为弹簧质量系统，弹簧的拉压刚度是 900N/m，集中质量为 100kg，弹簧一端固定，另一端作用一个拉力，如图 16-12 所示为 0～15 秒间拉力随时间变化曲线，计算该系统质量点的位移随时间的响应曲线。

图 16-11　弹簧－质量系统

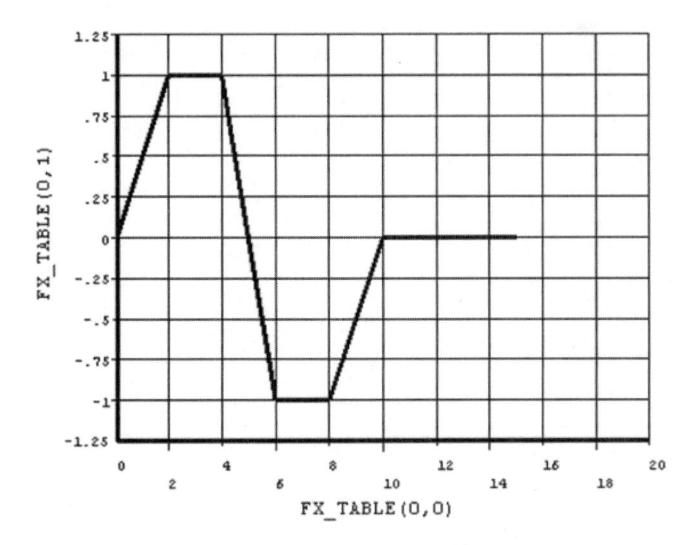

图 16-12　拉力－时间关系曲线

下面利用表载荷施加随时间变化的拉力载荷，并利用它求解整个时间段上系统的瞬态响应。在瞬态动力学求解时，必须选择合理的时间积分步长，我们可以取系统周期的 1/20 作为通用的首选积分时间步长。系统的固有频率为 0.47746Hz，所以积分时间步长可以大致取 1/(20×0.47746)。实现该过程的命令流如下：

```
!
!第一步：初始化 ANSYS 环境
!
FINISH
/CLEAR,START
/FILNAME,Table-load-demo,0

!
```

```
!第二步：创建弹簧—质量有限元模型
!
/PREP7
ET,1,MASS21          !定义单元类型 1：质量单元 21
KEYOPT,1,3,4         !单元类型 1 的选项：二维无转动惯量的质量单元
R,1,100,             !定义单元实常数 1：质量单元的质量

ET,2,COMBIN14        !定义单元类型 2：弹簧—阻尼单元 14
KEYOPT,2,2,1         !单元类型 2 的选项：UX 一维拉压弹簧—阻尼单元
R,2,900,             !定义单元实常数 2：弹簧刚度

N,1,,,,,,            !定义节点
N,2,1,,,,,

TYPE,1
REAL,1
E,2                  !定义质量单元

TYPE,2
REAL,2
E,1,2                !定义弹簧元

D,1,ALL              !固定弹簧元的一端所有自由度
D,2,UY               !固定弹簧元的一端自由度 UY

FINISH
SAVE

!
!第三步：利用表载荷进行求解
!
/SOLU
ANTYPE,4             !选择瞬态分析类型
TRNOPT,FULL          !选择瞬态完全法
```

```
*DIM,FX_TABLE,TABLE,7,1,1             !定义表参数 FX_TABLE
FX_TABLE(1,0)=0,2,4,6,8,10,15         !表 FX_TABLE 的第 0 列赋值
FX_TABLE(0,1)=1,0,1,1,-1,-1,0,0       !表 FX_TABLE 的第 1 列赋值
F,2,FX,%FX_TABLE%                     !弹簧一端施加 FX_TABLE 表载荷

TIME,15                               !计算终点时间
AUTOTS,0                              !关闭自动调整时间步长功能
KBC,0                                 !载荷按线性增加
DELTIM,1/(20*0.47746),0,0             !设置积分时间步长
OUTRES,ALL,ALL                        !输出所有子步结果到结果文件
SOLVE
FINISH

!
!第四步：绘制质量点的位移响应曲线
!
/POST26
NSOL,2,2,U,X,UX_2            !定义质量点位置的位移 ux 记录变量 2
XVAR,1                       !X 轴显示时间
PLVAR,2,                     !绘制变量 2（X 轴）的曲线
```

该过程的运行结果如图 16-13 所示。显然系统曲线同时反映了激励和系统固有特性两个方面的频率特性，激励的周期基本可以认为是 0.1Hz，系统的固有频率为 0.47746Hz，系统响应基本以激励频率信号为主，系统固有频率信号叠加在激励主频率信号中。

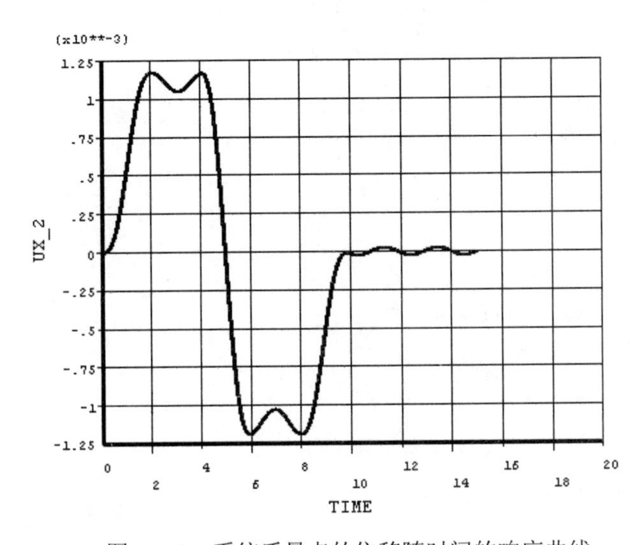

图 16-13　系统质量点的位移随时间的响应曲线

17

基于 APDL 的专用分析程序二次开发实例

在实际工作中，经常开发一些专用分析程序实现特殊目的，把这些专用的分析程序编写成一个个的宏文件，然后由一个主分析程序控制整个流程，在需要的时候调用所需要的宏文件。宏文件中经常需要给某些参数进行赋值，这时可以利用 APDL 的界面语句定制简单的参数赋值界面并建立适当的消息机制。当所有分析程序和宏文件都编好后形成一个专用分析程序时，可以利用缩写功能在工具条上建立按钮进行专用分析程序的驱动和调用，实现专用分析流程的过程控制。

下面以图 17-1 所示的门字架为例创建一个门字架专用分析程序，该程序中要求门字架的高度和宽度尺寸可以进行调整，两根柱和横梁可以选择截面 1 和截面 2 中的任意一种，门字架的材料可以选择材料 1 和材料 2 中的任意一种。门字架两根柱的底部完全固定，横梁承受垂直向下的分布压力载荷，要求程序中每次提示输入的压力载荷，从而计算不同尺寸和不同压力作用下的门字架的轴力和弯矩，并绘制轴力和弯矩图。

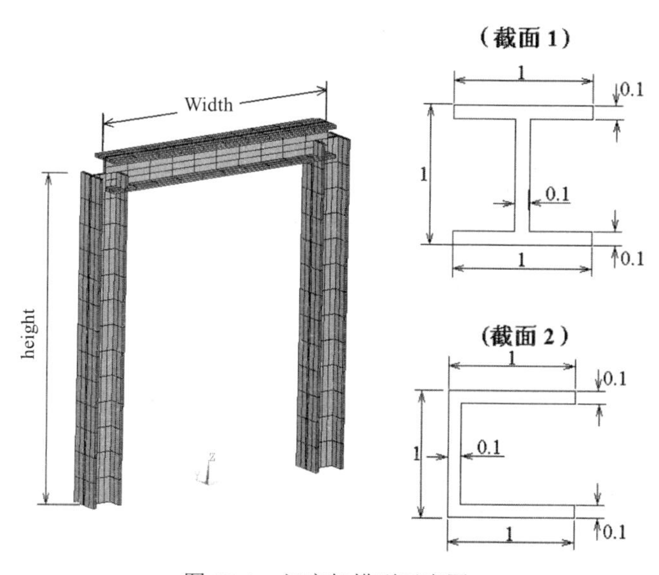

图 17-1　门字架模型示意图

材料 1：弹性模量=1.96e11，泊松比=0.32，密度=7500

材料 2：弹性模量= 2.1e11，泊松比= 0.29，密度= 7800

利用工具条按钮调用分析宏文件，实现上述分析对象的有限元参数化建模、求解和后处理过程，主要分两个方面的技术，分两步实施：首先，在计算机系统的 C:盘中创建门字架专用分析宏文件存储目录 c:\FrameAnalysis；然后，在该目录中创建一序列的宏文件分别实现不同的有限元分析功能。

该专用分析程序包括 9 个宏文件，名称和功能如下：

- Frame_model.mac：参数化有限元建模程序，实现交互输入门字架的几何尺寸、选择材料类型和梁柱的截面类型选择功能，最终存储有限元模型 frame.db 文件。
- Frame_Pres.mac：进入求解器，固定两根柱的底端，交互输入横梁的压力值并施加压力，然后执行求解。
- Frame_Plot_USUM.mac：绘制门字架的总变形图。
- Frame_Plot_SEQV.mac：绘制门字架的等效应力图。
- Frame_Axis_Force.mac：绘制门字架的轴力 N 图。
- Frame_Mx.mac：绘制门字架的扭矩 MX 图。
- Frame_MY.mac：绘制门字架的弯矩 MY 图。
- Frame_Mz.mac：绘制门字架的弯矩 MZ 图。
- Frame_AVI_SEQV.mac：动画显示门字架的等效应力图。

下面给出上述 9 个宏文件的程序命令流。

（1）Frame _model.mac 宏文件包含的命令流。

```
!~~~~~~~~~~~~~~~~~~~~~~~~~~~~~~~~~~~~~~~~~~~~~~~~~~~~~~~~~~~~
!第一步：初始化 ANSYS 环境
!
FINISH
/CLEAR
/FILNAME,Demo_frame

/VIEW,1,-0.50,-0.83,0.25    !调整模型显示方位和角度
/ANG, 1,66
!~~~~~~~~~~~~~~~~~~~~~~~~~~~~~~~~~~~~~~~~~~~~~~~~~~~~~~~~~~~~
!第二步：定义门字架的高度与宽度
!
multipro,'start',2      !交互输入门字架的几何尺寸
    *cset,1,3,Height, 'Height of Frame:',10
    *cset,4,6,Width, 'Width of Frame:', 8
multipro,'end'
```

```
*IF,_BUTTON,EQ,1,THEN            !如果选择 Cancel 按钮则终止运行宏
    /EOF
*ENDIF

!~~~~~~~~~~~~~~~~~~~~~~~~~~~~~~~~~~~~~~~~~~~~~~~~~~~~~~~~~~~
!第三步：选择门字架的材料
!（1：材料 1；2：材料 2）
!*
*ASK,N_mat,the Material Type of Frame(1/2),1
*IF,N_mat,NE,1,AND,N_mat,NE,2,THEN
                                 !选择了非 1 或 2 时终止运行宏
    /EOF
*ENDIF

!~~~~~~~~~~~~~~~~~~~~~~~~~~~~~~~~~~~~~~~~~~~~~~~~~~~~~~~~~~~
!第四步：选择门字架的截面形式
!（1：H 截面；2：U 截面）
!
*ASK,N_section,the Section Type of Frame(1/2),1
*IF,N_section,NE,1,AND,N_section,NE,2,THEN
                                 !选择了非 1 或 2 时终止运行宏
    /EOF
*ENDIF

!~~~~~~~~~~~~~~~~~~~~~~~~~~~~~~~~~~~~~~~~~~~~~~~~~~~~~~~~~~~
!第五步：根据参数创建有限元模型
!
*DIM,Lxyz,,3,3                   !三根梁截面的方向矢量
*IF,N_section,EQ,1,THEN
                                 !选择不同截面定义不同方向矢量
   Lxyz(1,1)=1,0,-1
   Lxyz(1,2)=0,0,0
   Lxyz(1,3)=0,1,0
*ELSE
   Lxyz(1,1)=0,0,0
   Lxyz(1,2)=1,1,-1
   Lxyz(1,3)=0,0,0
```

```
*ENDIF

/PREP7
!*******************************************
ET,1,BEAM189                              !定义单元类型 1

!*******************************************
SECTYPE,1,BEAM,I,H-Sect,1                 !定义 H 截面
SECOFFSET,CENT
SECDATA,1,1,1,0.1,0.1,0.1,0,0,0,0

SECTYPE,2,BEAM,CHAN,U-Sect,1              !定义 U 截面
SECOFFSET, CENT
SECDATA,1,1,1,0.1,0.1,0.1,0,0,0,0

!*******************************************
MP,EX,1,1.96e11                           !定义 1 号材料：钢材 1
MP,NUXY,2,0.32
MP,DENS,1,7500

MP,EX,2,2.1e11                            !定义 2 号材料：钢材 2
MP,NUXY,2,0.29
MP,DENS,2,7800

!*******************************************
K,1,-Width/2,0,0                          !定义结构模型关键点
K,2,-Width/2,0,Height
K,3, Width/2,0,Height
K,4, Width/2,0,0

LSTR,1,2                                  !三段直线
LSTR,2,3
LSTR,4,3

/PNUM,KP,1
/PNUM,LINE,1
/NUMBER,0
```

```
GPLOT

!*******************************************
!利用方向矢量定义三根梁的方向关键点
K,11,KX(1)+Lxyz(1,1),KY(1)+Lxyz(1,2),KZ(1)+Lxyz(1,3)
K,12,KX(2)+Lxyz(2,1),KY(2)+Lxyz(2,2),KZ(2)+Lxyz(2,3)
K,13,KX(4)+Lxyz(3,1),KY(4)+Lxyz(3,2),KZ(4)+Lxyz(3,3)

!*******************************************
LSEL,S,,,1
LATT,N_mat,,1,,11,,N_section            !给线 1 分配单元属性

LSEL,S,,,2
LATT,N_mat,,1,,12,,N_section            !给线 2 分配单元属性

LSEL,S,,,3
LATT,N_mat,,1,,13,,N_section            !给线 3 分配单元属性

LSEL,ALL
*IF,Width,GT,Height,THEN                !定义单元尺寸
    LESIZE,ALL,Height/10,,,,,,,1
*ELSE
    LESIZE,ALL,Width/10,,,,,,,1
*ENDIF
/ESHAPE,1
LMESH,ALL                               !划分梁单元网格

!~~~~~~~~~~~~~~~~~~~~~~~~~~~~~~~~~~~~~~~~~~~~~~~~~~
!第六步：存储模型 Frame.db
!
SAVE,Frame,db                           !存储模型 Frame.db
FINISH
```

（2）Frame_Pres.mac 宏文件包含的命令流。

```
!~~~~~~~~~~~~~~~~~~~~~~~~~~~~~~~~~~~~~~~~~~~~~~~~~~
!第一步：读入分析模型 Frame.db
!
FINISH
```

```
/CLEAR
/FILNAME,frame_PRESSURE
RESUME,Frame,db                    !读入门字架模型 Frame.db
EPLOT

!~~~~~~~~~~~~~~~~~~~~~~~~~~~~~~~~~~~~~~~~~~~~~~~~~~~
!第二步：进入静力求解
!
FINISH
/SOLU

DK,1, , , ,0,ALL                   !固定门字架两根柱的底端
DK,4, , , ,0,ALL

!~~~~~~~~~~~~~~~~~~~~~~~~~~~~~~~~~~~~~~~~~~~~~~~~~~~
!第三步：定义压力载荷大小
!
multipro,'start',1                 !交互输入门字架的横梁压力值
    *cset,1,3,Pres_top, 'the Pressure on Top Beam:',1000
multipro,'end'
*IF,_BUTTON,EQ,1,THEN              !如果选择 Cancel 按钮则终止运行宏
   /EOF
*ENDIF

LSEL,S,LOC,Z,Height
ALLSEL,BELOW,LINE
*IF,N_section,EQ,1,THEN     !按截面类型施加门字架横梁压力
  SFBEAM,ALL,1,PRES,Pres_top,Pres_top
*ELSE
  SFBEAM,ALL,2,PRES,-Pres_top,-Pres_top
*ENDIF

ALLSEL,ALL
SOLVE                       !执行求解
FINISH
```

（3）Frame_Plot_USUM.mac 宏文件包含的命令流。

```
/VIEW,1,-0.50,-0.83,0.25    !调整模型显示方位和角度
```

```
/ANG, 1,66

/POST1
set,last                    !读入最后结果序列
PLNSOL,U,SUM,0,1            !图形显示总变形结果
FINISH
```

（4）Frame_Plot_SEQV.mac 宏文件包含的命令流。

```
/VIEW,1,-0.50,-0.83,0.25    !调整模型显示方位和角度
/ANG, 1,66

/POST1
set,last                    !读入最后结果序列
PLNSOL,S,EQV,0,1            !图形显示等效应力结果
FINISH
```

（5）Frame_Axis_Force.mac 宏文件包含的命令流。

```
/VIEW, 1 ,,-1               !调整模型显示方位和角度
/ANG, 1

/POST1
set,last                    !读入最后结果序列
ETABLE,Fx-I,SMISC, 1        !定义单元表 Fx-I 和 Fx-J
ETABLE,Fx-J,SMISC, 14
PLLS,Fx-I,Fx-J,1,0          !绘制单元表，即内力 N 图
FINISH
```

（6）Frame_Mx.mac 宏文件包含的命令流。

```
/VIEW, 1 ,,-1               !调整模型显示方位和角度
/ANG, 1

/POST1
set,last                    !读入最后结果序列
ETABLE,Mx-I,SMISC, 4        !定义单元表 Mx-I 和 Mx-J
ETABLE,Mx-J,SMISC, 17
PLLS,Mx-I,Mx-J,1,0          !绘制单元表，即内力 Mx 图
FINISH
```

（7）Frame_MY.mac 宏文件包含的命令流。

```
/VIEW, 1 ,,-1               !调整模型显示方位和角度
/ANG, 1
```

```
/POST1
set,last                    !读入最后结果序列
ETABLE,My-I,SMISC, 2        !定义单元表 My-I 和 My-J
ETABLE,My-J,SMISC, 15
PLLS,My-I,My-J,1,0          !绘制单元表，即内力 My 图
FINISH
```

（8）Frame_Mz.mac 宏文件包含的命令流。

```
/VIEW, 1 ,,-1               !调整模型显示方位和角度
/ANG, 1

/POST1
set,last                    !读入最后结果序列
ETABLE,Mz-I,SMISC, 3        !定义单元表 Mz-I 和 Mz-J
ETABLE,Mz-J,SMISC, 16
PLLS,Mz-I,Mz-J,1,0          !绘制单元表，即内力 Mz 图
FINISH
```

（9）Frame_AVI_SEQV.mac 宏文件包含的命令流。

```
/VIEW,1,-0.50,-0.83,0.25    !调整模型显示方位和角度
/ANG, 1,66

/POST1
set,last                    !读入最后结果序列
PLNSOL,S,EQV                !图形显示等效应力结果
ANCNTR,10,0.1               !制作等效应力动画结果
FINISH
```

修改 ANSYS 系统文件.../Ansys Inc/v140/ANSYS/apdl/start140.ans（即 ANSYS 安装路径中的启动文件），即利用文本编辑器打开 start140.ans 文件，在该文件的最后面添加一序列命令，其中需要利用/PSEARCH 命令设置门字架专用分析系统的所有宏文件的存放路径，这里已经假设存放在 c:\FrameAnalysis 中；利用*ABBR 定义一系列的缩写按钮，通过按钮调用在 c:\FrameAnalysis 路径中的各个专用分析宏文件。在 start140.ans 文件的最后添加下列命令，然后存盘覆盖原有的.../Ansys Inc/v140/ANSYS/apdl/start140.ans 文件：

```
!~~~~~~~~ 门字架计算专用程序初始化设置 ~~~~~~~~~~~~~~~~~~~~~~~~~~~~~~
/PSEARCH, c:\FrameAnalysis                 !指定门字架分析宏文件存放路径

*ABBR, Frame_model,Frame_model             !定制工具条按钮
*ABBR, Frame_Pres, Frame_Pres
```

```
*ABBR, Frame_USUM, Frame_PLOT_USUM
*ABBR, Frame_SEQV, Frame_PLOT_SEQV
*ABBR, Frame_N, Frame_Axis_Force
*ABBR, Frame_Mx, Frame_Mx
*ABBR, Frame_My, Frame_My
*ABBR, Frame_Mz, Frame_Mz
*ABBR, Frame_AVI_SEQV,Frame_AVI_SEQV
!~~~~~~~~~~~~~~~~~~~~~~~~~~~~~~~~~~~~~~~~~~~~~~~~~~~~~~~~~~~~~~~~~~~~~~~~~~~~
```

现在所有的工作已经完成，只需以交互方式重新启动 ANSYS 14.0 程序，进入 ANSYS 交互界面环境中，工具条中相对于默认状态增加了以下 9 个按钮：

- FRAME_MODEL：运行宏文件 Frame _model.mac。
- FRAME_PRES：运行宏文件 Frame_Pres.mac。
- FRAME_USUM：运行宏文件 Frame_Plot_USUM.mac。
- FRAME_SEQV：运行宏文件 Frame_Plot_SEQV.mac。
- FRAME_N：运行宏文件 Frame_Axis_Force.mac。
- FRAME_MX：运行宏文件 Frame_Mx.mac。
- FRAME_MY：运行宏文件 Frame_My.mac。
- FRAME_MZ：运行宏文件 Frame_Mz.mac。
- FRAME_AVI_SEQV：运行宏文件 Frame_AVI_SEQV.mac。

下面演示门字架专用分析程序的操作过程与方法。

第一步：创建门字架的有限元模型。

（1）单击工具条中的 FRAME_MODEL 按钮，弹出如图 17-2 所示的门字架的高度与宽度输入对话框，分别输入门字架的高度和宽度数值，也可以采用如图所示的默认值。这里，假设采用高度和宽度的默认值，单击 Cancel 按钮则程序终止运行，如果单击 OK 按钮则继续执行下一步操作。

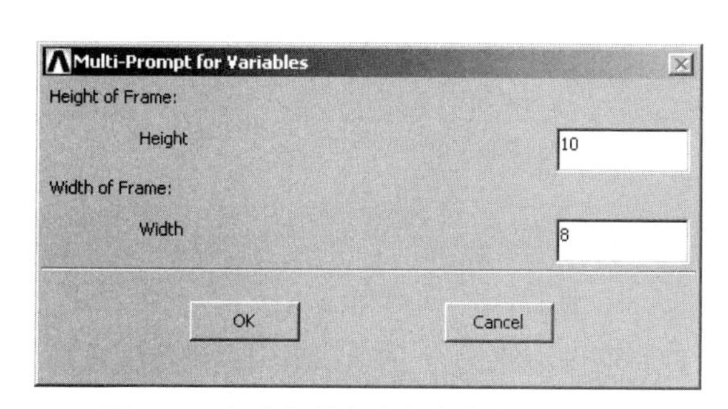

图 17-2　门字架的高度与宽度输入对话框

（2）弹出如图 17-3 所示的选择门字架的材料类型（1 或者 2）对话框，输入门字架的材料号，只能输入 1 或者 2，否则程序将终止运行。这里假设输入材料号 2，单击 OK 按钮则继续执行下一步操作。

（3）弹出如图 17-4 所示的选择门字架的截面类型（1 或者 2）对话框，输入门字架的截面类型，只能输入 1（代表 H 形截面）或者 2（代表 U 形截面），否则程序将终止运行。如果输入 1 并单击 OK 按钮则生成工字形截面门字架，如图 17-5（a）所示；如果输入 2 并单击 OK 按钮则生成槽形截面门字架，如图 17-5（b）所示。最后，门字架模型数据库存储在文件 frame.db 中。

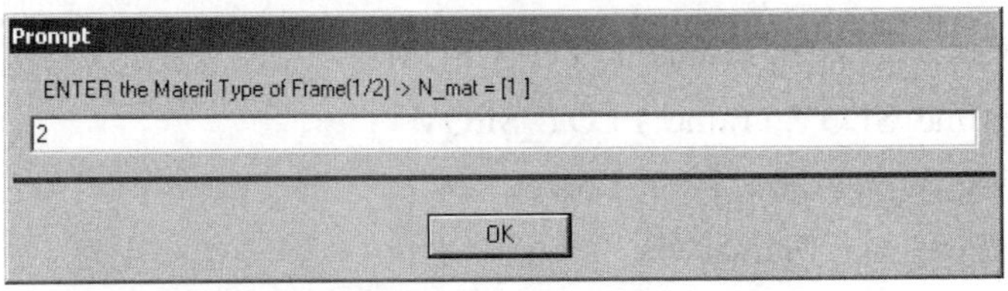

Prompt
ENTER the Materil Type of Frame(1/2) -> N_mat = [1]
2
OK

图 17-3　选择门字架的材料类型（1 或者 2）

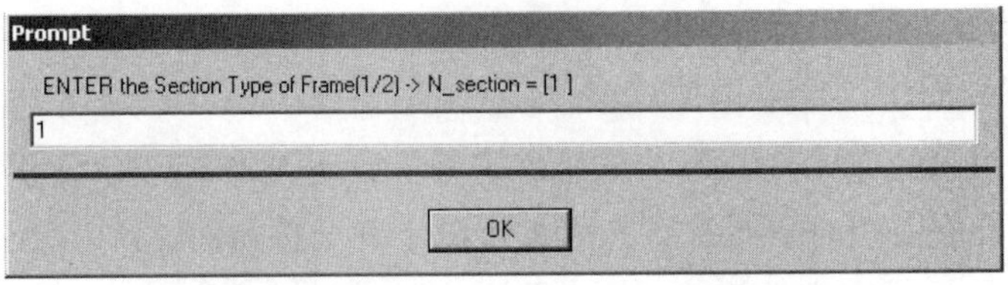

Prompt
ENTER the Section Type of Frame(1/2) -> N_section = [1]
1
OK

图 17-4　选择门字架的截面类型（1 或者 2）

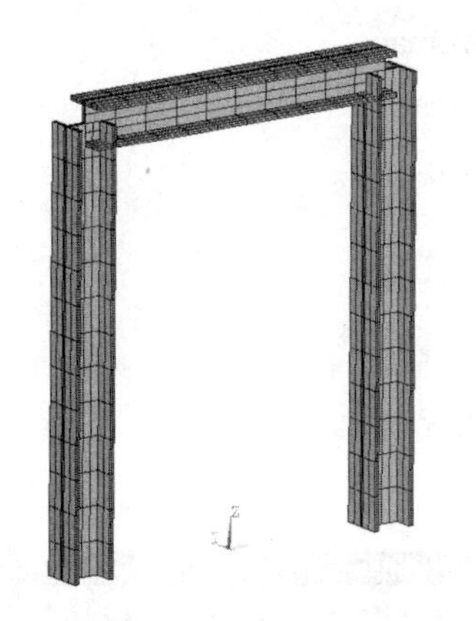

（a）选择截面 1 时的门字架　　　　（b）选择截面 2 时的门字架

图 17-5　不同截面类型（1 或者 2）的门字架

第二步：施加门字架的边界条件和压力载荷并执行求解。

单击工具条中的 FRAME_PRES 按钮，弹出如图 17-6 所示的输入门字架的横梁承受的垂直向下作用的压力值（正值，仅仅表示压力大小）。这时，如果单击 Cancel 按钮则程序终止求解过程，如果输入压力之后单击 OK 按钮则继续执行求解过程。这里假设采用默认压力值，然后单击 OK 按钮，程序自动计算门字架的承载状态。

Multi-Prompt for Variables
the Pressure on Top Beam:
Pres_top
1000
OK
Cancel

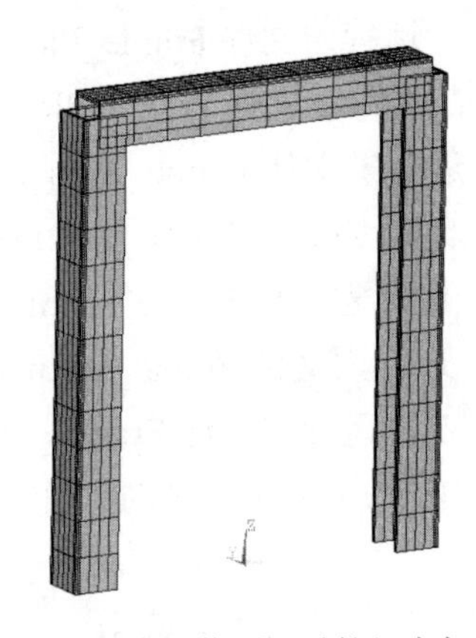

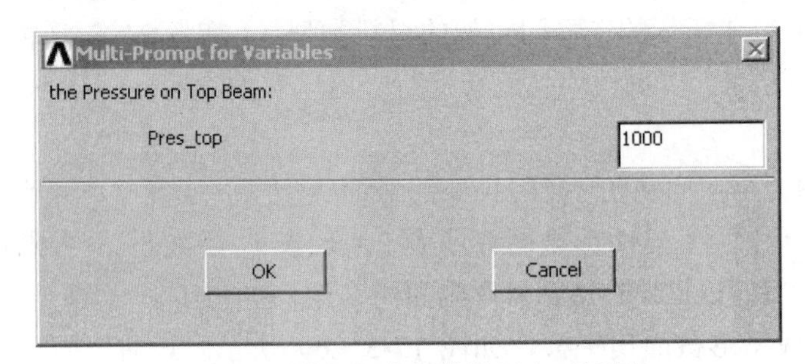

图 17-6　施加门字架横梁压力对话框

第三步：浏览门字架的计算结果。

下面以默认门字架高度（10）和宽度（8），选择 1 号材料类型和 2 号截面类型，施加默认压力（1000N）条件下的结果后处理为例，演示门字架专用分析程序的结果后处理操作，包括以下 7 种结果的处理：

（1）单击工具条中的 FRAME_USUM 按钮绘制门字架的总变形图，结果如图 17-7 所示。

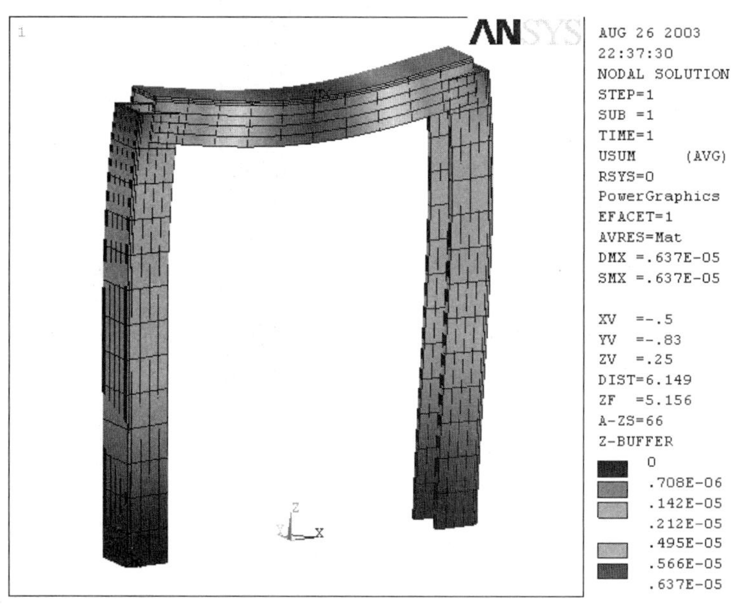

图 17-7 门字架的总变形图

（2）单击工具条中的 FRAME_SEQV 按钮绘制门字架的等效应力图，结果如图 17-8 所示。

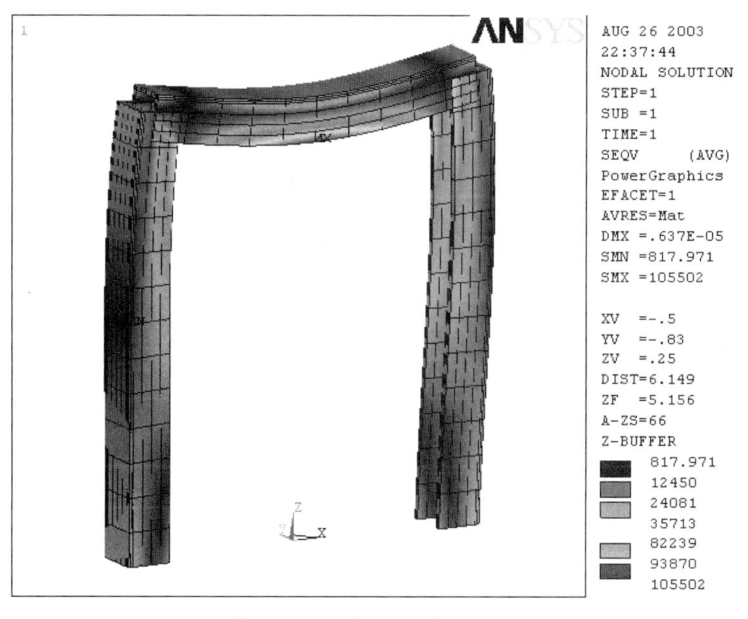

图 17-8 门字架的等效应力图

（3）单击工具条中的 FRAME_N 按钮绘制门字架的轴力 N 图，结果如图 17-9 所示。

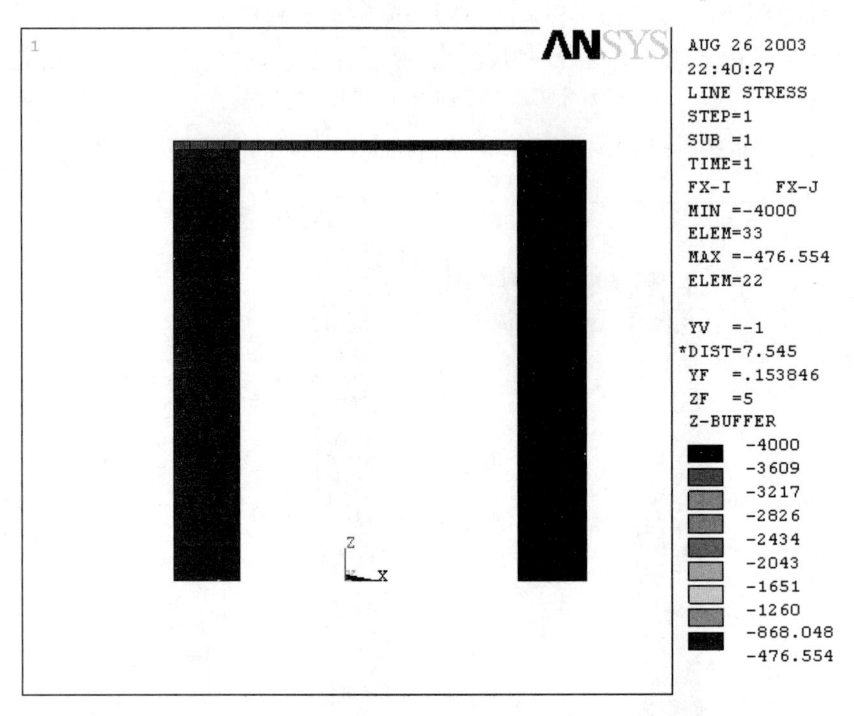

图 17-9 门字架的轴力 N 图

（4）单击工具条中的 FRAME_MX 按钮绘制门字架的扭矩 MX 图，结果如图 17-10 所示。

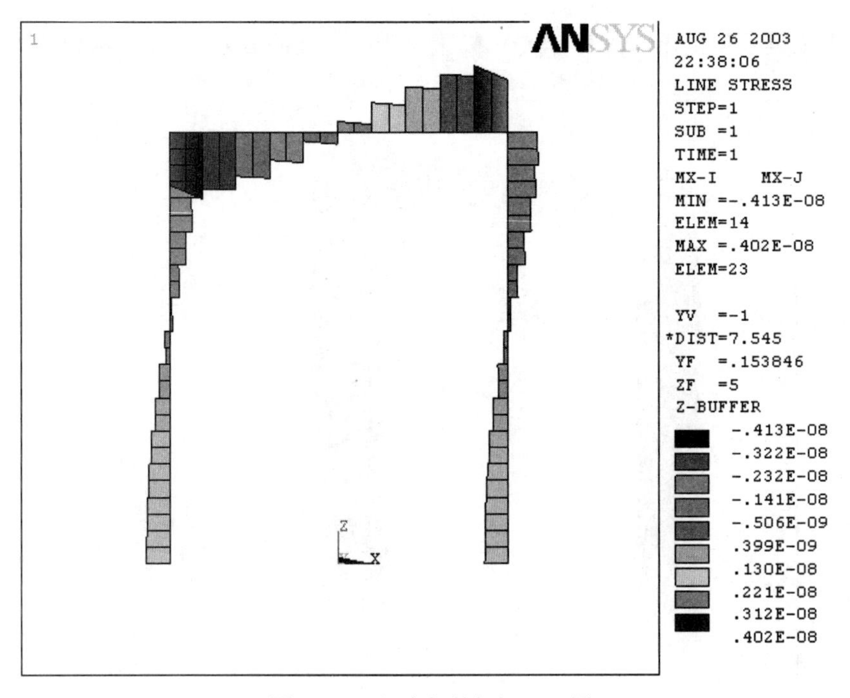

图 17-10 门字架的扭矩 MX 图

（5）单击工具条中的 FRAME_MY 按钮绘制门字架的弯矩 MY 图，结果如图 17-11 所示。

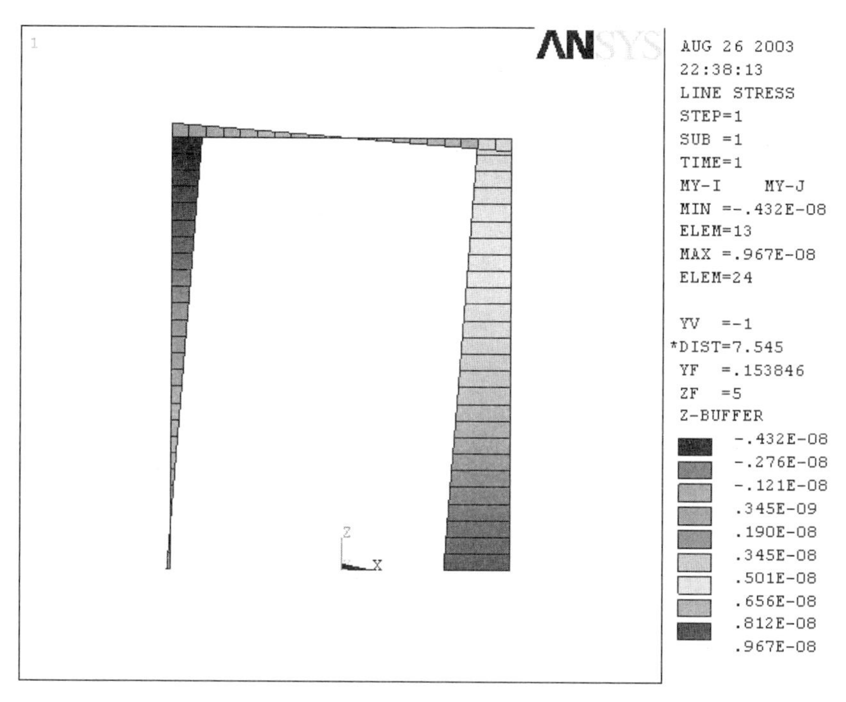

图 17-11　门字架的弯矩 MY 图

（6）单击工具条中的 FRAME_MZ 按钮绘制门字架的弯矩 MZ 图，结果如图 17-12 所示。

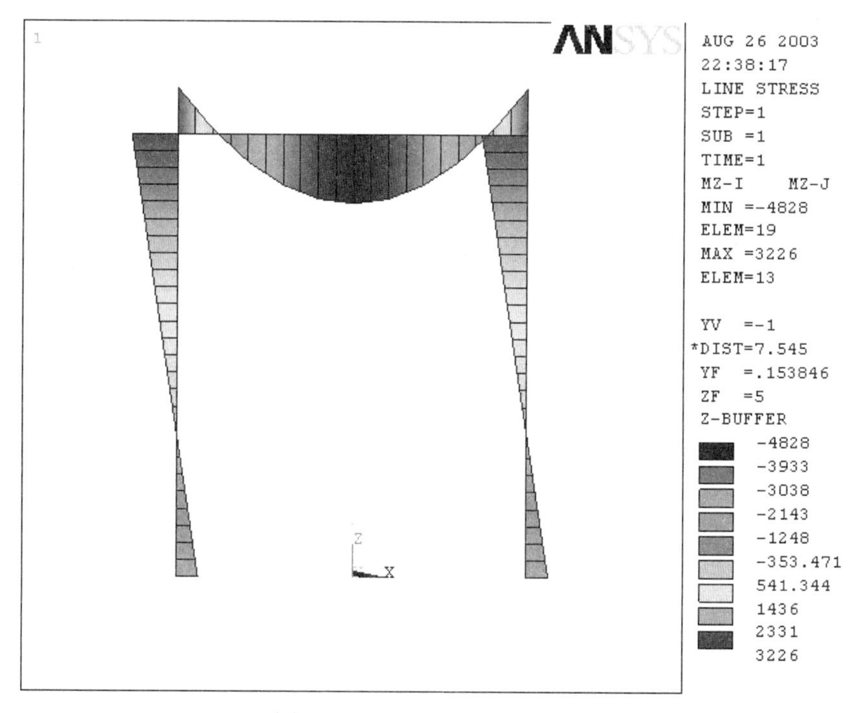

图 17-12　门字架的弯矩 MZ 图

（7）单击工具条中的 FRAME_AVI_SEQV 按钮，程序首先制作门字架的等效应力动画，然后播放等效应力动画文件，读者可以利用如图 17-13 所示的动画控制器控制动画操作。

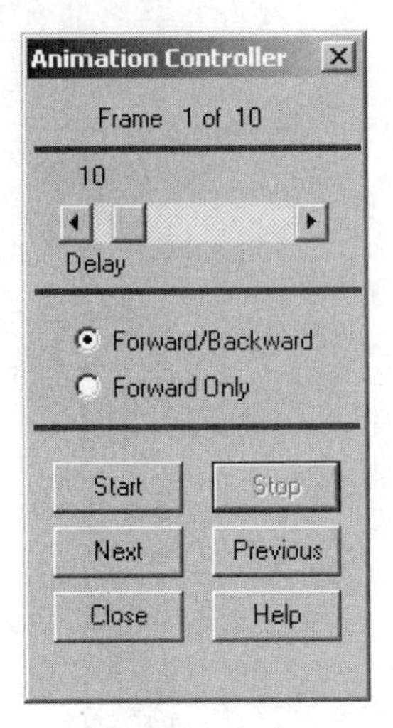

图 17-13　动画控制器

18

Workbench 中 APDL 的使用

18.1　Workbench 中使用 Mechanical APDL 的场景

ANSYS 有限元求解器在 Workbench 中称为 ANSYS Mechanical。ANSYS Mechanical 相比于 ANSYS Mechanical APDL 有几方面的优势：①与主流 CAD 软件、ANSYS DesignModeler 和 ANSYS SpaceClaim Direct Modeler 紧密集成，能够根据 CAD 模型的改变来更新整个仿真分析流程；②稳健的网格划分方法和自动接触探测；③以几何为中心的工作流程简化了仿真分析步骤，并且允许分析过程的完全自动化。ANSYS Workbench CAD-CAE 一体化分析如图 18-1 所示。

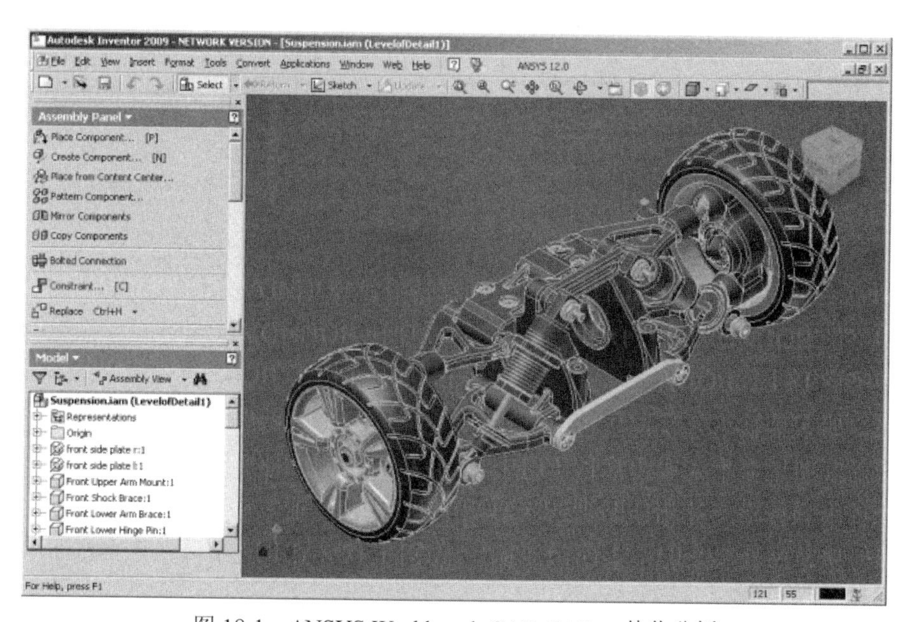

图 18-1　ANSYS Workbench CAD-CAE 一体化分析

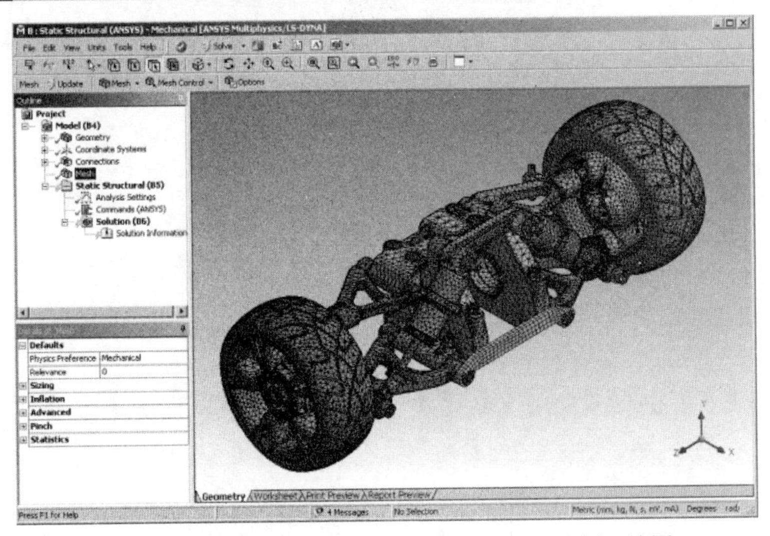

图 18-1　ANSYS Workbench CAD-CAE 一体化分析（续图）

然而，有些情况下用户希望访问网格和节点等有限元模型，以及（或者）未在 Mechanical 界面中显示出的求解器设置。例如：①添加不常用单元，如弹簧阻尼轴承单元；②使用不常用求解器或求解技术；③不匹配网格结果文件的插值处理；④复合材料梁、壳或实体材料的定义；⑤不常用非线性本构模型的使用；⑥声学或电磁场分析。对于不能直接在 Mechanical 界面下实现的 Mechanical APDL 功能，可以通过在 Mechanical 特征树中插入 Commands 对象来实现，该对象直接使用 APDL 脚本语言。

Mechanical 中使用 Commands 对象如图 18-2 所示。Geometry 分支下的体、Connection 分支下的接触对、Remote Points 分支下的远端点、Static Structural 分支和 Solution 分支均插入了 Commands 对象。

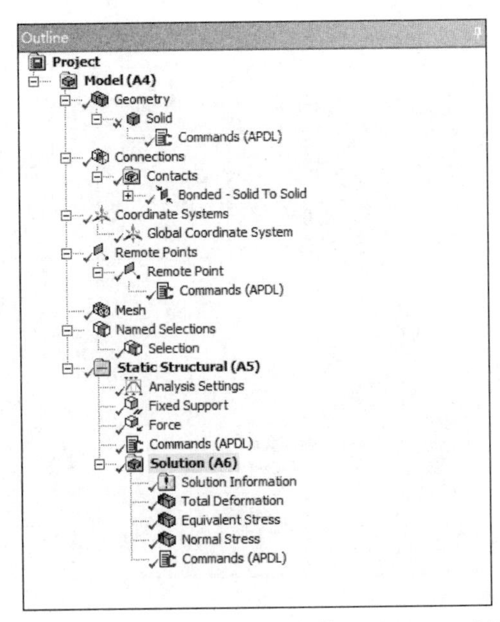

图 18-2　Mechanical 特征树中的 Commands 对象

18.2　Commands 使用预备知识

18.2.1　Mechanical 调用 Mechanical APDL 求解器原理

Mechanical 使用 Mechanical APDL 作为有限元求解器。调用过程（如图 18-3 所示）为：当用户左击 Mechanical 界面中的 Solve 图标时，软件自动创建一个输入文件并传递给 Mechanical APDL；求解器在临时路径进行求解；求解完成，Mechanical 读取 Mechanical APDL 创建的结果文件。

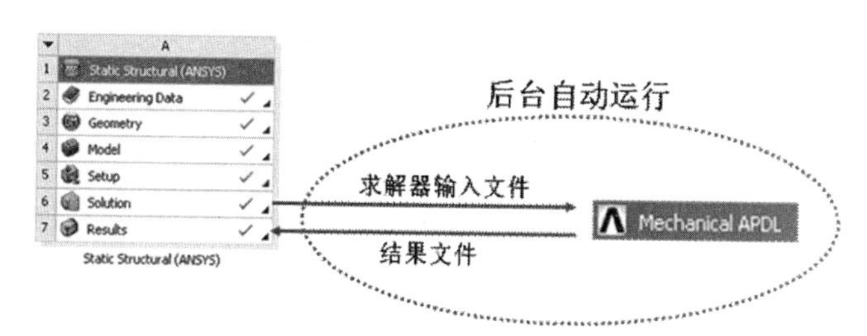

图 18-3　Mechanical 调用 Mechanical APDL 原理示意图

18.2.2　Mechanical 驱动 Mechanical APDL 方式

用户可以通过 4 种方式启动 Mechanical APDL 的 GUI 工作界面：

- 由 GeometryCell 启动，此时在 Mechanical APDL 中只有几何元素。
- 由 ModelCell 启动，此时 Mechanical APDL 中只有有限元网格（MESH200 单元）。
- 由 SetupCell 启动，此时 Mechanical APDL 中包含完整有限元模型（网格、载荷、求解设置等），这一过程常被用于验证 Mechanical 中插入 Commands 对象之后的模型正确性。
- 由 Solution Cell 启动，用于进行在 Mechanical 界面中不能完成的后处理操作。

具体地，由 Setup Cell 启动 Mechanical APDL 并验证有限元模型的方式有两种：

- 从 Toolbox:Component Systems 中拖拽 Mechanical APDL 图标并放到 Setup Cell 上。
- 右击 Setup Cell 并在弹出的快捷菜单中选择 Trasfer Data to New→Mechanical APDL，然后右击 Analysis Cell 并选择 Edit in Mechanical APDL。

这两种方式的结果相同，如图 18-4 所示。

注意

要启动的 Mechanical APDL Cell 及其上游 Cell 必须为最新状态，即项目概图中其状态图标为✓。如果上游数据不是最新状态，可以通过右击 Mechanical APDL 分析流程中的 Analysis Cell 弹出的 Refresh 或 Update 来更新流程；更多的关于 Workbench 中 Cell 状态的知识读者可以参考 ANSYS Help 中 Workbench>Getting Started in Workbench>Getting Started in ANSYS Workbench>The ANSYS Workbench Interface>Project Schematic>Systems and Cells>Understanding Cell States 的相关内容。

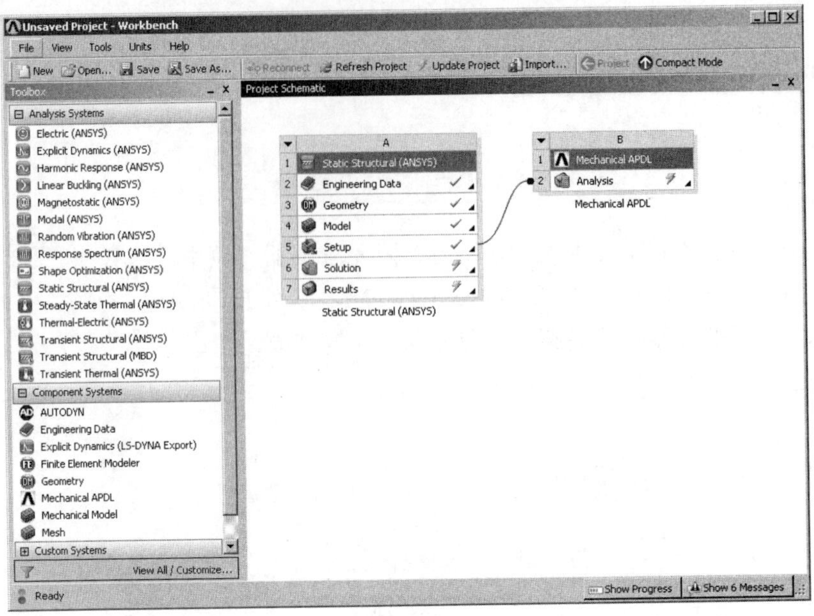

图 18-4　Mechanical APDL 界面验证有限元模型工作流程示意图

18.2.3　Mechanical APDL 文件系统

Mechanical 中 Commands 对象使用 APDL 脚本语言。正确插入 Commands 对象必须正确理解 Mechanical APDL 的文件系统，下面列出和 Commands 相关重要文件的说明：

- file.db：Mechanical APDL 的数据库文件，包含材料属性、载荷和网格等。如果进行后处理也可以包含一个结果集合。用户可以手动指定这个文件的存储与否。
- file.rst、file.rth、file.rmg：Mechanical APDL 的结果文件，也被 Mechanical 使用，包含时域或频域的多个工况分析结果集合。
- file.log：Mechanical APDL 的日志文件，记录了用户的所有操作，包括通过命令或用户界面的操作。Mechanical 中的这个文件中仅记录 Mechanical APDL 以批处理方式运行，而不存在其他信息。
- file.err：Mechanical APDL 的错误日志文件，包含所有警告及错误信息。这个文件对于判断计算结果可靠性、非线性问题不收敛性原因有重要作用。

18.2.4　使用 Commands 准备工作

在 Mechanical 中使用 Commands 对象需要注意三方面的内容：

- 求解器使用的单位制。
- Mechanical APDL 数据库文件。
- 创建或者删除单元和其他对象。

APDL 命令的输入参数是与单位制相关的。由于不同单位制下载荷、材料属性等数据的数值是不同的，所以必须清楚 Commands 对象执行时的单位制。由于 Mechanical 中的 Commands 对象是通用的，而没有一种机制自动根据 Units 菜单中设置的激活单位制自动改变输入参数的数值，因此强烈建议使用 Commands 对象的用户手动指定求解器使用的单位制。手动指定的方式将特征树 Analysis Settings 分支的 Solver Units 选项改为 Manual。通过手动指定求解器单位制可以确保插入的 Commands 对象在任意激活单位制下均正常运行。

默认情况下 Mechanical 并不保存 Mechanical APDL 的模型数据库文件 file.db。用户使用 Commands 对象时的一个好习惯是保存该 db 文件。设置方法是，在 Analysis Settings 分支下的 Analysis Data Management 区中将 Save ANSYS db 选项设置为 Yes；如果需要求解器生成的其他文件，用户也可以将 Delete Unneeded Files 选项设置为 No，如图 18-5 所示。

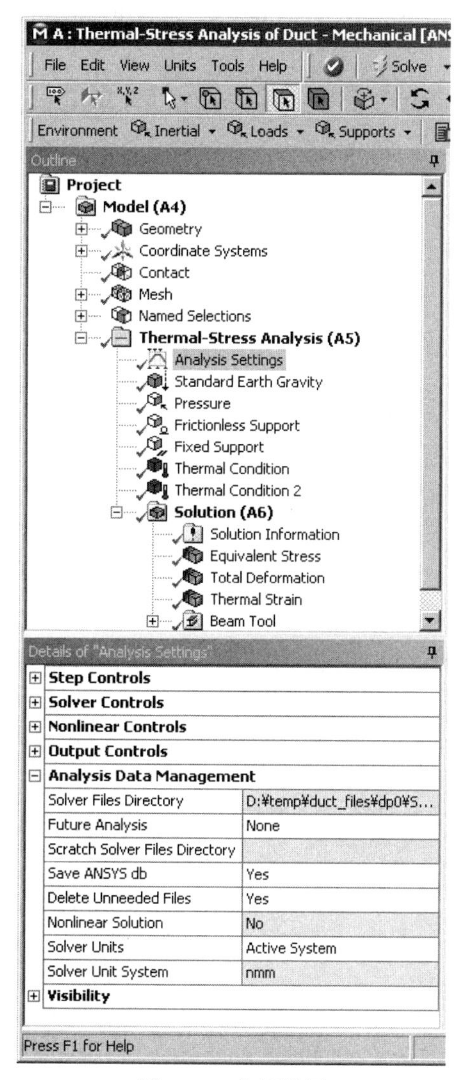

图 18-5　分析设置

Mechanical 不知道 Commands 对象中进行的创建或者删除单元操作。如果使用 Commands 对象创建单元，那么这些单元的后处理操作必须在 Mechanical APDL 下进行。尽可能避免使用 Commands 对象删除 Mechanical Mesh 分支生成的网格，因为此网格与 Geometry 分支的几何模型是相关联的，几何更新之后 Commands 中的删除语句就会失效或者出现意外结果。

18.3 Mechanical 使用 Commands 对象

Mechanical 特征树中的分支有一部分可以使用 Commands 对象，包括：Geometry 分支下的任何体，Remote Points 分支下的任意远端点，Connection 分支下的任意接触对、点焊、运动副、弹簧、梁，分析类型分支的任意位置，Solution 分支的任意位置。

Mechanical 中虽然不能插入 Commands 对象，但对插入 Commands 对象有重要作用的两个分支是 Coordinate Systems 和 Named Selections。Coordinate Systems 分支下的局部坐标系可以手动指定 APDL 命令使用的坐标系 ID 号。这一坐标系可以用于选取节点或者将结果映射到该坐标系下等。Named Selections 对应于 Mechanical APDL 下的节点组和单元组，Commands 中对节点组操作的命令可以根据 Named Selections 的改变而改变，而不用担心节点、单元的编号改变。

Mechanical 中的其他分支，例如 Construction Geometry、Virtual Topology、Symmetry、Mesh 和 Solution Combination 不需要使用 APDL 命令，所以也不能在这些分支下插入 Commands 对象。

下面讲述对 Commands 对象有重要作用的工具和不同分支插入 Commands 对象的方法及注意事项。

18.3.1 Commands 重要工具

Named Selections（命名选择）是 Mechanical 的 Commands 对象访问 Mechanical APDL 数据的重要手段。Mechanical 中的命名选择被转换为 Mechanical APDL 中的单元或节点组，如图 18-6 所示。

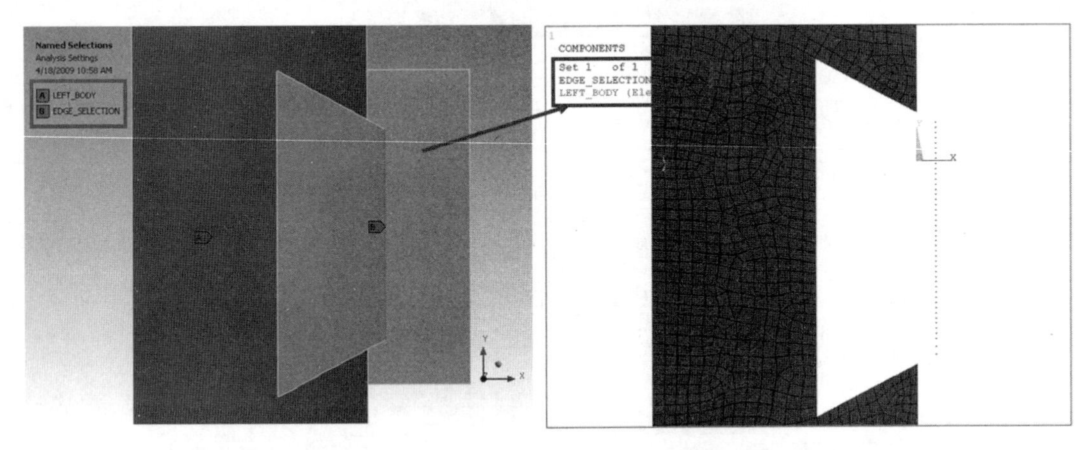

图 18-6 Mechanical 命名选择与 Mechanical APDL 组件一一对应

Mechanical 中的不同几何对象对应的命名选择在转换到 Mechanical APDL 数据中之后变为节点或单元组（即单元或节点的集合）。其中，实体几何命名选择转换为单元组；点、线、面命名选择转换为节点组，需要注意对于面体几何的面命名选择转换之后为单元组。

Mechanical 中命名选择的名称最多可以包含 32 个字符。如果在命名选择的名称中包含空格，那么 Mechanical APDL 的组名中将用下划线来代替；如果命名选择的名称以数字开头，那么 Mechanical APDL 将在组名前加前缀 C_。

绝大多数 APDL 命令能够直接作用于组。

实例 1：对名为 Pressure Boundary Condition 命名选择定义 0 压力值的两种等价形式的命令流为：

```
d,pressure_boundary_condition,pres,0
```

或者

```
cmsel,s,pressure_boundary_condition
d,all,pres,0
cmsel,all
```

Mechanical APDL 的选择命令是 Commands 有效使用的另一重要工具。

Mechanical APDL 中与 Commands 对象相关的选择命令有：

```
cmsel,type,name                          !**用于选择组（命名选择）
esel,type,item,comp,vmin,vmax            !**用于选择单元
nsel,type,item,comp,vmin,vmax            !**用于选择节点
nsle,type,nodetype                       !**用于选择与单元相连的节点
esln,type,ekey,nodetype                  !**用于选择与节点相连的单元
```

选择命令中的 type 选项有 7 个值：S（由全集中选出）、R（由已选择集合中选出）、A（将全集中目前未被选中的对象选出并添加到已选出的对象中）、U（从已选对象中取消掉选中的对象）、Inve（将现有对象在全集中取反）、None（取消所有对象选择）、All（选择所有对象），如图 18-7 所示。

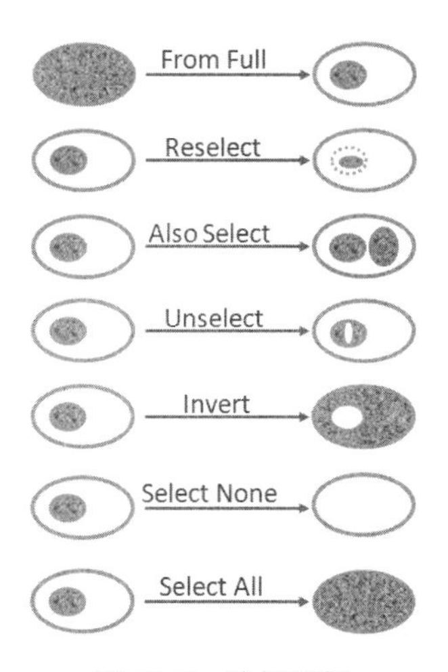

图 18-7　选择逻辑

在使用选择命令时一个好的习惯是在被选对象的操作完成之后将所有对象全部选中，这样做能够避免 Mechanical APDL 求解器只求解选中节点和单元组成的方程。

实例 2：作为选择命令的一个应用实例，考虑图 18-8 中的有限元模型。如果用户需要操作最左侧零件中与梯形零件相连的单元（右图中的单元），那么可以通过 Commands 对象来实现。具体实现之前需要定义命名选择 LEFT_BODY 由左侧零件组成，BOUNDARY_EDGE 由交界线组成。命名选择定义之后，可以使用三条命令实现上述操作：

```
cmsel,s,LEFT_BODY                  !**选择 LEFT_BODY 单元组
cmsel,s,BOUNDARY_EDGE              !**选择 BOUNDARY_EDGE 节点组
esln,r    !**从 LEFT_BODY 单元组中选择出与 BOUNDARY_EDGE 组相连的单元
```

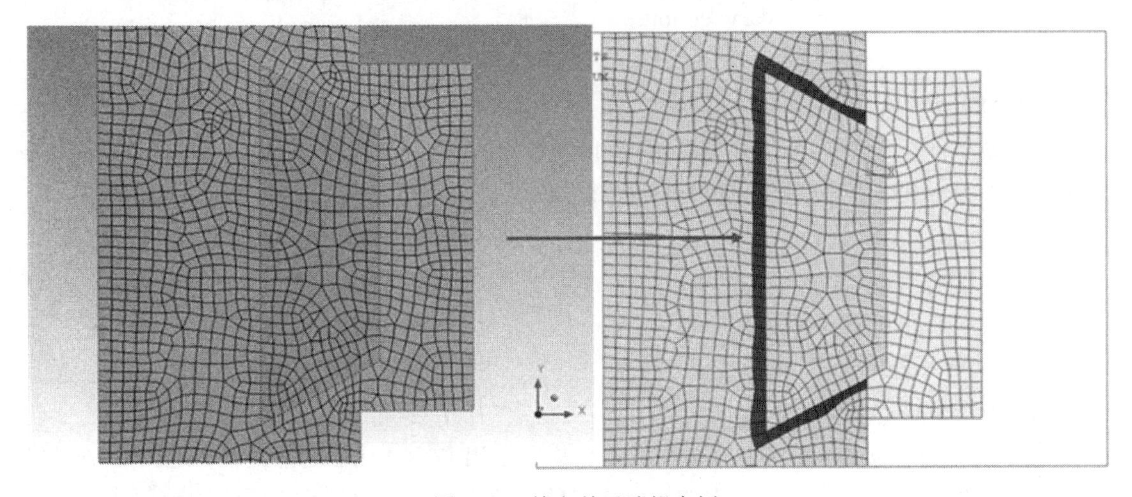

图 18-8　特定单元选择实例

上述目标的另一种实现方式（如图 18-9 所示）：首先定义 APDL 参数 LEFT_ID 和 MIDDLE_ID 分别代表左边和中间零件的单元类型 ID 号；然后使用下面的命令：

```
esel,s,type,,MIDDLE_ID        !**由全单元集中选择 ID 号为 MIDDLE_ID 的单元
nsel,s,ext                    !**由全节点集中选择当前选定单元外边界节点
esln,s                        !**由全单元集中选择与当前选定节点相连的单元
esel,r,type,,LEFT_ID          !**由现有单元集中选择 ID 号为 LEFT_ID 的单元
```

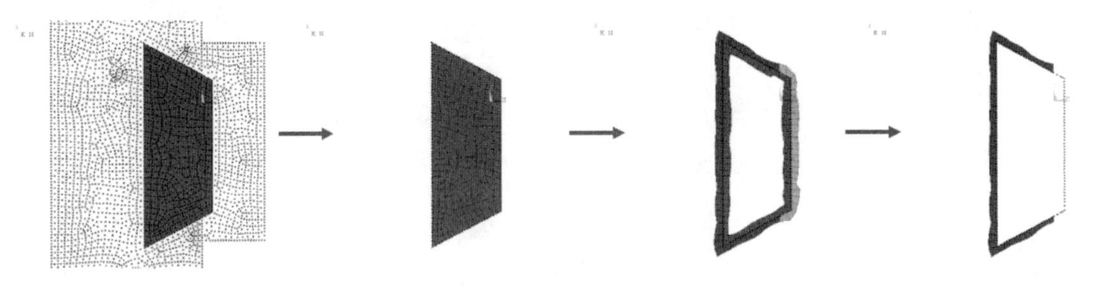

图 18-9　特定单元选择的另一种实现方式

从上述实例的两种实现方式可以看出：节点和单元的选择是相互独立的，各有各的全集；使用 APDL 选择命令的组合可以实现同一目标的多种实现方式。

图 18-10 中的有限元模型，模型左边的单元被选出而未选节点，右边的节点被选出而未选单元。

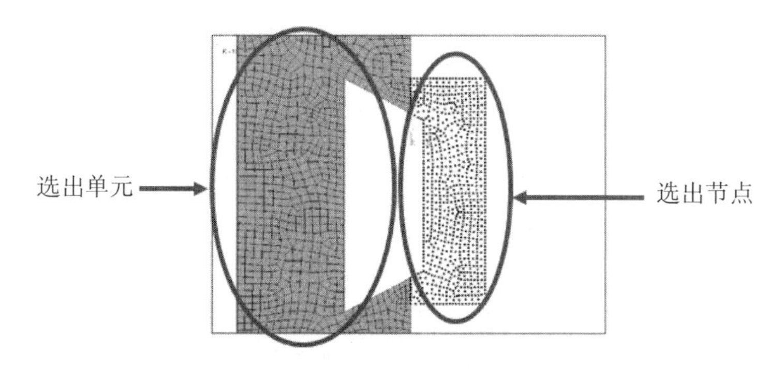

图 18-10　选择实例

实例 3：如图 18-11 所示为选择逻辑的另一个应用，用户需要选择以空间某点为圆心，以给定尺寸为半径的圆环区域节点。

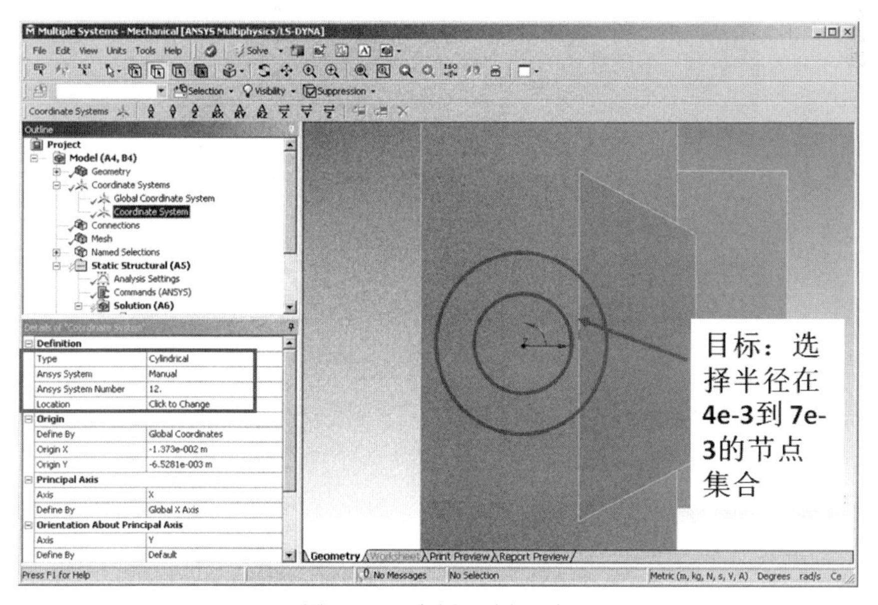

图 18-11　实例 3 选择目标

使用 Commands 对象之前需要定义圆柱局部坐标系，并指定该坐标系编号。如图 18-11 中左侧方框中的区域，此局部坐标系编号（图中的 Ansys System Number）为 12。

在定义局部坐标系之后，实现选择半径在 4e-3 到 7e-3 的节点集合命令为：

```
csys,12                    !**设置 ID 号为 12 的圆柱局部坐标系为激活坐标系(之前定义)
nsel,s,loc,x,4e-3,7e-3     !**由节点全集中选择在 12 号坐标系下半径为 4e-3 到 7e-3 的
                           !**节点（柱坐标系下 x、y 和 z 分别对应径向、周向和轴向）
csys,0                     !**设置激活坐标系为 ID 为 0 的全局笛卡儿坐标系（这是系
                           !**统默认激活坐标系）
```

选择的结果如图 18-12 所示。

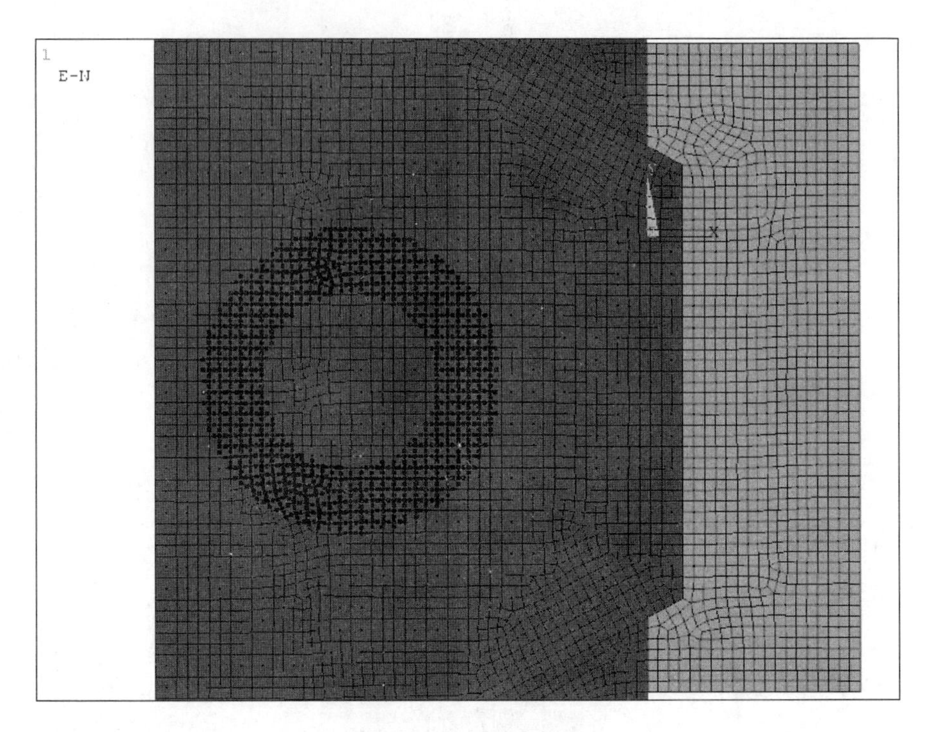

图 18-12　实例 3 选择结果

18.3.2　Geometry 分支

Geometry 分支下的 Commands 对象常用于：定义复合材料、求解目前没有显示到 Mechanical 界面下的其他物理场问题（如声学问题）、添加目前未集成到 Engineering Data 模块中的 Mechanical APDL 非线性本构模型、改变单元关键选项等。

Commands 对象可以在 Geometry 分支下的任何一个体上使用，而不能直接在 Geometry 分支或者多体零件上使用，同时也不能在 Geometry 分支下的点质量对象上使用。位于体下的 Commands 对象能够用于修改该体所对应的单元属性，包括：单元类型、材料属性、实常数或截面属性、单元坐标系。

实体几何下的 Commands 对象中包含一个名为 matid 的局部参数，对应该体的单元类型、材料属性、实常数或截面属性的 ID 号。matid 是局部参数，在不同体下 Commands 对象中的值是不同的，如果要将局部参数在其他 Commands 对象中使用，需要首先将其定义为全局 APDL 参数。

改变对应体的单元类型使用以下两条命令：

```
ET,matid,…
KEYOPT,matid,…
```

改变单元类型允许用户使用指定的单元求解不同的物理场问题，但需要注意不同物理场问题中原始单元类型和目标单元类型的节点连续性匹配问题。

Mechanical 中使用 Hex-Dominant Meshing 或者带 Free Mesh Type 选项的 MultiZone 方法划分网格时会出现金字塔单元。虽然 Mechanical APDL 中的大多数高阶单元均支持金字塔单元，但是低阶单元很少支持。因此，改变单元类型时必须查看帮助文档中的单元参考部分以确定该单元类型是否支持金字塔单元。

例如，结构 8 节点六面体单元 SOLID185 的单元手册中没有显示金字塔单元，所以在金字塔单元存在时用户不能使用该单元类型，如图 18-13 所示。

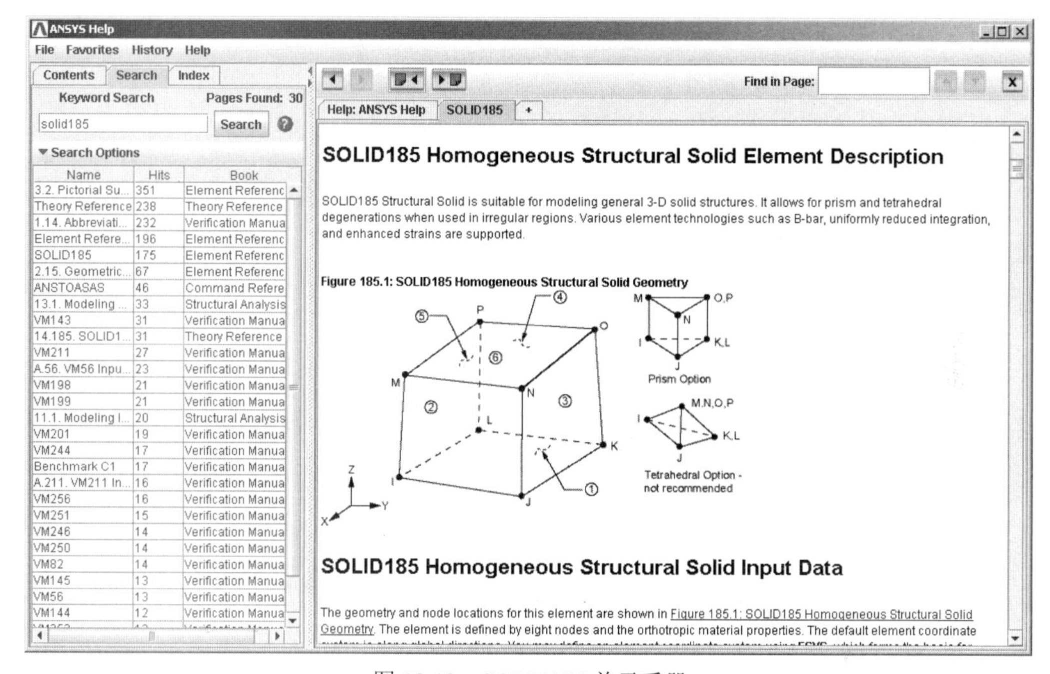

图 18-13　SOLID185 单元手册

当金字塔单元存在时，模型中一定存在四面体单元，Mechanical 将自动使用 10 节点四面体进行网格划分，此时 matid+1 代表了 10 节点四面体单元的单元类型 ID 号。

实例 1：删除指定体的所有已定义材料属性，命令如下：

```
MPDELE,ALL,matid
TBDELE,ALL,matid
```

实例 2：重新定义指定体的线弹性材料属性，命令如下：

```
MP,Label,matid,…
MPTEMP,…
MPDATA,Label,matid,…
```

实例 3：定义非线性材料属性，命令如下：

```
TB,Label,matid,…
TBTEMP,…
TBDATA,…或者 TBPT,…
```

材料属性是单元属性中唯一可以进行多次定义的属性。

实例 4：用户可以重复使用 MP 命令来定义弹性模量和密度，具体命令为：

```
MP,EX,matid,2e11
MP,DENS,matid,7850
```

同样地，定义塑性和蠕变属性的命令为：

```
MP,EX,matid,200e3
MP,NUXY,matid,0.3
TB,BISO,matid,1
TBDATA,1,300,2e3
TB,CREEP,matid,1,3,10
TBDATA,1,3.125E-14,5,0
```

实例 5：删除现有实常数，命令如下：

```
RDELE,matid
```

实例 6：删除现有截面属性，命令如下：

```
SDELE,matid
```

18.3.3 Remote Points

Remote Points（远端点）是 Mechanical 中点质量、运动副、弹簧、力矩、远端力和远端位移的共同技术基础。它们的共同特点是：每个远端点与一个几何对象相连并具有(x,y,z)坐标位置；附着在几何对象上的远端点具有可变形或刚体行为。

用户在以下情况下需要使用带有 Commands 对象的远端点：

- 减少创建用于 CMS（模态综合法）的超单元界面节点数。
- 定义监测点，用于监测给定面的平均变形。
- 创建 MNF 文件，用于 Adams/Flex 软件的刚柔混合动力学分析。

远端点由接触和目标单元组成，其中目标单元为单节点单元，代表远端点位置；接触单元与远端点定义的点、线或者面等几何对象相关联，如图 18-14 所示。

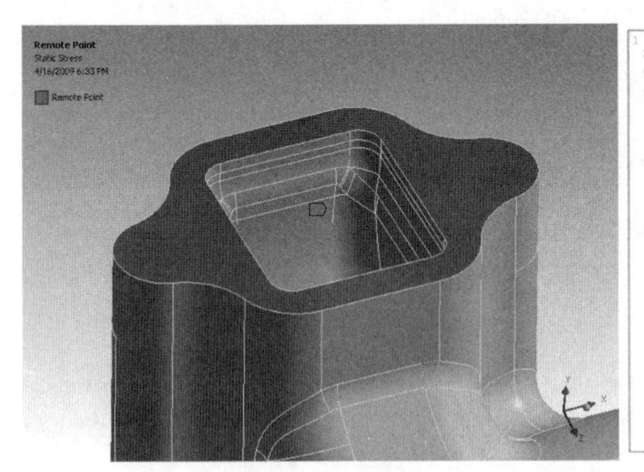

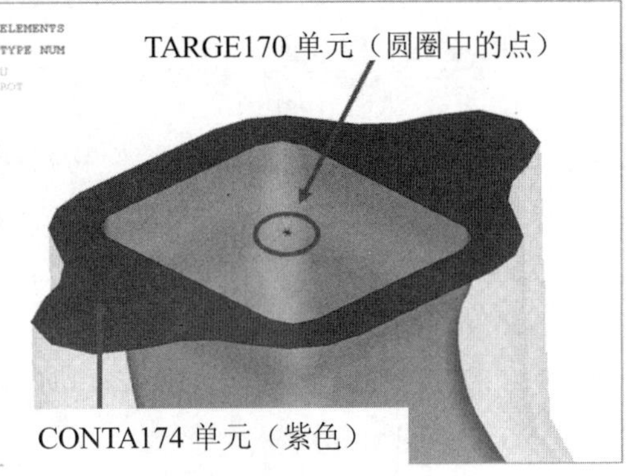

图 18-14　远端点及其 Mechanical APDL 技术基础

远端点的可变形和刚性行为可以通过一端约束、中心孔通过远端力施加载荷的二维板问题来描述，如图 18-15 所示。

图 18-15　问题定义

由图 18-16 可以得出结论：远端点可变形计算结果，圆不能保持形状；刚性行为，圆能够保持形状。

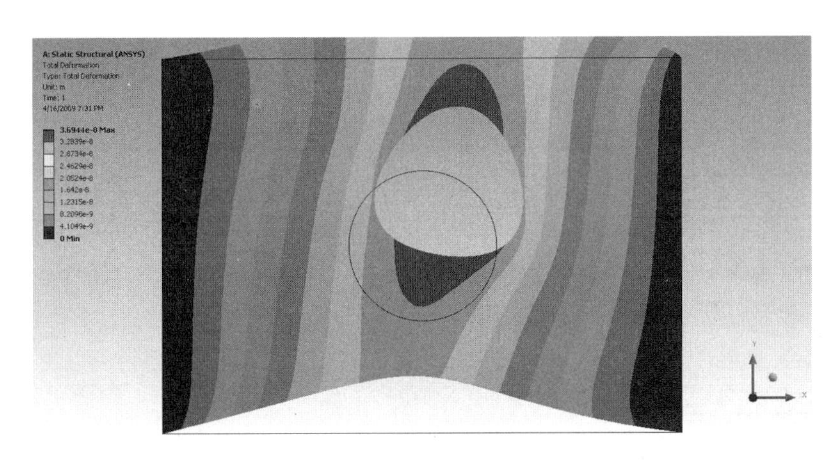

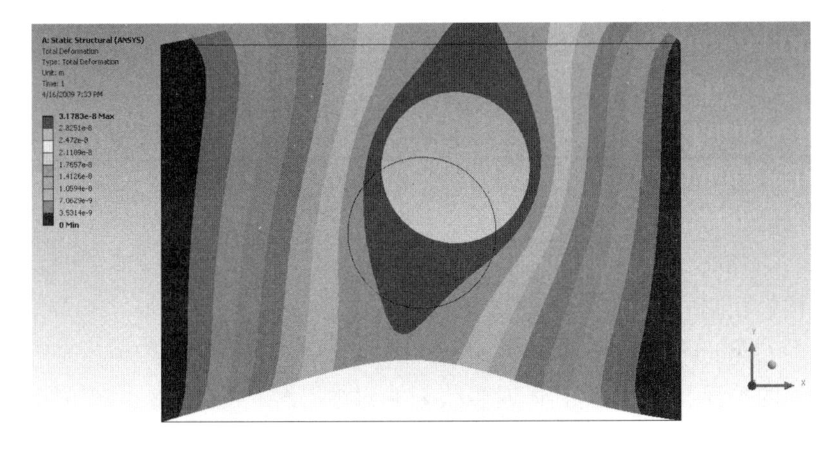

图 18-16　远端点可变形与刚性行为对象

远端点下插入的 Commands 对象中 Mechanical 提供 3 个局部参数：_npilot、_cid、_tid，用于操作远端点对象，如图 18-17 所示。

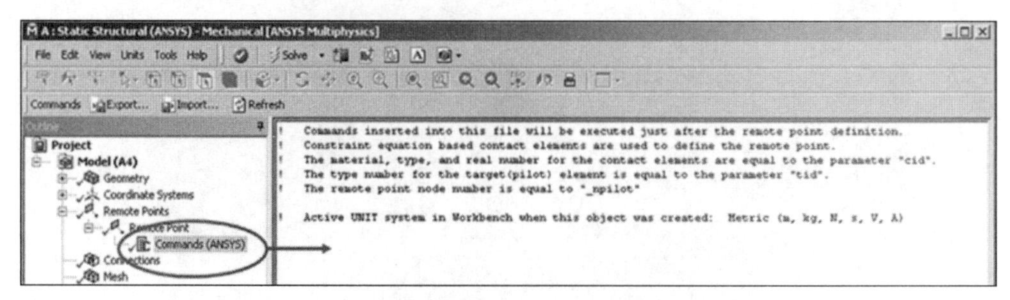

图 18-17 远端点 Commands

局部参数_npilot 代表节点 ID 号，用户可以定义一个新的全局 APDL 参数来记录这个节点的 ID 号，以方便后续使用。

实例 1：将某远端点节点定义为主自由度，命令如下：

```
MY_INTERFACE_NODE=_npilot
M,MY_INTERFACE_NODE,all
```

参数 cid 是接触单元的材料、单元类型和实常数号。

参数_tid 是目标单元的单元类型 ID 号。

实例 2：约束目标单元的 UX 和 UY 自由度而不是默认的六自由度，命令如下：

```
keyopt,tid,4,11
```

注意

在使用带 Commands 对象的远端点时，APDL 参数在整个 Mechanical APDL 运行过程中保持一致，即前面定义的参数 MY_INTERFACE_NODE 总是等于该远端点的节点 ID 号，因此可以将这个参数在后处理器中直接使用。

18.3.4 Connection 分支

Connection（连接）分支的接触对、运动副、弹簧和梁下可以插入 Commands 对象。

带有 Commands 对象的接触对可以实现：

- 使用 CZM（Cohesize Zone Material）技术模拟分层和脱胶。
- 流体渗透压力载荷。
- 近场接触辐射和对流。
- 带摩擦生热的多物理场接触。
- 带粘结的各向异性摩擦或者动态摩擦系数。
- 改变接触探测位置等。

接触对下的 Commands 对象包含两个局部参数：cid 和 tid，如图 18-18 所示。参数 cid 的值对应接触单元的单元类型 ID 号，同时也代表非对称接触对的实常数和材料 ID 号。参数 tid 的值对应目标单元的单元类型 ID 号，如果对称接触选项打开，那么该参数也代表对称接触对的实常数和材料 ID 号。用户在此 Commands 对象之外访问该接触对的方法有两种：①将 cid

和 tid 定义给 APDL 参数；②使用 ESEL 和 CM 命令定义单元组。

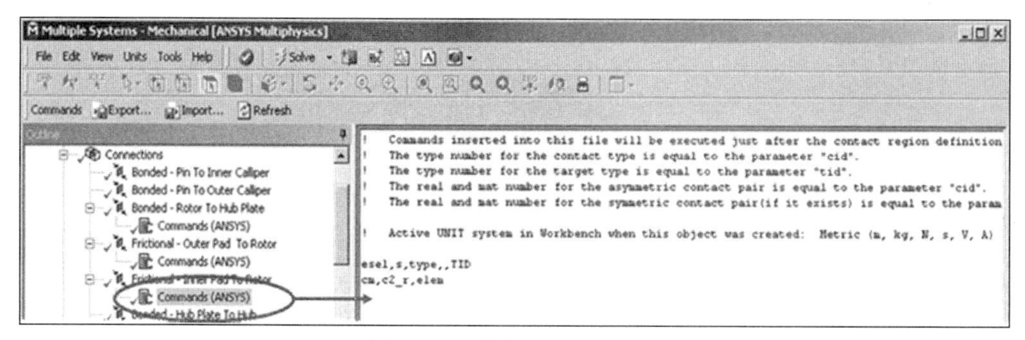

图 18-18 接触对 Commands

实例 1：当接触对张开时有流体渗入而引入流体压力，此时可以通过以下命令施加流体压力：

```
esel,s,type,,cid
sfe,all,1,pres,,120
allsel,all
```

带有 Commands 对象的运动副可以实现：定义螺旋运动副等不能直接在 Mechanical 中定义的运动副；考虑非线性刚度、阻尼或者库伦摩擦等，如图 18-19 所示。

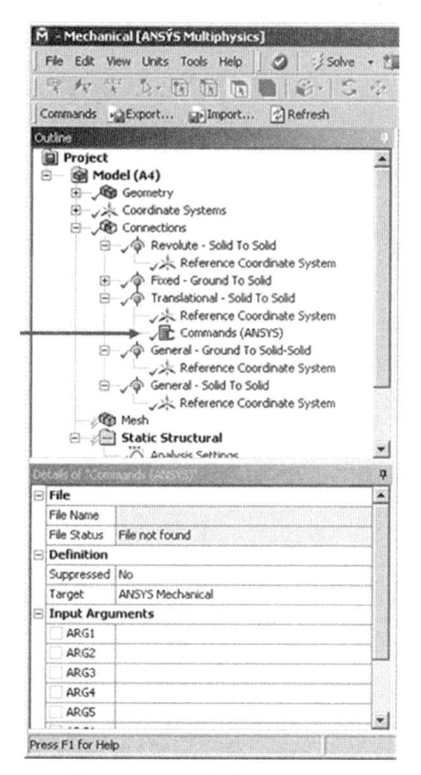

图 18-19 运动副 Commands

运动副使用 MPC184 单元，运动副通过远端点连接到实体模型。运动副下的 Commands 对象包含一个局部参数_jid，对应于 MPC184 单元的单元类型、材料属性、实常数和截面 ID 号。

实例 2：定义平动运动副的非线性刚度，命令如下：

```
tb,join,_jid,1,4,jnsa
tbpt,,u1,f1
```

实例 3：通用副添加相对于 z 轴旋转的角度范围，命令如下：

```
secstop,6,-acos(-1)/2,acos(-1)/2     !****角度单位为弧度，6 代表第六个相对自由度
                                     !****及 ROTZ
```

使用运动副下的 Commands 对象时需要注意不需要再次定义 SECTYPE 命令。因为 Mechanical 已经定义好了 SECTYPE 且处于激活状态，所以要添加运动副停止或者锁定命令时只需要添加 SECLOCK 和 SECSTOP 命令。

Mechanical 中的弹簧连接使用 COMBIN14 单元实现，只能定义纵向刚度。用户可以使用 Commands 对象将纵向弹簧刚度改为其他方向，或者将线性弹簧转变为非线性弹簧。弹簧连接实体的方式同样为远端点。

弹簧连接下的 Commands 对象包含一个局部参数_sid，对应于该弹簧单元的单元类型、材料属性和实常数 ID 号。

实例 4：将弹簧连接改为扭转弹簧，命令如下：

```
keyopt,_sid,3,1
```

对于需要使用一维弹簧的情况，不能直接使用 Connection 分支下的弹簧连接来转换，因为弹簧连接是纵向弹簧，必须有一定长度。要在 Mechanical 中实现一维弹簧，即 Keyopt(2)=1 的 COMBIN14 单元，可以通过以下方式实现：

- 在同一位置定义两个远端点分别与被连接的实体关联。
- 分别在两个远端点下插入 Commands 对象，并记录导向节点 ID 号到全局 APDL 参数中。
- 在 Analysis 分支下插入 Commands 对象来创建该弹簧。

注意 弹簧单元在节点坐标系下起作用，所以必须保证两个远端点的参考坐标系一致。

Mechanical 中 Connection 分支下定义的梁为一个 BEAM188 单元表示的柔性梁，用于传递弯矩。如果要将其变为刚性梁（MPC184），可以通过 Commands 对象来实现，如图 18-20 所示。

梁连接下的 Commands 对象包含一个局部参数_bid，对应于该梁单元的单元类型、材料属性、实常数和截面 ID 号。

实例 5：将可变形 BEAM188 单元转换为刚性 MPC184 单元，命令如下：

```
mpdele,all,_bid
et,_bid,184,1,0
```

注意 ①由于梁单元具有密度、热膨胀系数等材料属性，所以为了避免这些属性被误用，需要首先将所有属性删除，然后再改为 MPC184 单元；②使用梁连接时还要注意梁连接与几何分支下的线体是不同的，梁连接只有一个单元用于传递弯矩，而线体由不止一个 BEAM188 单元组成是实际工程结构的有限元模拟。

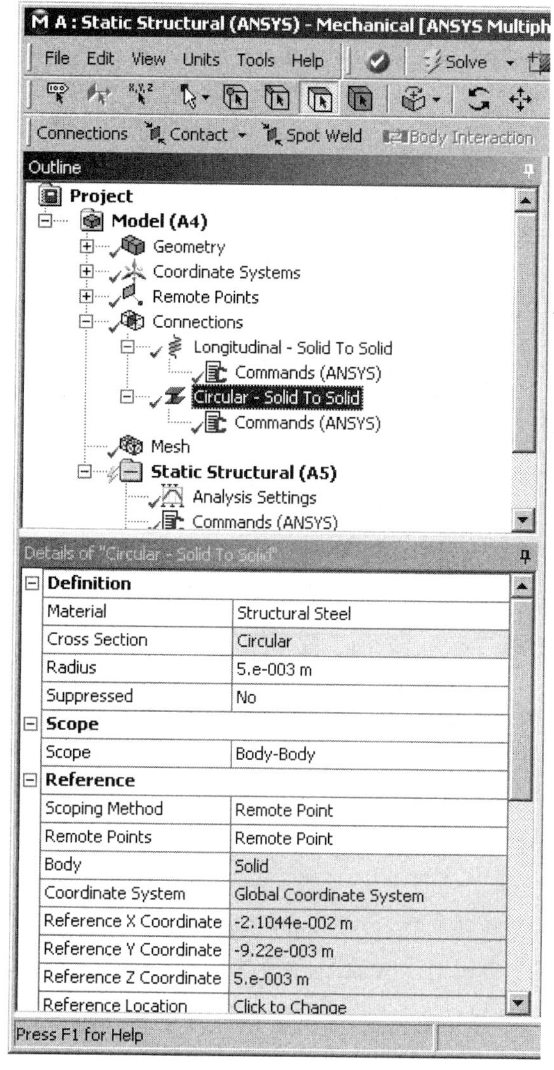

图 18-20 梁连接 Commands

18.3.5 Analysis 分支

Analysis 分支下的 Commands 对象，在多载荷步分析时用户可以指定该对象在第几个载荷步运行，如图 18-21 中的 Commands 对象运行于第一个载荷步。该对象通常用于：

- 改变求解器选项，例如 QR 阻尼或超节点特征值求解器。
- 施加 Mechanical 中不直接支持的物理场载荷和边界条件。
- 添加或修改特定单元，例如加强单元 REINF164/265、无限声场单元 FLUID129/130、通用轴对称单元 SOLID272/273 等。

Analysis 分支下 Commands 对象中的命令流主要有两类：前处理命令流和求解器命令流。

默认情况下，该分支下的 Commands 对象运行于求解器。如果需要使用前处理器命令，需要首先输入/PREP7 以进入前处理器。对于求解器命令，可以使用/SOLU 进入求解器。

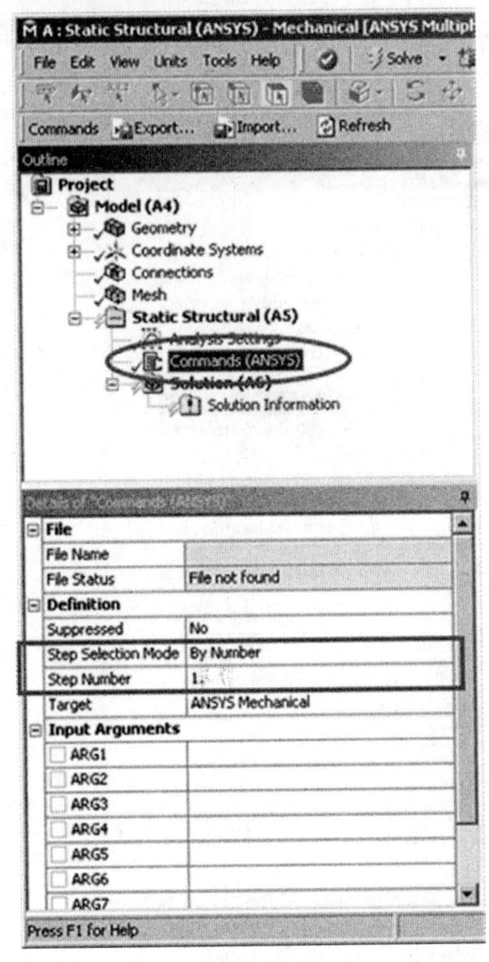

图 18-21　Analysis 分支下的 Commands 对象

为保证 Analysis 分支下 Commands 对象中的命令能够正确运行，可以在命令流之前加入如下命令：

```
/SOLU                    !**保证当前处于求解器中
ALLSEL,ALL               !**选择所有对象，以免其他 Commands 对象中未选全集
                         !**对此对象产生影响
```

实例：插入 Commands 对象创建无限声场单元 FLUID130，具体命令如下：

```
/prep7                   !**进入前处理器
*get,AR99,etyp,,num,max  !**获取最高的单元类型 ID 号赋值给参数 ARG99
et,AR99+1,130            !**使用 ID 号 ARG99+1 定义新单元类型 FLUID130
r,AR99+1,1.5,0,0,0       !**定义 FLUID130 半径
mp,dens,ARG99+1,1000     !**定义流体密度 1000
mp,sonc,ARG99+1,1500     !**定义流体声速 1500

cmsel,s,N_INFINITE       !**选择名为 N_INFINITE 的节点组
```

```
type,ARG99+1              !**设置当前激活的单元类型 ID
real,ARG99+1              !**设置当前激活的实常数
mat,ARG99+1               !**设置当前激活的材料属性
esurf                     !**创建无限声场单元

/solu                     !**进入求解器
allsel,all                !**选择所有节点和单元
```

用户可以通过以下方式来验证这段命令：

- 在 Workbench 项目页中添加 Mechanical APDL System 并与插入 Commands 对象的 Setup Cell 相连。
- 进入 Mechanical APDL。

这段命令的运行效果如图 18-22 所示。

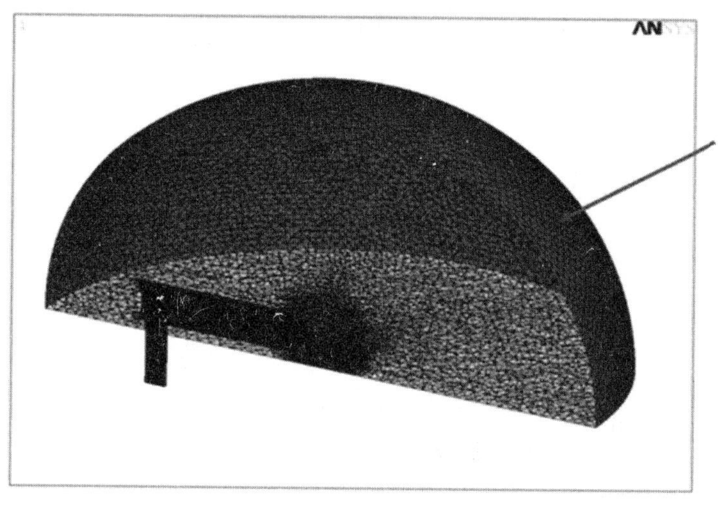

图 18-22　命令流执行结果

Analysis 分支下的 Commands 对象不用加入 SOLVE 命令，因为在 Mechanical 提交运行的时候会自动添加 SOLVE 命令。如果用户在 Commands 对象中添加 SOLVE 命令，则会进行两次求解。有些情况下，用户希望抑制掉（不让其运行）Mechanical 自动添加的 SOLVE 命令，则可以使用如下命令：

```
*abbr,solve,*set,ar99,1        !**这条命令是将 SOLVE 命令的作用重新定义为给参数
                               !**ar99 赋值为 1
```

Commands 对象的运行时刻在一些情况下需要控制，例如模态叠加法谐响应分析。默认情况下，Commands 对象中的命令在模态求解和谐响应求解时均会运行。控制这一行为的方法是使用命令*get,myflag,active,,anty 来确定当前激活的分析类型，然后使用 APDL 中的*IF 命令来指定命令流在哪一个分析类型中运行。如果参数 myflag 的值为 2，那么目前进行的是模态求解；如果参数 myflag 的值为 3，那么目前进行的是谐响应分析。

18.3.6 Solution 分支

Solution 分支下的 Commands 对象（如图 18-23 所示）能够用于创建静态图片或者文本结果列表，常用于：

- PLCRACK 命令创建混凝土单元压溃或裂纹云图。
- PLCINT 命令绘制断裂力学 J 积分结果。
- 绘制 CZM 单元时间历程结果。
- 高级转子动力学结果等。

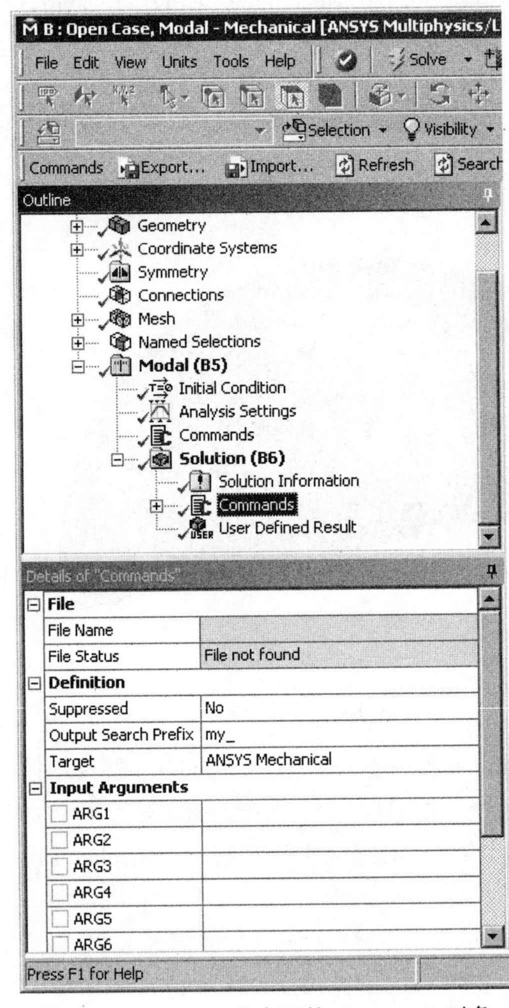

图 18-23 Solution 分支下的 Commands 对象

Solution 分支下的 Commands 对象使用前可以仔细阅读 Mechanical 的帮助文档，因为很多复杂的后处理功能逐渐能够在 Mechanical 中实现。例如，Mechanical 支持复模态结果的后处理；Mechanical 也可以使用 User Defined Results 提取并绘制声学分析的压力分布云图（如图 18-24 所示）。

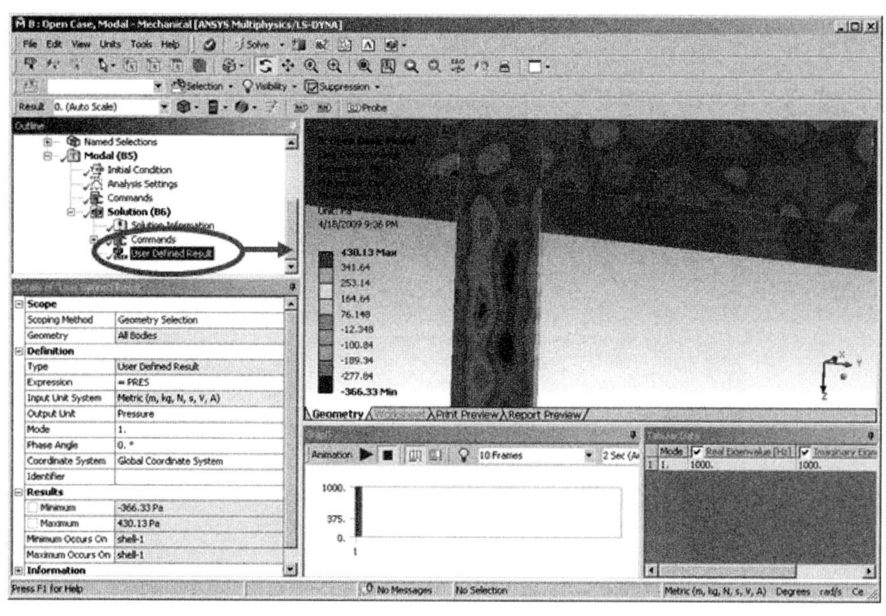

图 18-24　Mechanical 模块用户自定义结果

只要 Solution 分支下存在 Commands 对象，Mechanical 就会自动搜索当前流程对应文件夹下的所有 PNG 文件，并将这些图片显示在 Commands 对象之下，如图 18-25 所示。Mechanical APDL 中的/SHOW,PNG 将程序输出直接指向 PNG 文件。在 Commands 对象的绘制云图命令之前使用该命令即能生成对应的 PNG 图片文件。

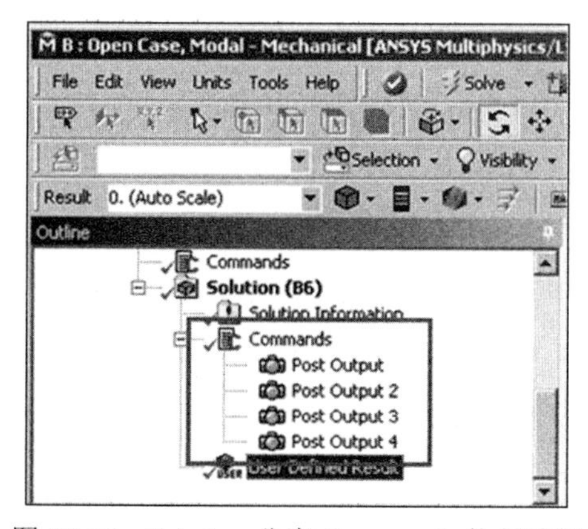

图 18-25　Solution 分支 Commands 执行结果

在 Solution 分支下使用 Commands 对象创建三维有限元模型的云图时，很难确定查看结果的视角。这种情况下，可以采用以下方法来获取合适的视角命令：

- 将 Mechanical 分析流程中 Setup Cell 的信息传递到 Mechanical APDL 中，在 Mechanical APDL 的图形用户界面中查看模型。
- 设置正确的图形显示选项，并对模型进行旋转、移动和缩放。
- 使用/GSAVE 命令保存视图设置到文件（默认文件名为 file.gsav，存放在 APDL 的求解目录下）。

- 用任意文本编辑器打开、复制命令流，并将其粘贴到 Mechanical 的 Commands 对象中。

18.3.7 Commands 输入输出参数

Mechanical 的特征树中任何分支均有细节信息栏和其对应。Commands 对象的细节信息栏如图 18-26 所示，包含以下 4 方面信息：File 信息、Definition 信息、Input Arguments 信息、Results 信息。

Details of "Commands (APDL)"

File	
File Name	
File Status	File not found
Definition	
Suppressed	No
Output Search Prefix	my_
Invalidate Solution	Yes
Target	Mechanical APDL
Input Arguments	
ARG1	
ARG2	
ARG3	
ARG4	
ARG5	
ARG6	
ARG7	
ARG8	
ARG9	
Results	

图 18-26　Commands 对象的细节信息栏

File 信息：显示此 Commands 对象的命令由哪个文件导入进来，以及这个文件目前是否还能访问到。即使不能访问，Commands 对象中的命令仍然能够正常运行。

Definition 信息：包含 4 项，即 Suppressed 控制 Commands 对象是否被抑制（如果被抑制，Mechanical 将忽略此段命令）；Output Search Prefix 设置输出参数前缀，默认情况下以 my_开始的 APDL 参数将被提取到 Commands 对象细节信息栏的 Results 信息区域；Invalidate Solution 控制是否重新求解，如果设置为 Yes，那么只要该 Commands 对象有任何更改就重新进行求解才能提取结果，如果设置为 No，则不重新求解而在原有结果文件中进行结果提取；Target 设置 Commands 对象作用的目标求解器，默认为 Mechanical APDL（Commands 对象还可以编写 LS-DYNA、ANSYS Rigid Dynamics、Samcef、ABAQUS 求解器使用的脚本）。这 4 项中 Output Search Prefix 和 Invalidate Solution 两项只有当 Commands 对象在 Solution 分支插入时才出现。

Input Arguments 信息：显示了可以在 Commands 对象中使用的 9 个输入参数。例如，图 18-27 中 ARG1 和 ARG2 分别赋值为 30 和 753.98，这两个参数在对应的 Commands 对象中直接被使用。这 9 个输入参数有两方面的应用：一方面，可以选中其前面的复选框将其作为 Workbench 输入参数，进行参数优化设计；另一方面，用于不熟悉 APDL 命令流的用户，可以不了解命令流内容，只知道 9 个参数的含义即可。

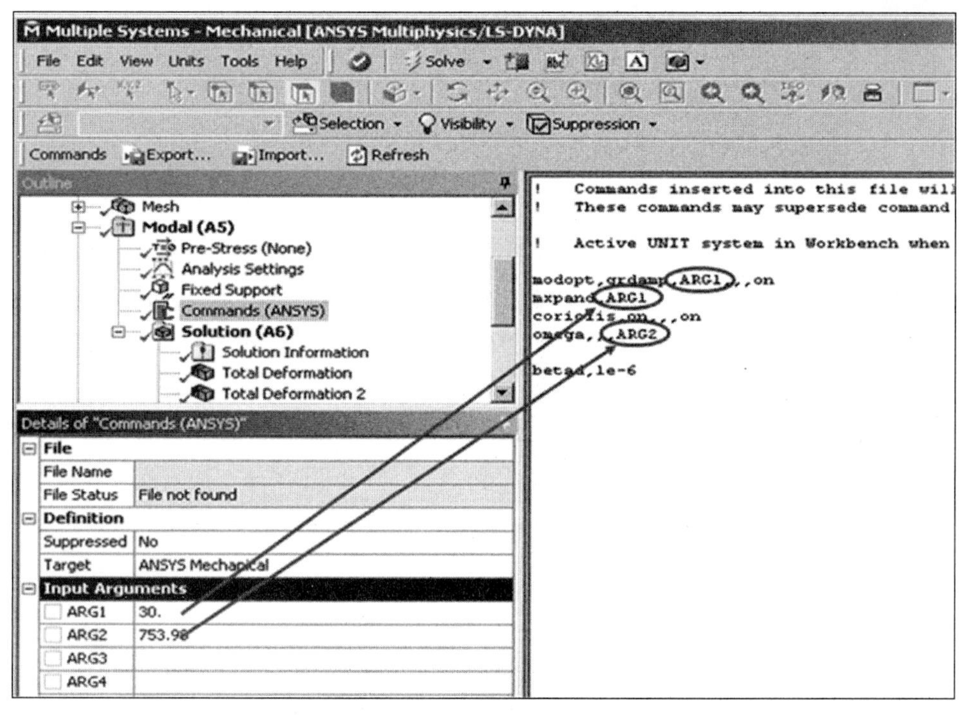

图 18-27　Commands 中参数的使用

Results 信息：显示 Commands 对象中以 Output Search Prefix 设置的前缀开始的 APDL 参数。只有当 Commands 对象在 Solution 分支插入时才出现。例如，图 18-28 中使用*get 命令提取了固有频率的实部和虚部，并分别定义给参数 MY_FREQ1R 和 MY_FREQ1I。

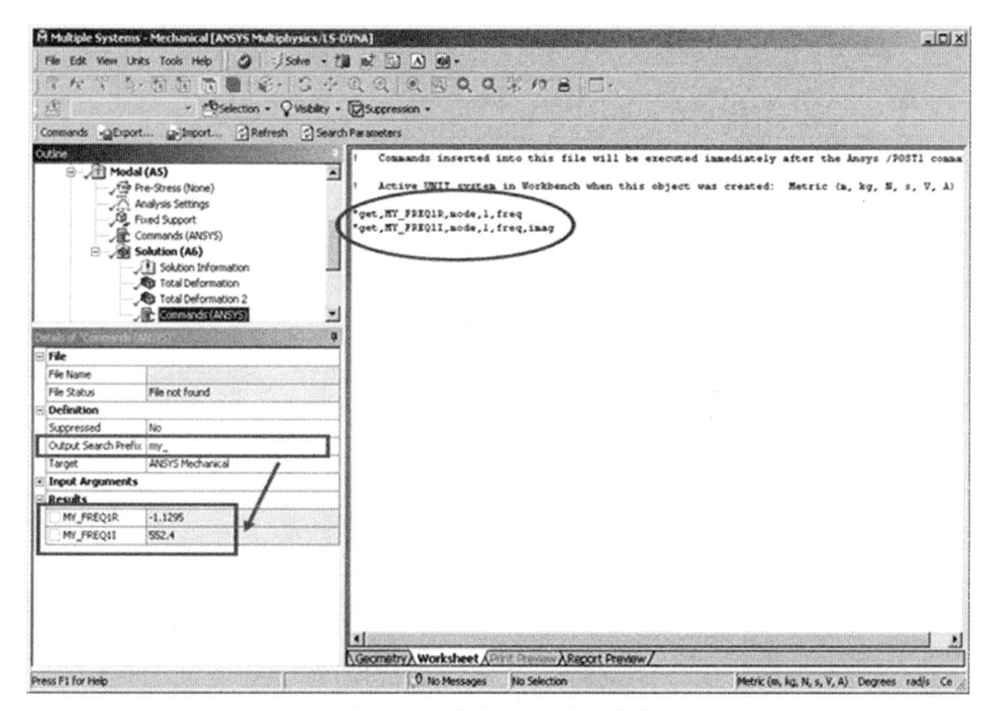

图 18-28　数据库结果的参数化

18.4 Workbench 中消声器声场分析

18.4.1 引言

随着实际工作中 ANSYS Workbench 使用得越来越深入和广泛，Mechanical 中的功能越来越需要与 APDL 命令结合起来。一方面，通过插入 Commands 对象实现 Mechanical 不能直接完成的任务；另一方面，通过对 Commands 对象的参数化输入输出来降低不熟悉命令流人员的使用难度。

下面以图 18-29 所示的消声器声场分析为例，讲述 Workbench 的 Mechanical 中 APDL 的灵活运用。

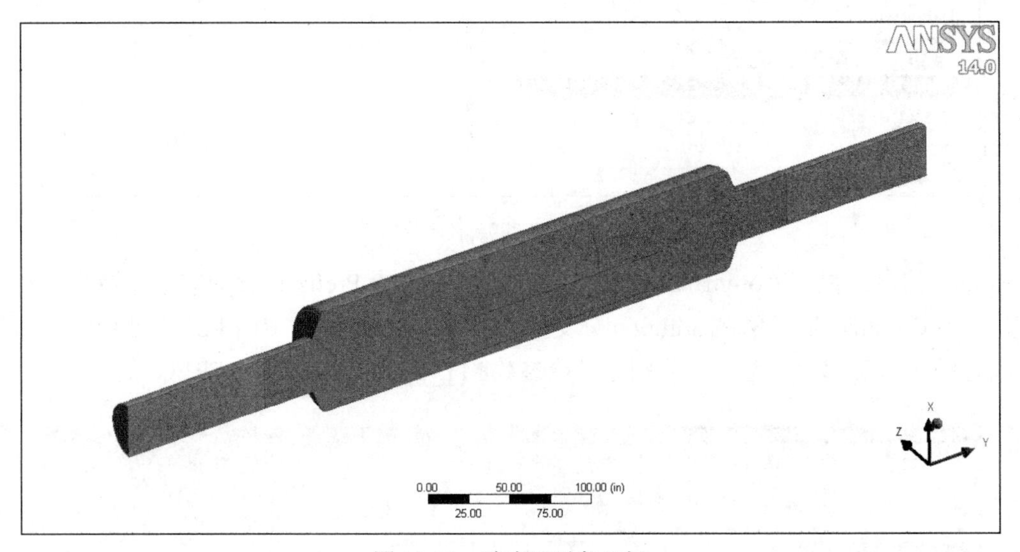

图 18-29　消声器对象几何

在 ANSYS Mechanical 中，声学问题的基本假设是：

- 流体可压，即密度变化很小但与压力波动线性相关。
- 流体无粘，即无能量耗散。
- 流体没有平均流，即没有显著的流体流动。
- 整个流体区域压力和密度是均匀的。

在引入上述假设之后，声学问题简化为线性波动方程：

$$\nabla^2 P = \frac{1}{c^2}\frac{\partial^2 P}{\partial t^2} \quad 或 \quad \nabla^2 P = -\frac{\omega^2}{c^2}P$$

其中，P 为压力脉动，c 为介质声速。

声学分析是 Mechanical APDL 的基本分析功能，但目前在 Workbench 中不能直接实现。本实例通过 Workbench 进行声场分析，对 APDL 命令在 Workbench 的使用进行较系统的说明。具体包含 4 个方面的应用：

- 定义声学分析单元和材料属性。
- 在 APDL 命令中引用命名选择。
- 使用 Commands 对象进行载荷定义和后处理。
- 使用 User Defined Results 进行后处理。

18.4.2 问题定义

消声器模型由两个腔体组成，根据对称性分析一半模型。分析类型为谐响应扫频分析，扫频范围为 0～200Hz。假设消声器入口为平面波入射。

18.4.3 操作步骤

（1）启动 ANSYS Workbench 18.0：选择“开始”→“所有程序”→ANSYS 18.0→Workbench 18.0 命令。

（2）从存档文件 workshop7a.zip 中恢复模型：选择 File menu→Restore Archive 命令（如图 18-30 所示），从实例输入文件夹中选择 workshop7a.zip，保存 filter 项目到任意英文路径。

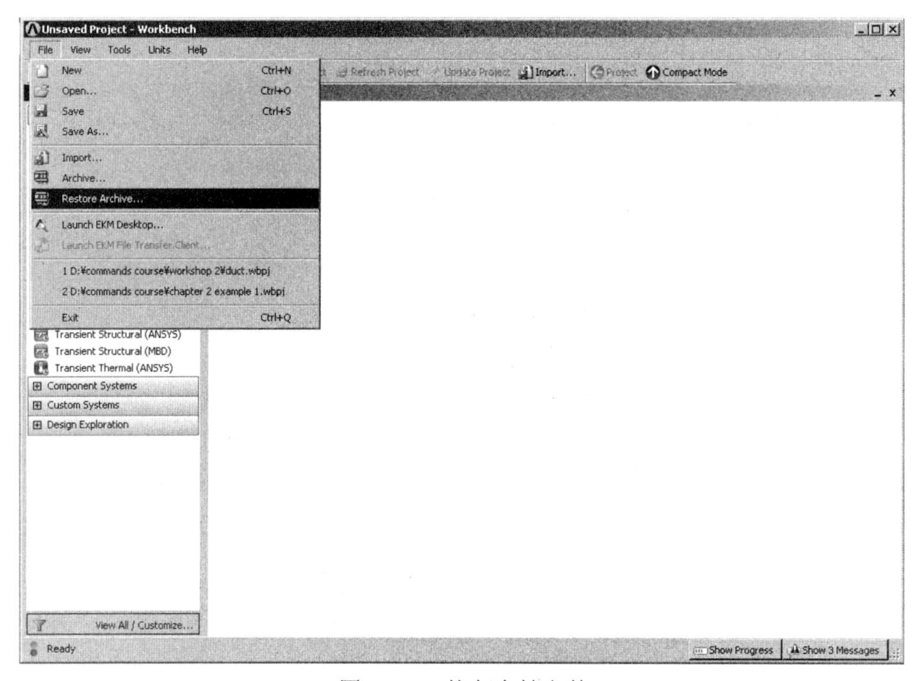

图 18-30 恢复存档文件

（3）双击 Model Cell（A4）启动 Mechanical：检查模型设置，几何模型由一个多体零件组成（多体零件在交界面上共享节点）；分析类型设置为模态分析。

（4）展开 Geometry 及其子分支，右击第一个体 dishedhead-1，在弹出的快捷菜单中选择 Insert→Commands。

（5）单击 Import 按钮并选择实例目录下的 workshop7a-prep.txt 文件，结果如图 18-31 所示。

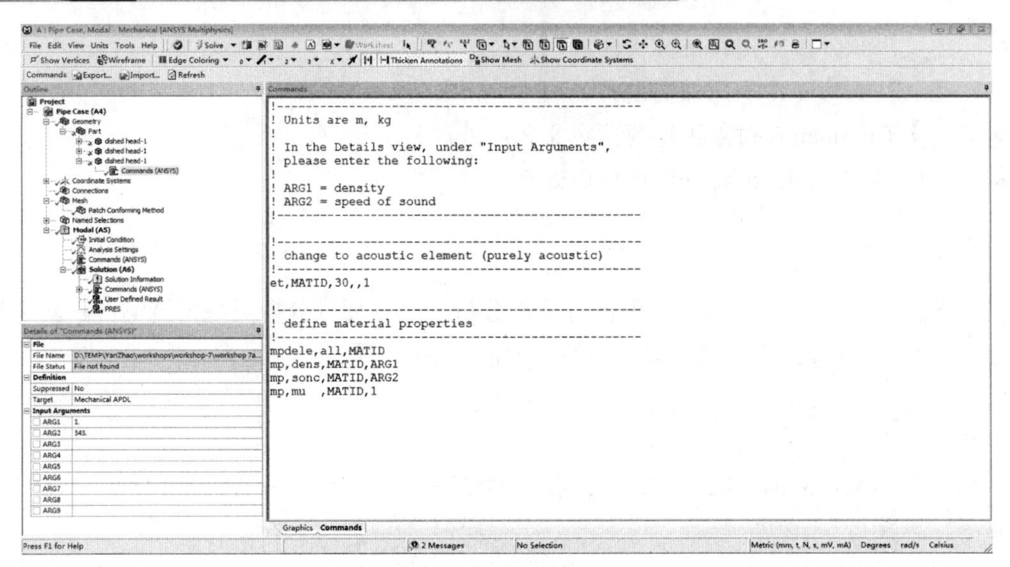

图 18-31 操作结果

Commands 对象中，第一行命令定义了 FLUID30 单元：et,matid,30,,1。从图 18-32 中可以看出网格划分方法为 Patch Conforming Method，划分出的网格为全四面体网格。

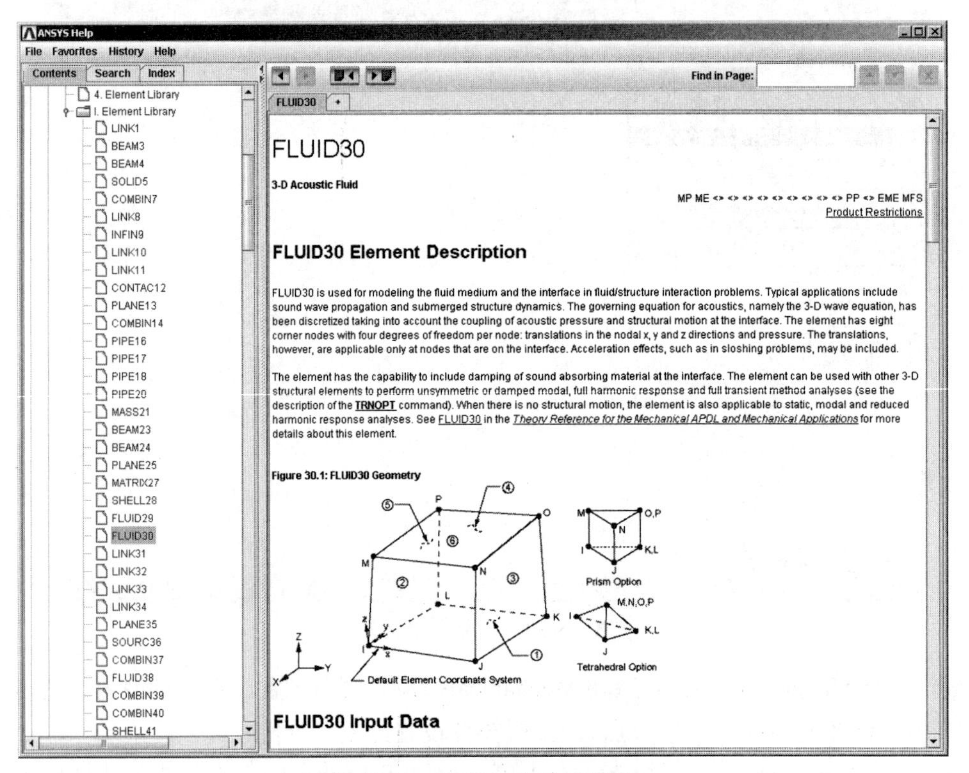

图 18-32 FLUID30 单元手册

注意

从图 18-32 所示的单元手册中可以看出，FLUID30 单元不支持棱柱单元，因此 Mechanical 中的网格划分不能使用六面体为主等产生棱柱单元的网格划分方法。

Commands 对象中用命令删除现有材料属性并定义流体声学参数：

```
mpdele,all,matid          !**删除现有材料属性
mp,dens,matid,arg1        !**定义密度
mp,sonc,matid,arg2        !**定义声速
```

（6）在此 Commands 对象的细节信息栏中分别输入 ARG1 和 ARG2 的值 1 和 343。其中，ARG1 是密度值，ARG2 是声速值，如图 18-33 所示。

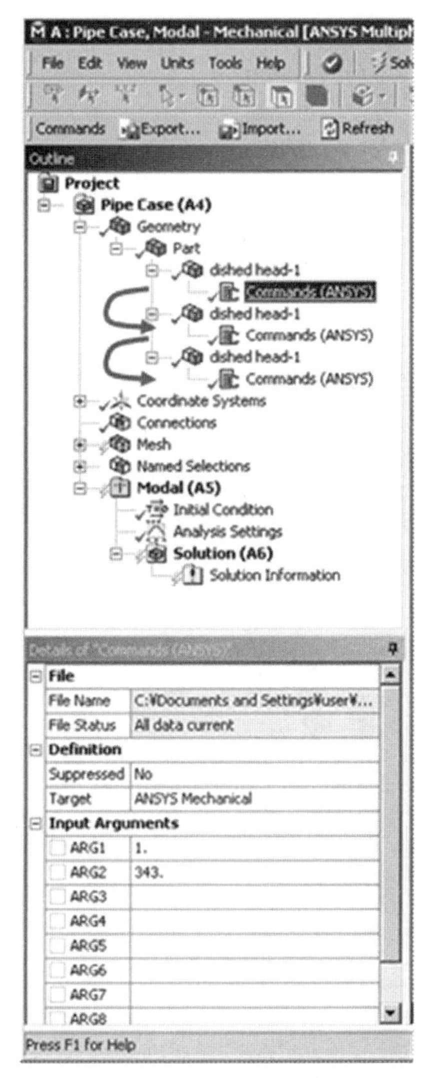

图 18-33 Commands 对象复制

（7）将定义好的 Commands 对象按住鼠标左键拖放到同一零件的另两个体上，实现 Commands 对象的复制。

注意

这种复制是静态复制，如果原始 Commands 对象发生改变，复制的两个将不会发生改变。

（8）选择 Mesh 分支，在细节信息栏中将 Advanced>Element Midside Nodes 设置为 Dropped，即放弃中间节点，如图 18-34 所示。

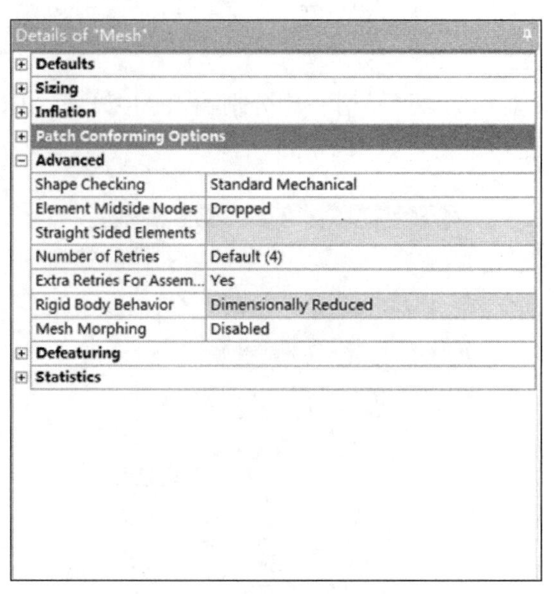

图 18-34　网格划分

因为 FLUID30 单元为 8 节点六面体低阶单元，所以需要放弃中间节点。

（9）右击 Mesh 分支，选择 Generate Mesh 生成网格。

①必须足够密的网格密度才能保证声学分析的计算精度。通常情况下，一个波长至少要 15～20 个单元划分。

②本实例中声速为 343m/s，分析最高频率为 200Hz。对应最小波长为 1.715m。根据 20 个单元/波长的原则，网格尺寸约为 85mm。

③在 Mesh 细节信息栏中总体单元尺寸已设置为 50mm，因此生成的网格满足本实例的需要。

（10）右击 Modal（A5）分支并选择 Insert→Commands，单击 Import 按钮，然后由源文件中选择 workshop7a-solu.txt 文件，如图 18-35 所示。

当弹出当前 Commands 内容将被覆盖时，单击 Yes 按钮。

（11）在上一步加入的 Commands 对象的细节信息栏中为该对象输入如下参数值：ARG1 为 0.32516，ARG2 为 1，ARG3 为 1，ARG4 为 343，ARG5 为 200，ARG6 为 100。这 6 个参数的含义在 Commands 对象中给出了解释：ARG1 代表入口面积，ARG2 代表入射压力值，ARG3 代表流体密度，ARG4 代表流体声速，ARG5 代表求解的最高频率值，ARG6 代表求解载荷步数（即 0～200Hz 范围内计算的频率点数）。

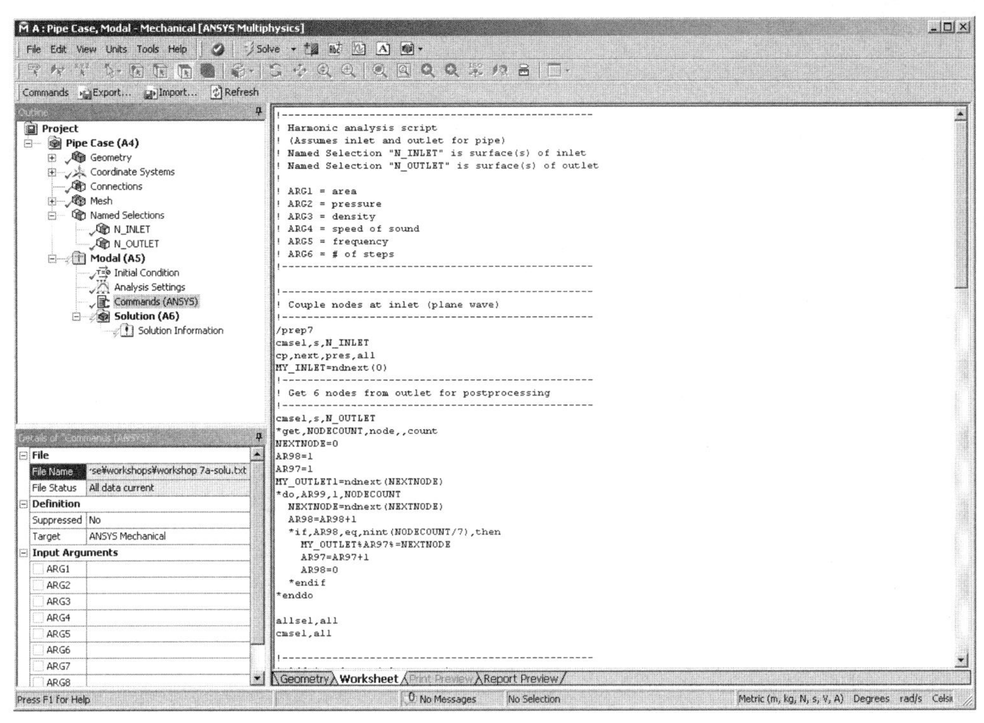

图 18-35　Modal 分支插入前处理 Commands

（12）右击 Solution 分支并选择 Insert→Commands。在此 Commands 对象中不需要输入任何内容，它的主要作用是收集 Mechanical APDL 求解器产生的图片文件，如图 18-36 所示。

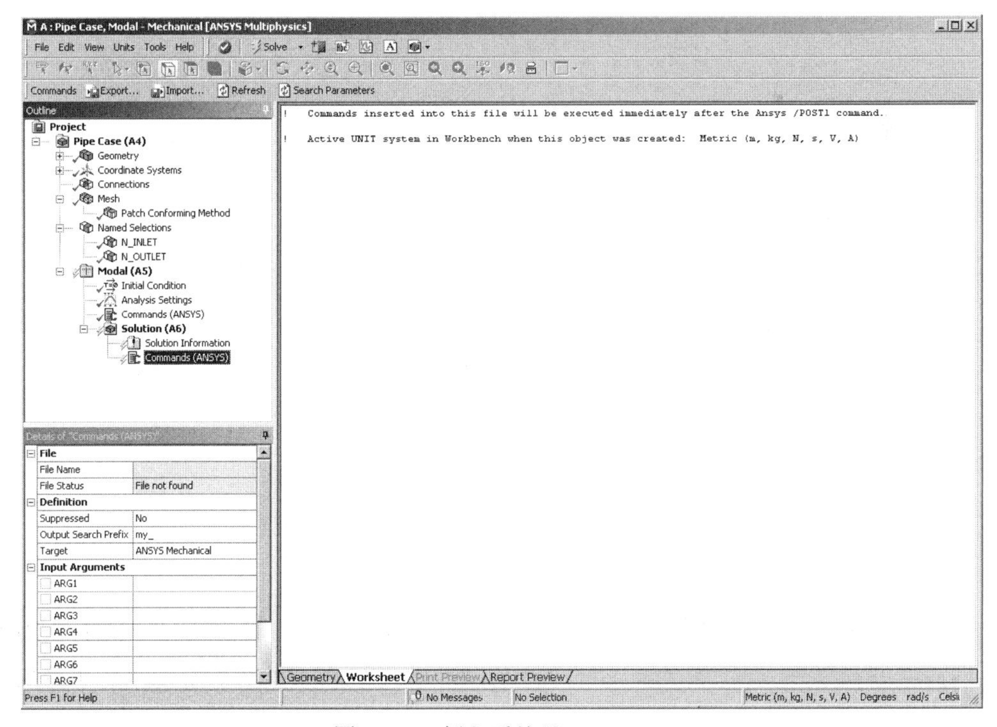

图 18-36　插入后处理 Commands

（13）选择 Analysis 分支，并更改以下细节栏信息（如图 18-37 所示）：

- Output Controls> Calculate Stress：No。
- Output Controls> Calculate Strain：No。
- Analysis Data Management> Save ANSYS db：Yes。
- Analysis Data Management> Solver Units：Manual。
- Analysis Data Management> Solver Unit System：mks。

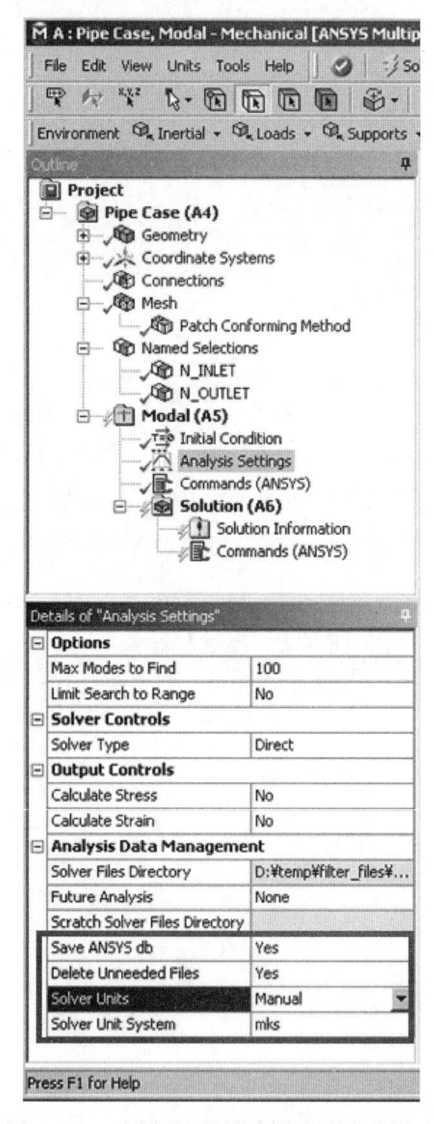

图 18-37　分析设置细节栏求解单位制控制

后面三条是保证命令流正常运行的重要因素：保存 Mechanical APDL 数据文件保证了用户在 Mechanical APDL 界面下能够进行后处理；指定求解单位制保证了 Commands 对象中的所有参数能够被正确解释。

（14）单击 Solve 按钮，启动求解进程。

（15）选择第一个 Post Output 分支，可以得出图 18-38。

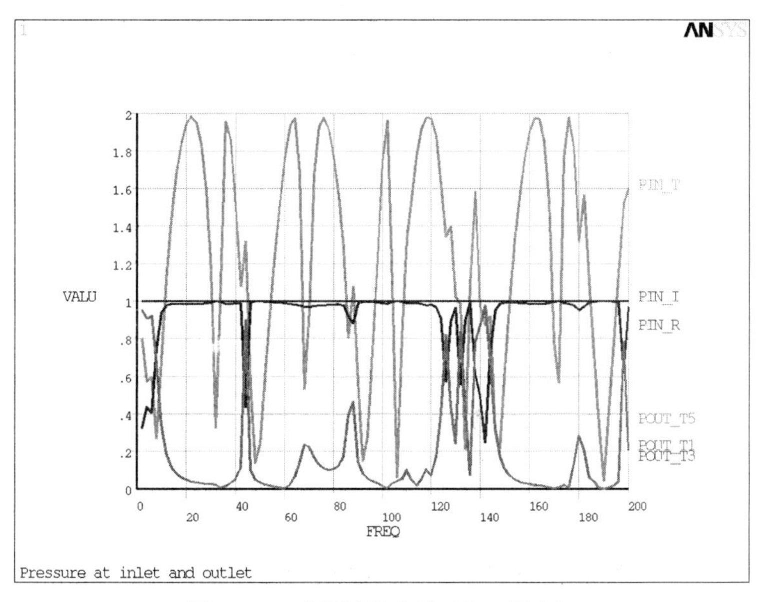

图 18-38　求解结果查看（入口压力）

分析频率范围内，入射压力（PIN_I）为常值，入口反射压力（PIN_R）、入口总压（PIN_T）和出口总压（POUT_Tx）对比。

（16）选择 Post Output 2，出口压力如图 18-39 所示。

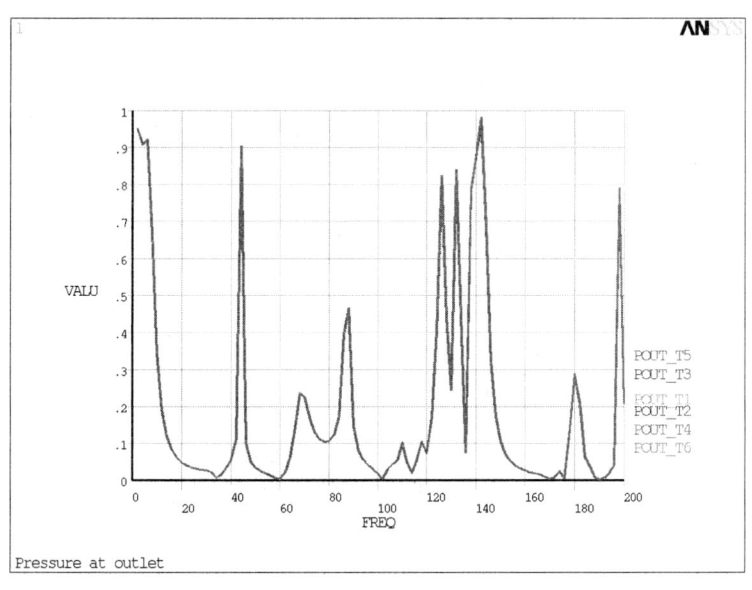

图 18-39　求解结果查看（出口压力）

图中显示了任意选取的 6 个出口节点压力值均相同，这恰好验证了前面的平面波假设。

（17）选择 Post Output 4，显示消声器的传递损耗，如图 18-40 所示。

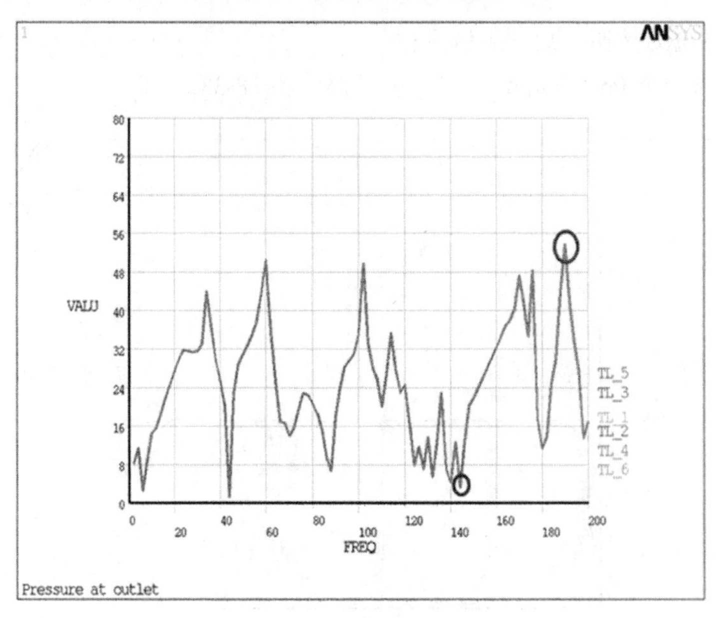

图 18-40　消声器的传递损耗

（18）选择 Solution 分支并插入 User Defined Results。在细节信息栏的 Expression 中输入 PRES，在 Mode 中输入 72（求解间隔为 2Hz，所以第 72 个 Mode 结果为 144Hz 的谐响应分析结果），右击并选择 Evaluate All Results，如图 18-41 所示。

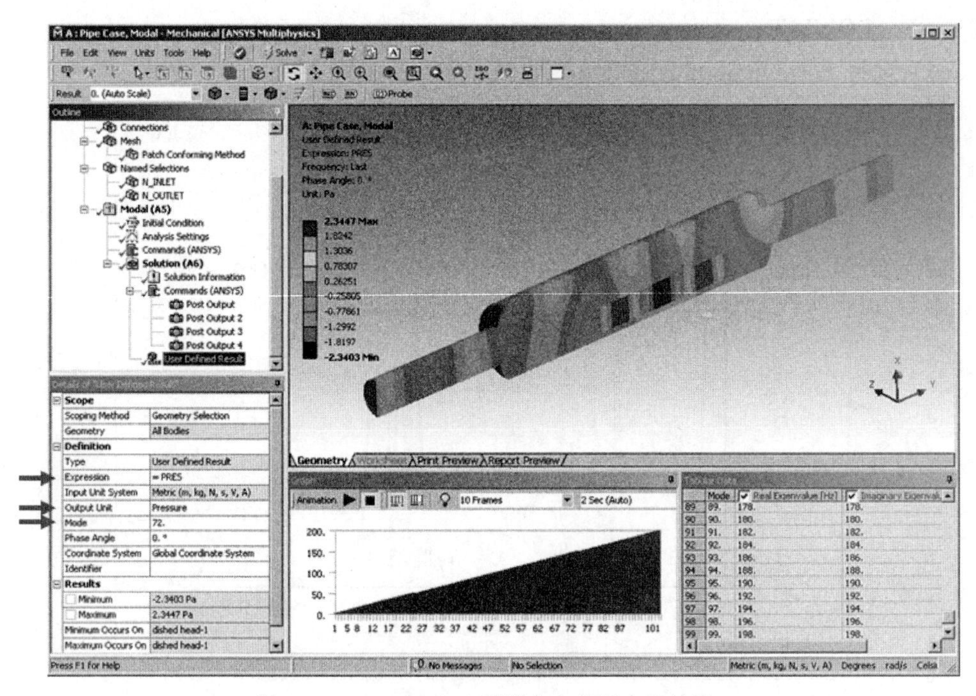

图 18-41　Mechanical 界面自定义压力场结果

（19）与上一步同样的方法，分别输入 PRES 和 95 来提取 190Hz 的谐响应分析结果，如图 18-42 所示。

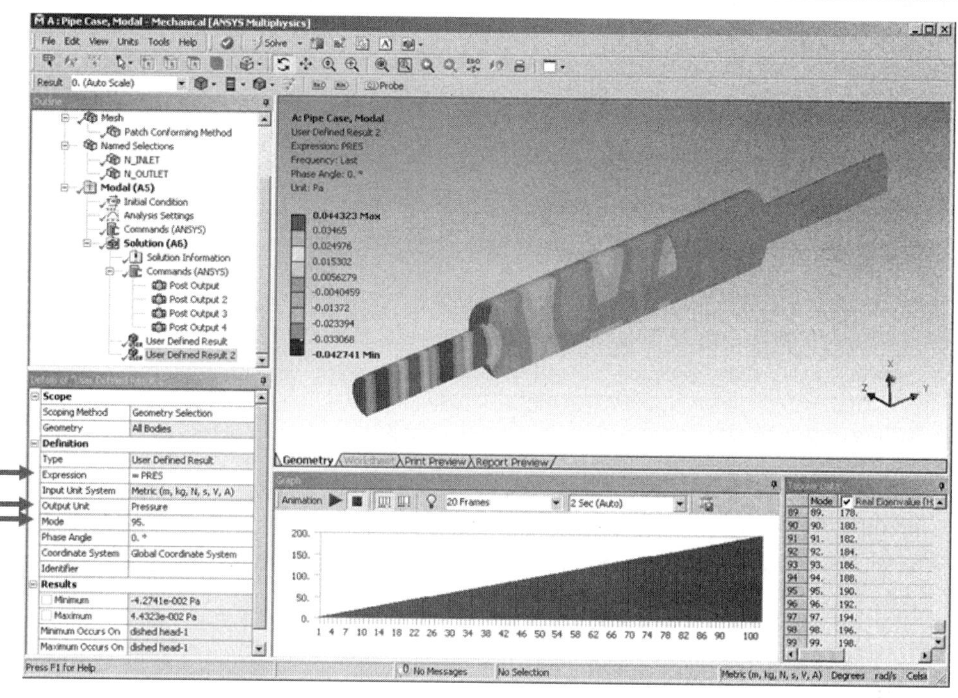

图 18-42　Mechanical 界面自定义 95Hz 下谐振结果

18.4.4　关键 Commands 说明

为了便于说明，将 18.4.3 节第 10 步中插入的 Commands 对象中的命令流分为 8 段：

- 第一段：此 Commands 对象信息说明。
- 第二段：耦合入口节点。
- 第三段：由出口节点组选择 6 个节点用于后处理。
- 第四段：添加阻抗边界。
- 第五段：指定谐响应分析选项。
- 第六段：进行谐响应分析。
- 第七段：后处理计算结果。
- 第八段：抑制 Mechanical 自动添加的 Solve 命令。

具体 APDL 命令如下：

```
!--------------------------------------------------
!第一段：此 Commands 对象信息说明
!--------------------------------------------------
!谐响应分析脚本
!假设入口和出口条件
!命名选择 N_INLET 为入口面节点
!命名选择 N_OUTLET 为出口面节点
!输入参数说明
```

```
!ARG1 = area（入口面积）
!ARG2 = pressure（入口压力）
!ARG3 = density（密度）
!ARG4 = speed of sound（声速）
!ARG5 = frequency（最高分析频率值）
!ARG6 = # of steps（载荷步数）
!-----------------------------------------------
!第二段：耦合入口节点
!-----------------------------------------------
/prep7
cmsel,s,N_INLET   !**选择 N_INLET 节点组
cp,next,pres,all      !**耦合所有被选择节点的压力自由度，编号最小节点作为主节点
MY_INLET=ndnext(0)     !**将主节点的编号定义给全局 APDL 参数 MY_INLET
!-----------------------------------------------
!第三段：由出口节点组选择 6 个节点用于后处理
!-----------------------------------------------
cmsel,s,N_OUTLET
*get,NODECOUNT,node,,count
NEXTNODE=0
AR98=1
AR97=1
MY_OUTLET1=ndnext(NEXTNODE)
*do,AR99,1,NODECOUNT
   NEXTNODE=ndnext(NEXTNODE)
   AR98=AR98+1
   *if,AR98,eq,nint(NODECOUNT/7),then
      MY_OUTLET%AR97%=NEXTNODE
      AR97=AR97+1
      AR98=0
   *endif
*enddo
allsel,all
cmsel,all
!-----------------------------------------------
!第四段：添加阻抗边界
!-----------------------------------------------
sf,N_OUTLET,impd,1
```

```
sf,N_INLET,impd,1
finish
!-----------------------------------------------
!第五段：指定谐响应分析选项
!-----------------------------------------------
/solu
antype,harmic
hropt,full
outres,erase
outres,all,none
outres,nsol,all
nsubst,1
kbc,1
!-----------------------------------------------
!第六段：进行谐响应分析
!-----------------------------------------------
MY_STEPS=ARG6
*do,AR99,1,MY_STEPS
   MY_FREQ=AR99*ARG5/MY_STEPS
   MY_AREA=ARG1
   MY_PRES=ARG2
   MY_SONC=ARG4
   MY_DENS=ARG3
   harfrq,,MY_FREQ
   f,MY_INLET,flow,,2*acos(-1)*MY_FREQ*2*MY_AREA*MY_PRES/MY_SONC
      solve
*enddo
finish
save
!-----------------------------------------------
!第七段：后处理计算结果
!-----------------------------------------------
/show,png
/post26
numvar,200
nsol,2,MY_INLET,pres,,PIN_T
filldata,3,,,,ARG2,0
```

```
varnam,3,PIN_I
add,4,2,3,,PIN_R,,,1,-1
nsol,11,MY_OUTLET1,pres,,POUT_T1
nsol,12,MY_OUTLET2,pres,,POUT_T2
nsol,13,MY_OUTLET3,pres,,POUT_T3
nsol,14,MY_OUTLET4,pres,,POUT_T4
nsol,15,MY_OUTLET5,pres,,POUT_T5
nsol,16,MY_OUTLET6,pres,,POUT_T6
/title,Pressure at inlet and outlet
plvar,2,3,4,11,13,15
/title,Pressure at outlet
plvar,11,12,13,14,15,16
prod,20, 3, 3
prod,21,11,11
prod,22,12,12
prod,23,13,13
prod,24,14,14
prod,25,15,15
prod,26,16,16
quot,31,21,20,,InverseT1
quot,32,22,20,,InverseT2
quot,33,23,20,,InverseT3
quot,34,24,20,,InverseT4
quot,35,25,20,,InverseT5
quot,36,26,20,,InverseT6
quot,41,20,21,,TranCoef1
quot,42,20,22,,TranCoef2
quot,43,20,23,,TranCoef3
quot,44,20,24,,TranCoef4
quot,45,20,25,,TranCoef5
quot,46,20,26,,TranCoef6
clog,51,31,,,TL_1,,,1,10
clog,52,32,,,TL_2,,,1,10
clog,53,33,,,TL_3,,,1,10
clog,54,34,,,TL_4,,,1,10
clog,55,35,,,TL_5,,,1,10
clog,56,36,,,TL_6,,,1,10
```

```
plvar,41,42,43,44,45,46
plvar,51,52,53,54,55,56
prcplx,1
lines,1e6
prvar,11,12,13,14,15,16
prvar,41,42,43,44,45,46
prvar,51,52,53,54,55,56
finish
/show,close
!-----------------------------------------------
!第八段：抑制 Mechanical 自动添加的 Solve 命令
!-----------------------------------------------
/eof
!-----------------------------------------------
!Commands 对象命令流结束
!-----------------------------------------------
```

需要注意以下几点：

（1）Mechanical 的 Named Selection 分支下定义了 N_INLET 和 N_OUTLET 两个命名选择，用于 Commands 对象中第二段命令流定义声学分析的边界条件。其中，使用耦合的目的是为了保证所有入射节点的压力值相同以模拟平面波；不使用已知压力值的原因在于该值为总压，而不是入射压力。

（2）Commands 对象第三部分命令流实现了：选择 N_OUTLET 节点组，并使用*DO 循环拾取该节点组中的 6 个任意节点，将其值定义给参数 MY_OUTLET1-6。

（3）如果出口 6 个节点的压力值相同，说明出口也为一平面波；如果压力值不同，则不再为平面波。理论分析：腔体直径 90cm，可以预计当入射压力波频率在 380Hz（声速 343m/s 除以 90cm）附近时，出口波不再为平面波，此时波长小于几何的特征尺寸。因为计算的频率在 0～200Hz，远小于 380Hz，所以可以预计出口波为平面波。

这里提取出口任意 6 个节点的压力值用于验证理论分析的假设。

（4）建立非反射边界条件也可以利用 impedance 标识，使用如下命令：

```
sf,N_OUTLET,impd,1
sf,N_INLET,impd,1
```

在之前 Geometry 分支体下的 Commands 对象中命令 MP,MU,matid,1 定义了流体的特征阻抗 $\rho_0 c$，其中值 1 表示平面波将被吸收。通过 impedance 定义入口和出口的边界阻抗，入口将吸收任意反射波，而出口将不会反射任何波。

另外，这一边界条件仅适用于平面波情况，当非平面波在出口处出现时，可以使用 FLUID129/130 单元来吸收出射波。

（5）第五至七部分的命令流定义了谐响应分析选项、进行求解和后处理。虽然当前分析流程是 Modal 分析，但通过上面的命令流将分析类型强制改为了 harmonic 分析，同时限定结果文件中只存储压力自由度结果。

其中，第六部分的命令流定义了入射压力波，使用 F 命令对编号为 MY_INLET 的节点施加体积流量载荷。

谐响应分析中平面波的入射压力与体积流量的关系为：

$$
\begin{aligned}
& p = \rho_o c\dot{u} \\
& u = u_o e^{j\omega t} \\
& \dot{u} = u_o \omega j e^{j\omega t} \\
& \ddot{u} = u_o \omega^2 e^{j\omega t} = \dot{u}\omega j \\
& F_f = -A\rho_o \ddot{u} \\
& \quad = -A\rho_o \dot{u}\omega j \\
& \quad = -A\rho_o \omega \frac{p}{\rho_o c} j \\
& \quad = -A\omega \frac{p}{c} j
\end{aligned}
$$

其中，体积流量是面积、密度和粒子加速度的乘积。

使用 D 命令施加压力值，表示该节点总压（由入射压力和反射压力组成）。对于本算例，使用体积流量更加合适。通过正确的体积流量载荷来创建平面入射波。计算结果中的压力值包含了反射压力波的值。

如果已知入射压力，可以计算消声器设计的重要设计参数传输损耗。

因为体积流量是频率的函数，所以使用*DO 循环完成每一频率下的谐响应分析。实现该求解的另一种方法是创建频率相关的表载荷。

（6）第八段命令流只有一条命令/eof，该命令的功能为退出当前读取的文件。通过该命令，Mechanical 自动添加的 Solve 命令将不被允许。

18.4.5 进一步讨论

（1）因为 Mechanical APDL 数据文件在求解时已经保存，所以可以使用 Workbench 项目页中的 Transfer Data to New>Mechanical APDL 进入 Mechanical APDL 界面，进行进一步的结果后处理。

（2）在具体工程项目中，随着 Workbench 功能开发的逐渐深入，必须插入 Commands 对象的场景会越来越少，但是掌握了 Commands 对象的运行机制之后，能够使用户极大地提高 Mechanical 界面的使用效率。

19

APDL 命令的演变

本章将给出 APDL 命令自 14.0 版本以来的演变，包括每个大版本的新增命令、修改命令、不说明命令（由于模块不再开发和销售，正式发行的软件手册中不再对其进行说明）、存档命令。

19.1 14.0 版本

19.1.1 新增命令

14.0 版本的新增命令包括：

AWAVE：指定入射声波数据。

DMPOPTION：指定分布式并行求解选项。

CGROW：指定裂纹扩展信息。

*DOT：APDL Math 中计算两个向量的点积（或内积）。

*FFT：APDL Math 中计算指定矩阵或向量的快速傅里叶变换。

*HROCEAN：谐响应分析中，初始化正弦海浪波程序（HOWP），以包含相关海浪波载荷。

*INIT：APDL Math 中初始化向量或稠密矩阵。

OCREAD：导入外部模块（如 AQWA）定义的海洋数据。

OCCHECK：检查约束方程和拉格朗日乘子间的过约束。

MAPVAR：定义用于网格重划分自定义状态变量的张量和向量。

PILECALC：初始化桩土计算。

PILEDISPSET：桩土计算中的承台位移定义。

PILEGEN：桩土计算中单元数据生成。

PILELOAD：桩土计算中承台载荷施加。

PILEMASS：桩土计算中获取承台质量并施加到指定单元。

PILERUN：运行桩土计算。

PILESEL：选择所有桩单元。

PILESTIF：桩土计算中获取承台刚度并施加到指定单元。

RESCOMBINE：分布式并行计算之后将本地结果文件读取到数据库中。

THEXPAND：热载荷开关选项。

WTBCREATE：创建用于风力涡轮耦合分析的 USER300 单元。

19.1.2 修改命令

14.0 版本增强或修改的命令包括：

BFE：用于定义单元体载荷。最新版本支持管单元和弯管单元。

BUCOPT：设置屈曲分析选项。最新版本屈曲分析求解器新增子空间迭代求解器。

CINT：定义断裂参数计算相关参数。新增 VCCT 选项，使用 VCCT 法计算能量释放率参数。

/CONFIG：为 ANSYS 程序配置参数赋值。结果文件中最大结果集合数由默认的 1000 改为 10000，同时 config140.ans 文件中 NUMRESLT 值也改为 10000。

/COPY：复制文件命令。在分布式并行模式下，可以指定在所有处理器中同时复制。

CQC：设置完整的二次模态组合方法。新增 ForceType 选项，允许用户指定待组合的力。

CYCOPT：设置周期对称分析选项。新增 HINDEX 选项，用于非周期对称载荷作用下静态和谐响应分析时载荷傅里叶变换后的误差控制。

/DELETE：删除文件命令。在分布式并行模式下，可以指定删除操作在所有进程中同步执行。

*DIM：定义数组参数及其维度。新版本命令，大小不再限制为 2^{31} 比特。

DJ：指定连接副单元相对运动分量的值。新版本命令支持%_FIX%数组，即程序将根据当前的位移值指定将该分量的值。

*DMAT：APDL Math 中创建稠密矩阵。新版本命令新增 Method=RESIZE 选项，允许用户改变现有矩阵的大小；新增 Method=LINK 选项，允许链接到现有矩阵，进而操作原矩阵的子矩阵。

DSUM：指定二次求和模态组合方法选项。

EQSLV：指定方程求解器。AMG 求解器已经在文档中移除，建议使用 PCG 求解器替代。

ETCONTROL：控制单元技术。新增对 PLANE223、SOLID226 和 SOLID227 单元的支持。

*EXPORT：APDL Math 中输出矩阵到文件。新增 DMIG 格式文件的支持。

FS：存储节点疲劳应力分量。新增时间输入。

*GET：提取数值存入标量参数或数组。新增 Campbell 分析中模态稳定性值的提取和模态置信准则值的提取。

GRP：指定组模态组合法设置。

MP：定义常温或随温度变化的线性材料属性。新增 ALPD、BETD 替换 DAMP 选项。

MODCONT：指定附加的模态分析选项。新增 THEXPAND 选项替换 IgnoreThermal Strain 选项。

*NRM：APDL Math 中计算指定矩阵或向量的范数。新增 Normalize 参数，用于归一化*VEC

命令创建的向量。

NRLSUM：设置 NRL 模态组合方法。新增 ForceType 选项。

PCGOPT：控制 PCG 求解器选项。新增 LM_Key 选项，允许存在 MPC184 拉格朗日乘子法单元的模型使用 PCG 求解器。

PERTURB：设置线性摄动分析选项。新增线性摄动稳定性分析和完全法谐响应分析的支持。

PLCAMP：转子动力学 Campbell 图绘制。新增支持 DAMP 法计算得到的负特征值。

PRCAMP：转子动力学 Campbell 图数据打印输出。新增支持 DAMP 法计算得到的负特征值。

PSDCOM：设置功率谱密度组合方法。新增 ForceType 选项。

/RENAME：读取文件命令。分布式并行时，对所有求解器进行重命名。

RESCONTROL：控制多框架重启动设置。新增 MAXFILES=-1 选项，允许重启动文件在达到 999 个时继续读写。

RESP：生成响应谱。新增根据加速度时间历程计算响应谱的功能。

RESWRITE：添加数据库中的结果数据到结果文件。新增功能支持与 RESCOMBINE 命令联合使用写出到同一个全局结果文件中。

ROSE：设置 Rosenblueth 模态组合方法。新增 ForceType 选项。

SECDATA：描述截面几何。新增 2D 接触/目标单元的圆形接触截面定义。

SECFUNCTION：采用表函数设置壳单元截面厚度。

SECTYPE：关联截面类型和截面 ID 号。新增 2D 接触/目标单元的圆形接触截面定义。

*STATUS：列表显示当前参数和缩略语。新参数 Par=MATH 允许列表显示 APDL Math 参数。

SRSS：设置模态组合均方根。新增 ForceType 选项。

TB：激活特殊单元输入数据或材料属性表数据。新增 CGCR 选项，指定裂纹扩展模拟中的断裂准则。

TBFT：进行材料曲线拟合操作。新增对 Chaboche 随动强化塑性模型的支持。

*VEC：APDL Math 中新建向量。新增 Method=RESIZE，允许改变现有向量的大小。

VFOPT：设置视角因子文件选项。对于分布式 3D 分析情况，新增 VFOPT、NEW 命令指定视角因子序列计算模式。

19.1.3 不说明命令

该版本 ANSYS 停止了以下 3 个功能的开发：静电场分析的 Trefftz 法、优化（替代解决方案是使用 ANSYS DesignXplorer）、拓扑优化（替代解决方案是使用最新 18.0 版本的拓扑优化功能）。因此，在正式文档中去掉了下面的命令：

/OPT OPADD OPRFA TOPLOT

OPEQN OPCLR OPRGR TOPRINT

OPFACT OPDEL OPRSW TOSTAT

OPFRST OPMAKE PLVAROPT TZAMESH

OPGRAD OPSEL PRVAROPT TZDELE

OPKEEP OPANL TOCOMP TZEGEN

OPLOOP OPDATA TODEF XVAROPT
OPPRNT OPRESU TOFREQ
OPRAND OPSAVE TOTYPE
OPSUBP OPEXE TOVAR
OPSWEEP OPLFA TOEXE
OPTYPE OPLGR TOLOOP
OPUSER OPLIST TOGRAPH
OPVAR OPLSW TOLIST

19.1.4 存档命令

SSTIF 和 PSOLVE 命令被移到存档命令中，用 NLGEOM 替代 SSTIF 命令，用线性摄动替换 PSOLVE 命令。

19.2 15.0 版本

15.0 版本 ANSYS 中一些命令不能直接从菜单访问，而只能通过命令行方式或批处理文件方式运行（相关信息可以在命令手册中查看）。

19.2.1 新增命令

15.0 版本的新增命令包括：
ASCRES：指定声发散分析的输出类型。
ASIFILE：写出或读入单向声结构耦合数据。
ASOL：激活声学求解器。
CNTR：接触对输出指向到文本文件。
CYCFILES：指定周期对称模态叠加法谐响应分析结果数据文件。
CYCFREQ：指定周期对称模态叠加法谐响应分析设置选项。
DMPSTR：设置常结构阻尼系数。
FTYPE：指定后续导入点数据和压力数据的文件类型和压力类型。
MAP：映射原点数据压力值到目标表面单元。
/MAP：进入映射处理器。
MODSELOPTION：指定模态扩展的选择标准。
NLADAPTIVE：定义非线性分析中网格细化或修改的准则。
OCZONE：指定海洋区域数据类型。
PLGEOM：绘制原压力和目标几何。
PLMAP：绘制原压力和目标压力。
PLST：绘制随频率变化的声功率参数。
RCYC：计算模态叠加法谐响应分析的周期对称结果。

READ：由文件中读取坐标和压力。

SPOWER：计算声功率参数。

SUBOPT：设置子空间特征值求解器选项。

TARGET：指定映射压力到表面效应单元的目标节点。

TBIN：设置插值用材料数据表的参数。

WRITEMAP：写出插值的压力数据到文本文件。

19.2.2 修改命令

15.0 版本增强或修改的命令包括：

ANHARM：生成复模态或时域简谐结果的动画。新增对 CMS 使用和扩展通道的支持。

BF：定义节点体载荷。在电磁场分析时，新增 VELO 标签代表节点平动或角速度。在声学分析中，EF 标签被 VELO 标签取代。

BFE、BFK、BFL、BFV：体载荷命令。去掉了对高频电磁场分析的使用说明。

COMBINE：组合分布式并行求解文件。新增对完整矩阵.full 文件的支持。

CYCOPT：指定周期对称分析的求解选项。新增 MSUP 选项，控制结果文件如何被用于后续模态叠加法的分析。

DDOPTION：设置分布式并行的域分解选项。默认域分解算法由 GREEDY 改为 AUTO。ContKey 参数不再进行说明。

DMPOPTION：设置分布式并行文件合并选项。新增功能支持关闭对完整矩阵.full 的组集。

ESOL：指定写入结果文件的单元数据。新增应变能密度输出功能。

ETABLE：单元表填充命令。新增对应变能密度的输出功能。

FDELE：删除节点力。新增 Lkey 参数，实现将当前相对位移值施加到已经删除节点力的节点。

HFANG、HFSYM：声学分析定义命令。去掉了对电磁场分析的说明。

MODOPT：指定模态分析选项。新增子空间特征值求解器的支持。

MXPAND：新增 ModeSelMethod 参数，用于指定根据模态有效质量、模态系数或 DDAM 分析的值来确定扩展的模态。

NLDIAG：设置非线性诊断功能。新命令会输出由于接触磨损导致的总体积变化，写出到 Jobname.cnd 文件。

NLHIST：指定求解监控变量。新增对接触磨损导致的总体积损失的支持。

OUTRES：控制写入数据库的结果数据。新增选项，控制用户自定义状态变量的个数。

PLESOL：绘制单元解云图。新增对应变能密度的支持。

PLNSOL：绘制节点解云图。新增对应变能密度的支持。

PRESOL：输出单元解。新增对应变能密度的支持。

PRNSOL：输出节点解。新增对应变能密度的支持。

QRDOPT：新增 CMCCoutKey 参数，允许输出复模态贡献系数到 jobname.cmcc 文件。

REMESH：设置起始和终止重划分点和其他选项。新增对 3D 网格的支持。

RESWRITE：新增 Flag 参数，用于标识复结果。

RSTMAC：根据两个结果文件或一个结果文件和一个试验结果.unv 格式文件的节点解匹配度计算模态置信因子。新增 UNVscale 参数，支持试验数据文件节点坐标的缩放；新增 KeyMass 选项，包含质量对角阵。

SECTYPE：关联截面信息和截面 ID 号。新增接触截面 Subtype=BOLT，用于定义接触分析中的螺纹面细节信息。

SF：声学分析中，使用 ATTN 标签替换了 CONV 标签。

TB：激活特殊单元输入数据或材料属性表数据。新增 WEAR 标签，用于接触磨损建模。

TBFIELD：定义材料数据表场变量值。新增对蠕变和塑性材料的支持。

THOPT：设置非线性瞬态热分析选项。新增选项控制 Full 或 Quasi 解法是否使用多通道或迭代算法。原来的 Linear 选项已从文档中去除。

USRCAL：控制用户子程序的状态。新增 UTIMEINC 替代程序确定时间步长。

*VFILL：填充数组参数。新增 RIGID 参数，生成刚体模式相对于参考点的坐标。

VFOPT：指定角系数选项。新增二进制或文本文件的压缩选项。

19.2.3 不说明命令

该版本 ANSYS 停止了以下两个功能的开发：Flotran 流动分析（替代方案是 ANSYS CFD 解决方案）和高频电磁场分析（替代解决方案是使用 ANSYS HFSS 系列高频电磁场产品）。因此，在正式文档中去掉了下面的命令：

FLDATA1-40 HFPCSWP MSDATA MSVARY QFACT
FLOCHECK HFPOWER MSMASS PERI SPADP
FLREAD HFPORT MSMETH PLFSS SPARM
FLOTRAN HFSCAT MSMIR PLSCH SPFSS
HFADP ICE MSNOMF PLSYZ SPICE
HFARRAY ICEDELE MSPROP PLTD SPSCAN
HFDEEM ICELIST MSQUAD PLTLINE SPSWP
HFEIGOPT ICVFRC MSRELAX PLVFRC
HFEREFINE LPRT MSSOLU /PICE
HFMODPRT MSADV MSSPEC PLWAVE
HFPA MSCAP MSTERM PRSYZ

另外，由于海浪载荷输入的简化，SOCEAN 命令也变成了不说明命令。

19.3 16.0 版本

16.0 版本命令的演变分三部分介绍：新增命令、修改命令和不说明命令。在 16.1 和 16.2 小版本中，命令没有更新。

19.3.1　新增命令

16.0 版本的新增命令包括：

ANPRES：周期对称谐响应分析后处理生成压力简谐变化的动画。

CYCCALC：按照 CYCSPEC 命令设置生成周期对称模态叠加法谐响应分析的结果。

CYCSPEC：周期对称模态叠加法谐响应分析中设置后续 CYCCALC 命令的默认设置。

DDASPEC：设置 DDAM 冲击响应谱分析的常数。

DFSWAVE：为发散声场分析设置随机相位的入射平面波。

EINFIN：由选定的节点生成结构无限元（INFIN257）。

FLUREAD：通过.cgns 文件读取包含复压力峰值单边快速傅里叶变换数据的 Fluent-to-Mechanical APDL 单向耦合数据文件。

GCDEF：定义通用接触面间的界面耦合作用。

GCGEN：定义通用接触面的接触单元。

MSOLVE：启动随机声场分析。

NLMESH：非线性网格自适应过程中控制通用网格重划分的网格质量调整准则。

PLCFREQ：根据 CYCSPEC 命令的设置绘制频响。

PLCHIST：根据 CYCSPEC 命令的设置为每个扇区的频响绘制柱状图。

PLMC：绘制模态叠加法结果的模态坐标。

PLZZ：绘制周期对称模态分析的干涉图。

PRAS：计算选定外表面或指定频段的声压级。

PRSCONTROL：设置单元刚度矩阵是否包含压力载荷钢化效应。

SSTATE：定义稳态分析。

XFDATA：XFEM 方法中，根据指定节点级值定义模型中的裂纹。

XFENRICH：XFEM 方法中，裂纹扩展参数定义。

XFLIST：XFEM 方法中，裂纹信息查看。

19.3.2　修改命令

16.0 版本增强或修改的命令包括：

ASIFILE：写出或读入单向声结构耦合数据。新增映射结构结果到声学模型的功能。

/ASSIGN：ANSYS 文件识别器重新定义文件名。新增 LGkey 参数，用于分布式并行中控制本地或全局文件名。

BCSOPTION：设置稀疏矩阵求解器内存参数。MINIMUM 内存选项改为不说明命令，OPTIMAL 内存选项重命名为 OUTOFCORE。

BF：定义节点体载荷。标签 JS 改为 MASS，新标签支持声学分析中通过表来定义质量源和质量源率。

CINT：定义断裂力学计算相关参数。新增选项支持 C*-integral 计算，新增选项支持非结构化网格，新增选项支持 XFEM 分析。

CGROW：定义裂纹扩展信息。新增选项支持 XFEM 分析。

CMSOPT：指定模态综合法分析选项。新增写出体属性输入文件 file.exb 为 AVL EXCITE 程序。

CNCHECK：接触对初始状态查看及调整命令。新选项支持通用接触定义。另外，Option=Adjust 选项时，新增 3 个参数（CGAP、CPEN、IOFF）用于精确控制接触节点位置。

CNVTOL：设置非线性分析收敛准则。新增 JOINT 标签控制连接副单元约束检查容差，新增 COMP 标签控制体积兼容性检查容差。命令行为被增强，使得收敛准则之间相互独立，即定义一个收敛准则不影响其他准则。新增选项允许关闭某一收敛准则。

CUTCONTROL：控制非线性分析中的时间步分割。二阶动力学分析每一个周期中点数默认值改为线性 13 个点、非线性 5 个点。针对蠕变应变极限的行为也进行了调整。

CYCFREQ：设置周期对称模态叠加法谐响应分析选项。新增失谐分析的 4 个选项：AERO、BLADE、MIST 和 RESTART。

*DMAT：创建稠密矩阵。新增由.tcms 文件导入记录功能，新增.full 文件分别导入刚度矩阵实部或虚部的功能，新增由现有矩阵复制子矩阵功能。

DSPOPTION：分布式稀疏矩阵求解器内存设置选项。OPTIMAL 重命名为 OUTOFCORE。

EMODIF：修改已定义的单元。新增 I1=GCN 标签，用于将接触对单元转换为一般接触。

ESEL：选择单元子集。新增 GCN 标签，用于识别通用接触。

*GET：提取数值存入标量参数或数组。新增通用接触选项 Entity=GCN。

HARFRQ：定义谐响应分析频率范围。新增 FREQARR 和 Toler 参数，允许用户自定义频率数组。

KEYOPT：新增 GCN 标签，用于识别通用接触。

MODOPT：非对称特征值求解器计算复模态。新增 AUTO 选项。

NLADAPTIVE：非线性分析中网格加密或修改准则的定义。新增对接触表面磨损和网格质量相关准则。

NLDIAG：设置非线性诊断功能。接触稳定性能、应变能和摩擦耗散能输出到.cnd 文件。

NLHIST：指定求解过程监控数据。增强了以下功能：监控变量达到指定值时停止分析、通用接触结果监控。

NROPT：静态或瞬态 Newton-Raphson 选项设定。增强：在载荷步间可以切换对称和非对称选项。

OUTRES：控制写入数据库的结果文件。新增控制子结构或模特综合法使用通道中节点速度和加速度的输出。

PERTURB：设置线性摄动分析选项。新增 Type=SUBSTR 选项设置线性摄动子结构生成通道，新增 LoadControl=DZEROKEEP 选项将非零位移载荷在线性摄动分析开始时清零。

PIVCHECK：控制分析过程中方程出现负或零主元时的处理方法。KEY=ON 改为 KEY=AUTO、ERROR 和 WARN，提供更详细的控制。

PLCAMP：绘制 Campbell 图。新增对所有频率的支持。

PLFAR、PRFAR：绘制或打印压力远场参数。允许 y 轴旋转拉伸声参数的输出。

PLLS：控制单元表元素的显示。

PLST：绘制随频率变化的声功率参数。新增对随机声场分析的后处理。

PMLOPT：定义声结构耦合分析的理想映射层（PMLs）。

QRDOPT：设置 QRDAMP 模态分析选项。新增 SymMeth 参数，控制对称特征值问题中的模态提取方法。

R：定义实常数。新增 NSET=GCN，支持通用接触定义。

RESCONTROL：控制重启动参数。Ldstep 支持负值输入（-N，其中 N 代表载荷步频率），用于控制.xnnn 文件写出和.ldhi 文件写出频率。默认情况下，程序只在最后载荷步写出载荷信息。新增 Action=DELETE 选项，删除之前的重启动控制选项。

RMODIF：修改实常数。新增 NSET=GCN，支持通用接触定义。

SECDATA：截面几何参数定义。新增非圆和渐变管截面的支持，以及自定义接触法向。

SECTYPE：关联截面类型和截面 ID 号。新增对渐变管截面的支持，以及自定义接触法向。

/SHOW：控制图形显示参数。新增背景翻转控制选项。

*SMAT：创建稀疏矩阵。新增.full 文件分别导入刚度矩阵实部或虚部的功能，新增由现有矩阵复制子矩阵功能。

TB：激活特殊单元输入数据或材料属性表数据。新增非线性塑性、Hill 塑性、CZM 和 UserMat 自定义材料子程序的支持。

TBFIELD：定义材料数据表场变量值。新增 CYCLE 场变量，定义接触粘结愈合周期数。

TRNOPT：设置瞬态分析选项。新增 VAout 参数，控制节点速度和加速度在模态叠加法瞬态分析时输出。

*VFILL：填充数组参数。新增 Func=Cluster，根据 HARFRQ 自定义频率填充数组。

*VGET：提取数值填充入数组。新增瞬态结构分析结果的节点速度和加速度支持。

19.3.3 不说明命令

表 19-1 中的命令在 16.0 版本中变成了不说明命令。

表 19-1 不说明命令

命令	改变原因
FIPLOT	FiberSIM-ANSYS 接口功能被放弃，替代解决方案是 ACP 复合材料处理模块与 FiberSIM 的接口
SOLCONTROL	大多数情况下，程序默认设置和 SolControl,on 时等效；特殊情况下，用户可以使用 xxxControl 命令指定自定义控制
PILECALC PILEDISPSET PILEGEN PILELOAD PILEMASS PILERUN PILESEL PILESTIF	桩土分析相关的宏命令被 ACT 扩展插件所替代

19.4 17.0 版本

17.0 版本命令的演变分三部分介绍：新增命令、修改命令和不说明命令。在 17.1 和 17.2 小版本中，命令没有更新。

19.4.1 新增命令

17.0 版本的新增命令包括：

APORT：声学分析中，设置平面波和声导管口的输入数据。

ICROTATE：设置节点初始速度为绕轴旋转和平移之和。

ECPCHG：耦合声分析中优化自由度使用。

/FCOMP：设置文件压缩级别。

LANBOPTION：设置 Block Lanczos 法特征值求解选项。

*MERGE：合并两个稠密矩阵或向量为一个。

MODDIR：激活远端只读模态文件的使用。

PSYS：设置 PML 单元坐标系属性指针。

*REMOVE：去掉稠密矩阵的一行或一列。

SCOPT：设置系统耦合选项。

SSOPT：设置桩土分析选项。

19.4.2 修改命令

17.0 版本增强或修改的命令包括：

ANSOL：设置结果坐标系的节点解。新增耦合 CPT 单元的支持。

ANTYPE：设置分析类型和重启动状态。新增土壤分析类型，新增 PRELP 参数支持声结构耦合线性摄动分析。

BF：定义节点体载荷。新增声学分析 FPBC 和 PORT 两个标签，声学分析静压载荷标签变为 SPRE。

CGROW：定义裂纹扩展信息。新命令支持疲劳裂纹扩展分析。

CNCHECK：接触对初始状态检查和调整。新增 MORPH 选项激活网格变形。

*COMP：按照指定算法压缩矩阵。

D：定义节点自由度约束。新版本命令支持孔隙流动 PRES 和位移自由度。

EINFIN：由选定的节点生成结构无限元（INFIN257）。新增选项支持 INFIN257 单元新功能。

EMTGEN：生成 TRANS126 单元集合。新版本命令 FKN 参数支持负值输入，解释为弹性模量，用于确定接触刚度。

ESOL：设置结果文件中单元解的存储。新增 SEND 选项，支持总应变能输出。

ETABLE：填充单元表为后续后处理使用。新增 SEND 选项，支持总应变能输出。

F：设置节点力。新命令流入为负，流出为正。

*GET：提取数值存入标量参数或数组。新版本命令通过 Entity=CINT 由 XFEM 稳态裂纹或裂纹扩展分析以及疲劳裂纹扩展分析中提取数值。新增声学分析 Entity=ACUS 选项。

GCDEF：定义通用接触面间的界面耦合作用。增强该命令，以支持：通用接触对指定截面号的附加输入、GCDEF 表输出的压缩、指定通用接触列表显示的截面 ID 范围。新增选项用于列表显示实际计算中的实际接触作用。

GCGEN：定义通用接触面的接触单元。新增对梁梁单元通用接触的定义。

HFANG：声学分析定义命令。PHI2 和 THETA2 默认值进行了修改。

IC：设定节点初始条件。新增初始加速度的支持。

ICLIST：列表显示初始条件。新增初始加速度的支持。

*INIT：初始化稠密矩阵或向量。新增复共轭 CONJ 和 FILTER 选项。

KEYOPT：设置单元关键选项。新增 ITYPE 选项，方便通用接触的定义。

LDREAD：读取结果文件并作为载荷施加。新版本命令支持层合热实体单元和载荷导入层合结构实体单元。

MODOPT：设置模态分析选项。新增 FREQMOD 参数。

MSOLVE：启动随机声场分析。新选项支持当 Floquet 周期边界条件存在时的平面波扫略。

NLADAPTIVE：定义非线性分析中网格细化或修改的准则。新版本命令支持 2D 网格重划分。

NLMESH：控制非线性自适应网格重划分选项。新版本命令支持 2D 网格重划分。

NUMMRG：合并重合或等效对象。新版本命令支持 Section Type 的合并。

PLESOL：绘制单元解云图。新增总应变能输出。

PLFAR：绘制压力远场数据和参数。新增 PLAT 参数，允许绘制振动结构的声参数。

PLNSOL：绘制节点解云图。新增总应变能输出。

PMLOPT：定义声结构耦合分析的理想映射层（PMLs）。PSYS 命令替换 ESYS 命令，定义 PML 单元坐标系。

PRAS：计算选定外表面或指定频段的声压级。新增选项支持更多的量计算。

PRCINT：列表显示断裂力学参数结果数据。新增疲劳裂纹扩展的支持。

PRESOL：输出单元解。新增对总应变能的支持。

PRFAR：绘制或打印压力远场参数。新增 PLAT 标签，允许结构声振参数输出。

PRNSOL：输出节点解。新增总应变能输出。

SECDATA：设置截面几何数据。新版本命令支持等效梁半径用于通用接触计算。

SECFUNCTION：表函数定义壳截面厚度。KCN 被 PATTERN 取代。

SECTYPE：关联截面类型和截面 ID 号。新增接触截面 ID 类型。

SF：设置节点面载荷。等效源表面 MXWF 支持结构单元。

*SMAT：创建稀疏矩阵。新版本命令支持指定行、列号提取子矩阵。

TB：激活特殊单元输入数据或材料属性表数据。新增密度 DENS、JROCK、MC、MIGR、PELAS、SOIL 的支持。

TBFIELD：定义材料数据表场变量值。新增 DENS 支持。

XFDATA：XFEM 方法中，根据指定节点级值定义模型中的裂纹。新版本命令支持奇异基 XFEM 法。

XFENRICH：XFEM 方法中，裂纹扩展参数定义。新版本命令支持奇异基 XFEM 法。

19.4.3 不说明命令

表 19-2 中的命令在 17.0 版本中变成了不说明命令。

表 19-2 不说明命令

命令	改变原因
ADAPT	基于 ADAPT 宏命令进行网格重划分的宏已经被删除
SEGEN	自动超单元生成流程被移除
MADAPT	基于 MADAPT 宏命令进行网格重划分的宏已经被删除
FMAGBC、FMAGSUM、FOR2D、HMAGSOLV LMATRIX、TORQ2D、TORQC2D、TORQSUM	PLANE53 和 SOLID97 变为历史遗留单元，不再进行说明，这些命令配套这两个单元
NOORDER、WAVES、WERASE、WFRONT WMID、WMORE、WSTART、WSORT	波前排序功能被移除
PDANL、PDCDF、PDCFLD、PDCLR、PDCMAT PDCORR、PDDMCS、PDDOEL、PDEXE、PDHIST PDINQR、PDLHS、PDMETH、PDPINV、PDPLOT PDPROB、PDRESU、PDROPT、/PDS、PDSAVE PDSCAT、PDSENS、PDSHIS、PDUSER、PDVAR PDWRITE、RSFIT、RSPLOT、RSPRNT、RSSIMS	PDS 概率分析模块被移除

19.5 18.0 版本

18.0 版本命令的演变分三部分介绍：新增命令、修改命令和不说明命令。在 18.1 小版本中有更新，在对应小节中进行了单独说明。

19.5.1 新增命令

18.0 版本的新增命令包括：

AEROCOEFF：计算气动阻尼和刚度系数并写出到 APDL 数组。

EXBOPT：设置 CMS 生成通道.exb 文件输出选项。

MASCALE：激活整个系统矩阵的缩放。

*SCAL：按常数比例缩放向量或矩阵。

此外，18.1 版本还新增了以下两个命令：

EXOPTION：设置 Mechanical APDL 导出给 ANSYS CFX 属性文件 EXPROFILE 的相关配置。

*SORT：对指定变量进行排序。

19.5.2 修改命令

18.0 版本增强或修改的命令包括：

ANTYPE：设置分析类型和重启动状态。移除了 VT 变分技术的支持。

APORT：声学分析中，设置平面波和声导管口的输入数据。新增 COAX 标签。

BF：定义节点体载荷。新增声学分析 VMEN 载荷标签。

COMBINE：组合分布式并行求解文件。新命令支持分布式并行模式下手动合并重启动文件。

CSYS：激活已经定义的坐标系。新增总体坐标系 X 轴作为转轴的柱坐标系支持。

CMSOPT：指定模态综合法分析选项。新选项支持单元计算。此外，18.1 版本新增 EIGMETH 参数指定生成通道中的模态提取方法。

*COMP：按照指定算法压缩矩阵。对于 SVD 压缩方法，18.1 版本新增对子矩阵压缩。

/CONFIG：设置 Mechanical APDL 配置参数值。新选项支持指定子结构或模态综合法中最大载荷向量个数。

CYCCALC：按照 CYCSPEC 命令设置生成周期对称模态叠加法谐响应分析的结果。新命令在 CSV 格式输出时可以指定“.”或“:”作为文件分割符。

CYCFREQ：设置周期对称模态叠加法谐响应分析选项。新选项支持包含气动阻尼系数的数组。

DDOPTION：设置分布式并行的域分解选项。新增 Decom=MESH、FREQ 和 CYCHI 替换原来的算法。

*DIM：设置数组参数的维度和数组。新命令表数组支持总体笛卡儿坐标系、柱坐标系、球坐标系或局部坐标系。

*DMAT：创建稠密矩阵。新增矩阵实部或虚部复制选项。

DMPOPTION：设置分布式并行文件合并选项。分布式并行时，控制重启动文件是否自动合并。

EALIVE：单元生死分析中激活单元。18.1 版本新命令支持表输入。

EKILL：单元生死分析中杀死单元。18.1 版本新命令支持表输入。

EEXTRUDE：拉伸平面单元为三维实体单元。新命令支持轮胎分析。

EMTGEN：生成 TRANS126 单元。18.1 版本新增 Smethod 参数。

EREINF：根据选定节点生成增强单元。新命令支持网格无关的增强。此外，18.1 版本增强了对网格无关加强的支持。

/ESHAPE：根据单元实常数或截面数据显示单元形状。新命令支持 PLANE182 和 PLANE183 单元的特殊选项。

GCDEF：定义通用接触面间的界面耦合作用。新命令支持基于顶点识别接触。

GCGEN：定义通用接触面的接触单元。新命令支持基于顶点识别接触。

*GET：提取数值存入标量参数或数组。新增对象 Entity=TBTYPE 提取指定输入场变量的材料属性系数，新增 Entity=SHEL 提取截面薄膜与弯曲刚度矩阵数据和截面横向剪切刚度矩阵数据。

LCOPER：载荷工况组合操作命令。新选项用于指定扫频相位角。

LDREAD：读取结果文件并作为载荷施加。新版本命令新增声学分析的 VMEN 标签和电场分析的 VOLT 标签。

MAP2DTO3D：初始化 2D 到 3D 映射。新命令简化了语法，载荷步和子步通过 START 选项控制，映射操作通过 FINISH 选项控制。新的求解 SOLVE 选项完成节点和单元数据由 2D 到 3D 映射并评估映射的误差。

*MOPER：数组参数矩阵进行矩阵运算。新选项 INTP 返回指定坐标位置的单元信息，新选项 SGET 返回给定单元信息的节点结果。

NLDIAG、NLHIST：新命令增加了对 2D 轴对称接触分析最大扭矩的报告。

NUMOFF：指定对象编号偏移。新选项允许对所有属性参考指定偏移量，包含未定义的对象。

PLMC：绘制模态叠加法结果的模态坐标云图。新版本命令支持谐响应分析之后模态坐标幅值云图的绘制。

PMLOPT：新增对不规则理想映射层 IPML 的定义。

PMLSIZE：指定 PML 或 IPML 的层数。新增对不规则理想映射层 IPML 的支持。

PSDGRAPH：显示输入 PSD 曲线。18.1 版本新增 DisplayKey 选项，支持对点标记和编号的显示。

QRDOPT：指定 QR 阻尼法 QRDAMP 模态分析选项。对称矩阵特征值问题的模态提取算法可以指定为超节点算法（SNODE）。

RESCONTROL：控制重启动文件读写。新增 MAXTotalFiles 参数指定保存的最大重启动文件数。

RSYMM：定义辐射分析的对称、旋转和拉伸参数。新增线性或周向拉伸辐射表面单元。

RSYS：结果坐标系激活命令。新命令支持以全局坐标系 X、Y 或 Z 轴为转轴。

SECCONTROL：截面属性控制。对于增强类截面，新选项移除了增强材料所占空间中基体单元材料的质量和刚度。

SECDATA：设置截面几何数据。新 MESH 格式支持网格无关的加强。18.1 版本等效接触半径（Type=Contact，SubType=RADIUS）改为用于建立梁梁内部接触。

SECTYPE：关联截面类型和截面 ID 号。新命令支持网格无关的加强单元。

SEOPT：设置子结构分析选项。新选项支持不保存分解的矩阵文件。

SF：设置节点面载荷。新增声学分析中的 RIGW 标签。

SLIST：列表显示当前已定义的截面信息。新命令增强了对增强类截面的支持。

SPOINT：定义力或力矩汇总的参考点。新增 InertiaKey 选项，激活相对于指定点或节点的转动惯量计算。

STORE：存储数据到数据库。18.1 版本新增 FREQ 和 Toler 选项，允许为 PSD 分析定义频率值。

TB：激活特殊单元输入数据或材料属性表数据。新增热属性模型 THERM 的支持。

TBEO：设置材料属性表的特殊选项或参数。新命令支持指定局部或位移远场变量的坐标系。

TBFIELD：定义材料数据表场变量值。新增多个预定义场变量的支持。

TRNOPT：设置瞬态分析选项。移除了变分技术（VT）的支持。

*VEC：创建向量。向量复制可以指定实部或虚部控制。

19.5.3　不说明命令

表 19-3 中的命令在 18.0 版本中变成了不说明命令。

表 19-3　不说明命令

命令	改变原因
STAOPT	非线性静力变分技术已经移除
IMPD	命令已经过时

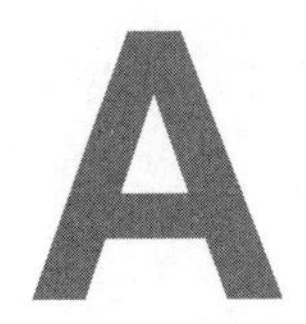

APDL 命令

表 A-1 参数定义

*AFUN	给参数表达式指定单位制，主要是指三角函数和反三角函数的角度单位
*ASK	提示用户输入一个参数值
*DEL	删除一个参数
*DIM	定义数组参数，指定其维数
*GET	提取数据库中的数值，并赋值给一个用户指定的变量
/INQUIRE	返回系统信息并存储到一个参数中
PARRES	从一个参数文件恢复参数定义
PARSAV	将参数定义写入到一个文件中
*SET	给一个参数赋值
*STATUS	列表当前的所有参数和缩写
*TREAD	从外部数据文件中读取数据，并存储到一个表/数组参数中
*VFILL	按照一定规律填充数组参数
*VGET	提取数据库中的数据，并存储到一个数组中
*VREAD	读取数据到一个数组参数中

表 A-2 宏文件

*CFCLOS	关闭一个 command 文件
*CFOPEN	打开一个 command 文件
*CFWRITE	写出 ANSYS 命令（或者字符串）到一个 command 文件中
*CREATE	打开（或者创建）一个宏文件
*END	关闭宏文件
*MSG	通过 ANSYS 消息子程序报告一条消息
/PMACRO	指定将宏文件所包含的内容写进进程 log 文件中
/PSEARCH	指定搜索 unknown command（未知命令）宏文件的目录路径
/TEE	写出一系列命令，写进指定的文件，同时执行这些命令
*ULIB	标识一个宏库文件
*USE	执行一个宏文件

表 A-3 缩写

*ABBR	定义一个缩写
ABBRES	从一个代码文件中读取缩写定义
ABBSAV	将当前定义的缩写写进一个代码文件
/UCMD	给一个用户命令指定一个替代名称

表 A-4 数组参数

*MFOURI	计算一个傅里叶级数的系数
*MFUN	对数组参数矩阵进行拷贝或者转置
*MOPER	对数组参数矩阵执行矩阵运算
*MWRITE	按照指定的格式描述将一个矩阵写出到一个文件中
*TOPER	对表参数执行数学运算
*VABS	对数组参数执行绝对值运算
*VCOL	指定参与矩阵运算的列数
*VCUM	将数组参数结果增加到一个已经存在的结果中
*VEDIT	图形方式交互编辑数值型数组参数
*VFACT	将数组参数乘以一个比例系数
*VFUN	对单个数组参数执行某种函数运算
*VITRP	通过表插值运算得到一个数组参数
*VLEN	指定参与数组参数运算的行数
*VMASK	将一个数组参数指定成定位抽取控制矢量（Masking Vector）
*VOPER	执行两个数组参数之间的数学运算
*VPLOT	曲线图形显示数组参数的列矢量
*VPUT	恢复数组参数值到 ANSYS 数据库中
*VSCFUN	确定一个数组参数的属性
*VSTAT	列表显示当前所有定义的数组参数的状态信息
*VWRITE	按照指定的格式描述将数据写进一个文件中

表 A-5 过程控制

*CYCLE	从当前 DO 循环直接跳转到下一次循环进程
*DO	定义 DO 循环的起始
*ELSE	用于 IF-THEN-ELSE 语句块的最后一个条件起始命令字
*ELSEIF	用于 IF-THEN-ELSE 语句块的中间条件起始命令字
*ENDDO	结束一个 DO 循环并开始执行后续命令
*ENDIF	结束一个 IF-THEN-ELSE 语句块
*EXIT	跳出一个 DO 循环

续表

*GO	将命令流程跳转到指定标识字行
*IF	IF-THEN-ELSE 语句块的起始条件命令字
*REPEAT	重复执行上一行的命令
/WAIT	在执行下一条命令之前终止命令一段时间，然后再继续执行后续命令

表 A-6　APDL Math 命令

矩阵和向量创建、删除命令	
*DMAT	创建密集矩阵
*SMAT	创建稀疏矩阵
*VEC	创建向量
*FREE	删除矩阵或者求解器对象并释放其所占内存
矩阵操作命令	
*AXPY	进行矩阵运算 M2= v*M1 + w*M2
*DOT	计算两个向量的点积（或内积）
*FFT	计算给定矩阵或向量的快速傅里叶变换
*INIT	初始化一个向量或密集矩阵
*MULT	进行矩阵乘法操作 M3 = M1(T1)*M2(T2)
*NRM	计算给定向量或矩阵的范数
*COMP	使用给定算法压缩矩阵的列数
求解命令	
*LSENGINE	创建线性求解器
*LSFACTOR	进行线性方程的因子分解
*LSBAC	求解因子分解后的方程
*ITENGINE	使用迭代求解器进行求解
*EIGEN	求解带有非对称阵或阻尼阵的模态特征值问题
矩阵输出命令	
*EXPORT	按照给定格式输出矩阵到文件
*PRINT	输出矩阵值到文件

B

APDL 通道命令

在 ANSYS 中，经常需要确定一条命令或一组命令能否应用于特定产品，可以利用下面的*GET 函数返回一个 TRUE 或 FALSE 值（1 或 0）来确定其是否允许用于你正在运行的产品中。当 entity=PRODUCT 时新增加的*get 命令如表 B-1 所示。

表 B-1　当 entity=PRODUCT 时新增加的*get 命令

Entity=PRODUCT，ENTNUM=0（或空值）				
Item1	It1num	Item2	It2num	说明
pname				ANSYS 命令行的-P 选项
name		start	1-n	ANSYS 产品名称，在位置 t2num 返回一个 8 字符的字符串

用*dim 和*do 获取所有 32 个字符

Entity=PRODUCT，ENTNUM=0（或空值）		
Item1	It1num	说明（返回值：1=允许的，0=不允许的）
/aux12		检查 ANSYS 通道命令/特性/AUX12
/config		检查 ANSYS 通道命令/特性/CONFIG
/ucmd		检查 ANSYS 通道命令/特性/UCMD
addam		检查 ANSYS 通道命令/特性 ADDAM
alphad		检查 ANSYS 通道命令/特性 ALPHAD
antype		检查 ANSYS 通道命令/特性 ANTYPE
antype	static	检查 ANSYS 通道命令/特性 ANTYPE,STATIC
antype	buckle	检查 ANSYS 通道命令/特性 ANTYPE,BUCKLE
antype	modal	检查 ANSYS 通道命令/特性 ANTYPE,MODAL
antype	harmic	检查 ANSYS 通道命令/特性 ANTYPE,HARMIC
antype	trans	检查 ANSYS 通道命令/特性 ANTYPE,TRANS
antype	substr	检查 ANSYS 通道命令/特性 ANTYPE,SUBSTR
antype	spectr	检查 ANSYS 通道命令/特性 ANTYPE,SPECTR
arclen		检查 ANSYS 通道命令/特性 ARCLEN
betad		检查 ANSYS 通道命令/特性 BETAD
blc4		检查 ANSYS 通道命令/特性 BLC4
blc5		检查 ANSYS 通道命令/特性 BLC5

block		检查 ANSYS 通道命令/特性 BLOCK
cdread		检查 ANSYS 通道命令/特性 CDREAD
con4		检查 ANSYS 通道命令/特性 CON4
cone		检查 ANSYS 通道命令/特性 CONE
cqc		检查 ANSYS 通道命令/特性 CQC
cyl4		检查 ANSYS 通道命令/特性 CYL4
cyl5		检查 ANSYS 通道命令/特性 CYL5
cylind		检查 ANSYS 通道命令/特性 CYLIND
damorph		检查 ANSYS 通道命令/特性 DAMORPH
demorph		检查 ANSYS 通道命令/特性 DEMORPH
dsum		检查 ANSYS 通道命令/特性 DSUM
dvmorph		检查 ANSYS 通道命令/特性 DVMORPH
edadapt		检查 ANSYS 通道命令/特性 EDADAPT
edbvis		检查 ANSYS 通道命令/特性 EDBVIS
edcdele		检查 ANSYS 通道命令/特性 EDCDELE
edcgen		检查 ANSYS 通道命令/特性 EDCGEN
edclist		检查 ANSYS 通道命令/特性 EDCLIST
edcontact		检查 ANSYS 通道命令/特性 EDCONTACT
edcpu		检查 ANSYS 通道命令/特性 EDCPU
edcrb		检查 ANSYS 通道命令/特性 EDCRB
edcsc		检查 ANSYS 通道命令/特性 EDCSC
edcts		检查 ANSYS 通道命令/特性 EDCTS
edcurve		检查 ANSYS 通道命令/特性 EDCURVE
eddamp		检查 ANSYS 通道命令/特性 EDDAMP
edenergy		检查 ANSYS 通道命令/特性 EDENERGY
edfplot		检查 ANSYS 通道命令/特性 EDFPLOT
edhgls		检查 ANSYS 通道命令/特性 EDHGLS
edhtime		检查 ANSYS 通道命令/特性 EDHTIME
edhist		检查 ANSYS 通道命令/特性 EDHIST
edint		检查 ANSYS 通道命令/特性 EDINT
edivelo		检查 ANSYS 通道命令/特性 EDIVELO
edlcs		检查 ANSYS 通道命令/特性 EDLCS
edldplot		检查 ANSYS 通道命令/特性 EDLDPLOT
edload		检查 ANSYS 通道命令/特性 EDLOAD
edmp		检查 ANSYS 通道命令/特性 EDMP
ednb		检查 ANSYS 通道命令/特性 EDNB
edndtsd		检查 ANSYS 通道命令/特性 EDNDTSD
edout		检查 ANSYS 通道命令/特性 EDOUT
edpart		检查 ANSYS 通道命令/特性 EDPART

edread		检查 ANSYS 通道命令/特性 EDREAD
eddrelax		检查 ANSYS 通道命令/特性 EDDRELAX
edrst		检查 ANSYS 通道命令/特性 EDRST
edshell		检查 ANSYS 通道命令/特性 EDSHELL
edsolve		检查 ANSYS 通道命令/特性 EDSOLVE
edstart		检查 ANSYS 通道命令/特性 EDSTART
edweld		检查 ANSYS 通道命令/特性 EDWELD
edwrite		检查 ANSYS 通道命令/特性 EDWRITE
ekill		检查 ANSYS 通道命令/特性 EKILL
emis		检查 ANSYS 通道命令/特性 EMIS
et		检查 ANSYS 通道命令/特性 ET
etchg		检查 ANSYS 通道命令/特性 ETCHG
fldata		检查 ANSYS 通道命令/特性 FLDATA
flotest		检查 ANSYS 通道命令/特性 FLOTEST
flread		检查 ANSYS 通道命令/特性 FLREAD
fvmesh		检查 ANSYS 通道命令/特性 FVMESH
grp		检查 ANSYS 通道命令/特性 GRP
hropt		检查 ANSYS 通道命令/特性 HROPT
hropt	full	检查 ANSYS 通道命令/特性 HROPT,FULL
hropt	reduc	检查 ANSYS 通道命令/特性 HROPT,REDUC
hropt	msup	检查 ANSYS 通道命令/特性 HROPT,MSUP
igesin		检查 ANSYS 通道命令/特性 IGESIN
igesout		检查 ANSYS 通道命令/特性 IGESOUT
modopt		检查 ANSYS 通道命令/特性 MODOPT
modopt	reduc	检查 ANSYS 通道命令/特性 MODOPT,REDUC
modopt	subsp	检查 ANSYS 通道命令/特性 MODOPT,SUBSP
modopt	unsym	检查 ANSYS 通道命令/特性 MODOPT,UNSYM
modopt	damp	检查 ANSYS 通道命令/特性 MODOPT,DAMP
modopt	lanb	检查 ANSYS 通道命令/特性 MODOPT,LANB
modopt	qrdamp	检查 ANSYS 通道命令/特性 MODOPT,QRDAMP
mooney		检查 ANSYS 通道命令/特性 MOONEY
mp		检查 ANSYS 通道命令/特性 MP
mp	ex	检查 ANSYS 通道命令/特性 MP,EX
mp	alpx	检查 ANSYS 通道命令/特性 MP,ALPX
mp	reft	检查 ANSYS 通道命令/特性 MP,REFT
mp	prxy	检查 ANSYS 通道命令/特性 MP,PRXY
mp	nuxy	检查 ANSYS 通道命令/特性 MP,NUXY
mp	gxy	检查 ANSYS 通道命令/特性 MP,GXY
mp	damp	检查 ANSYS 通道命令/特性 MP,DAMP

mp	mu	检查 ANSYS 通道命令/特性 MP,MU
mp	dens	检查 ANSYS 通道命令/特性 MP,DENS
mp	c	检查 ANSYS 通道命令/特性 MP,C
mp	enth	检查 ANSYS 通道命令/特性 MP,ENTH
mp	kxx	检查 ANSYS 通道命令/特性 MP,KXX
mp	hf	检查 ANSYS 通道命令/特性 MP,HF
mp	emis	检查 ANSYS 通道命令/特性 MP,EMIS
mp	qrate	检查 ANSYS 通道命令/特性 MP,QRATE
mp	visc	检查 ANSYS 通道命令/特性 MP,VISC
mp	sonc	检查 ANSYS 通道命令/特性 MP,SONC
mp	rsvx	检查 ANSYS 通道命令/特性 MP,RSVX
mp	perx	检查 ANSYS 通道命令/特性 MP,PERX
mp	murx	检查 ANSYS 通道命令/特性 MP,MURX
mp	mgxx	检查 ANSYS 通道命令/特性 MP,MGXX
mp	hgls	检查 ANSYS 通道命令/特性 MP,HGLS
mp	rigid	检查 ANSYS 通道命令/特性 MP,RIGID
mp	cable	检查 ANSYS 通道命令/特性 MP,CABLE
mp	ortho	检查 ANSYS 通道命令/特性 MP,ORTHO
mp	lsst	检查 ANSYS 通道命令/特性 MP,LSST
mpdata		检查 ANSYS 通道命令/特性 MPDATA
mpdata	ex	检查 ANSYS 通道命令/特性 MPDATA,EX
mpdata	alpx	检查 ANSYS 通道命令/特性 MPDATA,ALPX
mpdata	reft	检查 ANSYS 通道命令/特性 MPDATA,REFT
mpdata	prxy	检查 ANSYS 通道命令/特性 MPDATA,PRXY
mpdata	nuxy	检查 ANSYS 通道命令/特性 MPDATA,NUXY
mpdata	gxy	检查 ANSYS 通道命令/特性 MPDATA,GXY
mpdata	damp	检查 ANSYS 通道命令/特性 MPDATA,DAMP
mpdata	mu	检查 ANSYS 通道命令/特性 MPDATA,MU
mpdata	dens	检查 ANSYS 通道命令/特性 MPDATA,DENS
mpdata	c	检查 ANSYS 通道命令/特性 MPDATA,C
mpdata	enth	检查 ANSYS 通道命令/特性 MPDATA,ENTH
mpdata	kxx	检查 ANSYS 通道命令/特性 MPDATA,KXX
mpdata	hf	检查 ANSYS 通道命令/特性 MPDATA,HF
mpdata	emis	检查 ANSYS 通道命令/特性 MPDATA,EMIS
mpdata	qrate	检查 ANSYS 通道命令/特性 MPDATA,QRATE
mpdata	visc	检查 ANSYS 通道命令/特性 MPDATA,VISC
mpdata	sonc	检查 ANSYS 通道命令/特性 MPDATA,SONC
mpdata	rsvx	检查 ANSYS 通道命令/特性 MPDATA,RSVX
mpdata	perx	检查 ANSYS 通道命令/特性 MPDATA,PERX

mpdata	murx	检查 ANSYS 通道命令/特性 MPDATA,MURX
mpdata	mgxx	检查 ANSYS 通道命令/特性 MPDATA,MGXX
mpdata	lsst	检查 ANSYS 通道命令/特性 MPDATA,LSST
mscap		检查 ANSYS 通道命令/特性 MSCAP
msdata		检查 ANSYS 通道命令/特性 MSDATA
msmeth		检查 ANSYS 通道命令/特性 MSMETH
msnomf		检查 ANSYS 通道命令/特性 MSNOMF
msprop		检查 ANSYS 通道命令/特性 MSPROP
msquad		检查 ANSYS 通道命令/特性 MSQUAD
msrelax		检查 ANSYS 通道命令/特性 MSRELAX
mssolu		检查 ANSYS 通道命令/特性 MSSOLU
msspec		检查 ANSYS 通道命令/特性 MSSPEC
msvary		检查 ANSYS 通道命令/特性 MSVARY
nlgeom		检查 ANSYS 通道命令/特性 NLGEOM
nrlsum		检查 ANSYS 通道命令/特性 NRLSUM
optyp		检查 ANSYS 通道命令/特性 OPTYP
optyp	subp	检查 ANSYS 通道命令/特性 OPTYP,SUBP
optyp	first	检查 ANSYS 通道命令/特性 OPTYP,FIRST
optyp	rand	检查 ANSYS 通道命令/特性 OPTYP,RAND
optyp	run	检查 ANSYS 通道命令/特性 OPTYP,RUN
optyp	fact	检查 ANSYS 通道命令/特性 OPTYP,FACT
optyp	grad	检查 ANSYS 通道命令/特性 OPTYP,GRAD
optyp	sweep	检查 ANSYS 通道命令/特性 OPTYP,SWEEP
optyp	user	检查 ANSYS 通道命令/特性 OPTYP,USER
opuser		检查 ANSYS 通道命令/特性 OPUSER
pri2		检查 ANSYS 通道命令/特性 PRI2
prism		检查 ANSYS 通道命令/特性 PRISM
psdcom		检查 ANSYS 通道命令/特性 PSDCOM
psdfrq		检查 ANSYS 通道命令/特性 PSDFRQ
psolve		检查 ANSYS 通道命令/特性 PSOLVE
rate		检查 ANSYS 通道命令/特性 RATE
resume		检查 ANSYS 通道命令/特性 RESUME
rpr4		检查 ANSYS 通道命令/特性 RPR4
rprism		检查 ANSYS 通道命令/特性 RPRISM
save		检查 ANSYS 通道命令/特性 SAVE
se		检查 ANSYS 通道命令/特性 SE
sesymm		检查 ANSYS 通道命令/特性 SESYMN
setran		检查 ANSYS 通道命令/特性 SETRAN
solve		检查 ANSYS 通道命令/特性 SOLVE

sph4		检查 ANSYS 通道命令/特性 SPH4
sph5		检查 ANSYS 通道命令/特性 SPH5
sphere		检查 ANSYS 通道命令/特性 SPHERE
spop		检查 ANSYS 通道命令/特性 SPOP
spop	sprs	检查 ANSYS 通道命令/特性 SPOP,SPRS
spop	mprs	检查 ANSYS 通道命令/特性 SPOP,MPRS
spop	ddam	检查 ANSYS 通道命令/特性 SPOP,DDAM
spop	psd	检查 ANSYS 通道命令/特性 SPOP,PSD
srss		检查 ANSYS 通道命令/特性 SRSS
tb		检查 ANSYS 通道命令/特性 TB
tb	bkin	检查 ANSYS 通道命令/特性 TB,BKIN
tb	mkin	检查 ANSYS 通道命令/特性 TB,MKIN
tb	miso	检查 ANSYS 通道命令/特性 TB,MISO
tb	biso	检查 ANSYS 通道命令/特性 TB,BISO
tb	aniso	检查 ANSYS 通道命令/特性 TB,ANISO
tb	dp	检查 ANSYS 通道命令/特性 TB,DP
tb	anand	检查 ANSYS 通道命令/特性 TB,ANAND
tb	melas	检查 ANSYS 通道命令/特性 TB,MELAS
tb	user	检查 ANSYS 通道命令/特性 TB,USER
tb	creep	检查 ANSYS 通道命令/特性 TB,CREEP
tb	swell	检查 ANSYS 通道命令/特性 TB,SWELL
tb	bh	检查 ANSYS 通道命令/特性 TB,BH
tb	piez	检查 ANSYS 通道命令/特性 TB,PIEZ
tb	fail	检查 ANSYS 通道命令/特性 TB,FAIL
tb	mooney	检查 ANSYS 通道命令/特性 TB,MOONEY
tb	water	检查 ANSYS 通道命令/特性 TB,WATER
tb	anel	检查 ANSYS 通道命令/特性 TB,ANEL
tb	concr	检查 ANSYS 通道命令/特性 TB,CONCR
tb	pflow	检查 ANSYS 通道命令/特性 TB,PFLOW
tb	evisc	检查 ANSYS 通道命令/特性 TB,EVISC
tb	plaw	检查 ANSYS 通道命令/特性 TB,PLAW
tb	foam	检查 ANSYS 通道命令/特性 TB,FOAM
tb	honey	检查 ANSYS 通道命令/特性 TB,HONEY
tb	comp	检查 ANSYS 通道命令/特性 TB,COMP
tb	nl	检查 ANSYS 通道命令/特性 TB,NL
tb	nliso	检查 ANSYS 通道命令/特性 TB,NLISO
tb	chab	检查 ANSYS 通道命令/特性 TB,CHAB
tb	boyce	检查 ANSYS 通道命令/特性 TB,BOYCE
tb	eos	检查 ANSYS 通道命令/特性 TB,EOS

torus		检查 ANSYS 通道命令/特性 TORUS
trnopt		检查 ANSYS 通道命令/特性 TRNOPT
trnopt	full	检查 ANSYS 通道命令/特性 TRNOPT,FULL
trnopt	reduc	检查 ANSYS 通道命令/特性 TRNOPT,REDUC
trnopt	msup	检查 ANSYS 通道命令/特性 TRNOPT,MSUP
usrcal		检查 ANSYS 通道命令/特性 USRCAL
v		检查 ANSYS 通道命令/特性 V
va		检查 ANSYS 通道命令/特性 VA
vadd		检查 ANSYS 通道命令/特性 VADD
vcvfill		检查 ANSYS 通道命令/特性 VCVFILL
vdrag		检查 ANSYS 通道命令/特性 VDRAG
vext		检查 ANSYS 通道命令/特性 VEXT
vgen		检查 ANSYS 通道命令/特性 VGEN
vglue		检查 ANSYS 通道命令/特性 VGLUE
vinp		检查 ANSYS 通道命令/特性 VINP
vinv		检查 ANSYS 通道命令/特性 VINV
vlscale		检查 ANSYS 通道命令/特性 VLSCALE
vmesh		检查 ANSYS 通道命令/特性 VMESH
voffset		检查 ANSYS 通道命令/特性 VOFFSET
vovlap		检查 ANSYS 通道命令/特性 VOVLAP
vptn		检查 ANSYS 通道命令/特性 VPTN
vrotat		检查 ANSYS 通道命令/特性 VROTAT
vsba		检查 ANSYS 通道命令/特性 VSBA
vsbv		检查 ANSYS 通道命令/特性 VSBV
vsbw		检查 ANSYS 通道命令/特性 VSBW
vsymm		检查 ANSYS 通道命令/特性 VSYMM
vtran		检查 ANSYS 通道命令/特性 VTRAN
elem	i	检查是否 ANSYS 单元类型 i 是允许的
limit	node	提取最大的允许的节点号
limit	elem	提取最大的允许的单元号
limit	kp	提取最大的允许的关键点号
limit	line	提取最大的允许的线号
limit	area	提取最大的允许的面号
limit	vol	提取最大的允许的体号
limit	dof	提取最大的允许的自由度号
limit	mdof	提取最大的允许的主自由度号

参考文献

[1] 张涛．ANSYS APDL 参数化有限元分析技术及其应用实例[M]．中国水利水电出版社，2013．

[2] 师访．ANSYS 二次开发及应用实例详解[M]．中国水利水电出版社，2012．

[3] ANSYS 公司．ANSYS 培训手册．

[4] ANSYS 公司．ANSYS Help 18.0，2017．

[5] 王伟达，黄志新，李苗倩．ANSYS SpaceClaim 直接建模指南与 CAE 前处理应用解析[M]．北京：中国水利水电出版社，2017．

[6] 黄志新．ANSYS Workbench 16.0 超级学习手册[M]．北京：人民邮电出版社，2016．

[7] 庄茁．基于 ABAQUS 的有限元分析和应用[M]．北京：清华大学出版社，2009．